Frank B. Metzner · Joachim Friedrich

Polizei-Sondereinheiten Europas

Frank B. Metzner · Joachim Friedrich

Polizei-Sondereinheiten Europas

Geschichte · Aufgaben · Einsätze

Motor buch Verlag

Einbandgestaltung: Luis Dos Santos unter Verwendung von Vorlagen aus dem Archiv der Verfasser sowie eines Fotos, das die GSG 9 zur Verfügung stellte.

Die Abbildungen auf der Titelseite zeigen einen Polizisten der holländischen BSB, einen Einsatztrupp der GSG 9 und eine Gruppe einer polnischen Antiterroreinheit (mit dem Diensthund »Killer«)

ISBN 3-613-02249-4

1. Auflage 2002

Lektor: Martin Benz M.A.
Innengestaltung: Viktor Stern
Scans: digi bild reinhardt, 73037 Göppingen
Druck: Bawa Print & Partner, 80538 München
Bindung: Bawa Print & Partner, 80538 München
Printed in Slowakia

Inhalt

Geleitwort

von Bundesaußenminister a. D. Hans-Dietrich Genscher

Der Anschlag auf die israelische Olympia-Mannschaft am 2. September 1972 bei den Olympischen Spielen in München schuf für die deutschen Sicherheitsbehörden eine gänzlich neue Lage. Daraus zog ich die Konsequenz mit der Aufstellung der GSG 9, einer Einheit des Bundesgrenzschutzes als Antiterror-Einheit. Das Bundeskabinett folgte meinem Vorschlag und im Bundestag gab es eine breite Unterstützung für Ausrüstung, Bewaffnung und Ausbildung dieser neuen Einheit. Sie ist seitdem ein wichtiger Bestandteil zur inneren Sicherheit unseres Landes, aber auch zum Schutz deutscher Staatsbürger außerhalb Deutschlands. Weltweite Anerkennung erfuhr die GSG 9 1977 bei der Befreiungsaktion in Mogadischu. Das Beispiel der GSG 9 fand Nachahmung bei den deutschen Bundesländern, die ebenfalls durch Aufstellung von Sondereinheiten die Fähigkeiten der Polizei zur Terrorismusbekämpfung deutlich verbesserten, sowie bei zahlreichen europäischen Staaten.

Der Bundesgrenzschutz als Polizeitruppe des Bundes ist heute aus der Sicherheitsstruktur unseres Landes nicht mehr hinwegzudenken. Anstelle des bei meiner Amtsübernahme 1969 vorgefundenen Planes zur Auflösung des Bundesgrenzschutzes entschied ich mich für eine Modernisierung von Ausrüstung, Bewaffnung und Organisation des BGS.

Die grundlegende Neuformulierung des Bundesgrenzschutzgesetzes schuf die Voraussetzungen für weitergehende Einsatzmöglichkeiten des BGS. Diese Reform des BGS erfuhr durch die Ereignisse in München 1972 zusätzliche Begründung, und das nicht nur für die GSG 9. Gleichzeitig schuf die Reform des Bundeskriminalamtes eine umfassende Neuausbildung, -ausstattung und -ausrüstung; bessere Voraussetzungen für eine effektive Verbrechensbekämpfung. Die Auswirkungen des Terrorismus in den 70er-Jahren führten zu einem ständigen und engen persönlichen Kontakt des Bundesministers des Innern mit den Angehörigen der Polizeien des Bundes und der Länder. Naturgemäß war dieser Kontakt besonders eng mit den im Personenschutz zuständigen Beamten des BKA, die mich begleiteten und mit denen mich durch einen jahrelangen gemeinsamen Weg bis auf den heutigen Tag ein vertrauensvolles und enges menschliches Verhältnis verbindet.

Eine Erfahrung, die ich nicht missen möchte.

In den Jahren meiner Amtszeit als Innenminister, aber auch während meiner Tätigkeit als Außenminister und als Abgeordneter des Deutschen Bundestages habe ich mich immer wieder von der vorbildlichen Haltung der Angehörigen der Polizei, ihrer Verpflichtung auf den Rechtsstaat, ihrer Entschlossenheit, den freiheitlichen Rechtsstaat und mit ihm auch die Freiheit seiner Bürger, deren körperliche Unversehrtheit und den Rechtsfrieden zu schützen, überzeugen können.

Bonn, im Frühjahr 2002

Hans-Dietrich Genscher

Vorwort

War das wirklich so, wie ihr erzählt habt? Diese und ähnliche Fragen sind uns immer wieder gestellt worden, wenn wir über Spezialeinheiten, ihre Eigenheiten und Unterschiede in Vorträgen referiert haben.

Der gleichen Problematik hat sich auch Marco Polo gestellt, als er von seinen über 20 Jahre dauernden Reisen durch unbekannte Länder nach China in Venedig berichtete. Seine Antwort lautete: *»Selbstverständlich, ich habe euch aber nur einen kleinen Teil meiner Abenteuer erzählt, mehr könnt ihr nicht verkraften.«*

Warum sollte es uns besser ergehen? Alle Erlebnisse und Schilderungen detailliert wiederzugeben, hätte den Umfang dieses Buches bei Weitem gesprengt. Allein die Reisen mit allen erdenklichen Fortbewegungsmitteln quer durch Europa zu den einzelnen Einheiten und die Kontaktaufnahmen zu ausländischen Polizeibehörden ergäben genug Material für ein eigenes Buch.

Vieles konnte aus Gründen der Geheimhaltung nicht preisgegeben werden. Sie ist notwendig, damit die Sondereinheiten auch in Zukunft ihren Kampf gegen Terrorismus und Gewaltkriminalität erfolgreich fortsetzen können. Der österreichische Philosoph Ludwig Wittgenstein äußerte bekanntlich die Binsenweisheit: *»Wovon man nicht sprechen kann, darüber muss man schweigen.«*

Dennoch hat der Bürger ein Recht auf seriöse Information. Um diese zu gewährleisten, haben wir viele der vorgestellten Einheiten vor Ort besucht, denn direkter Kontakt und eigene Wahrnehmung sind durch nichts zu ersetzen. So konnten wir Unterschiede erkennen, Techniken vergleichen, eigenes Bildmaterial fertigen und Auskünfte aus erster Hand bekommen. Alle Informationen in diesem Buch wurden von den betreffenden Einheitsführern freigegeben und sind vor der Drucklegung nochmals geprüft worden.

Wir sind überzeugt, mit diesem Werk eine Fülle bisher unbekannter Bilder und Fakten zu einer faszinierenden Thematik beisteuern zu können.

Maintal, im Sommer 2002

F. Metzner J. Friedrich

Frank B. Metzner **Joachim Friedrich**

Spektakuläre Kriminalfälle und Anschläge

Der Fall Rammelmayer

Obwohl es schon in den 60er-Jahren Bemühungen gegeben hatte, Beamte mit einer Spezialausbildung zu beschulen, war eine der Initialzündungen zur Aufstellung polizeilicher Sondereinsatzkräfte in Deutschland der Banküberfall vom 4. August 1971 in München.

Zwei mit einer Maschinenpistole und einem Revolver bewaffnete Täter, Hans-Georg Rammelmayer* und Dimitri Todorov, betraten um 15.55 Uhr die Deutsche Bank in der Prinzregentenstrasse 70 und nahmen gleich 18 anwesende Personen (Kunden und Bankangestellte) als Geiseln. Dies war bis dahin in der deutschen Kriminalgeschichte einmalig gewesen. Zwar hatte es schon vielfache Banküberfälle gegeben, jedoch noch nie mit einer solchen Vorgehensweise, insbesondere was die sofortige Geiselnahme und die Gewaltanwendung anging. Dimitri Todorov ließ sofort die Türen verriegeln und durch den Bankangestellten K. seine Forderungen überbringen (zwei Millionen DM, einen viertürigen BMW als Fluchtfahrzeug und freien Abzug, alles bis 22.00 Uhr). Um seinen Forderungen Nachdruck zu verleihen, gab Todorov dem Angestellten noch ein Stückchen Plastiksprengstoff mit. Bei einer eventuellen Nichterfüllung der Forderungen wurde mit dem Tod der Geiseln und mit Sprengstoffanschlägen gegen Personen und Einrichtungen gedroht.

Zeitgleich ließen die beiden Geiselnehmer zehn Geiseln frei, während die alarmierte Münchner Polizei indessen den Tatort abriegelte.

Die zurückgebliebenen Geiseln wurden gefesselt, wobei die Täter abwechselnd die Fesseln lockerten. Auch beim Filialleiter D.F. zeigten sie eine Spur Menschlichkeit und entließen ihn, da er infolge der mentalen Anspannung einen Herzanfall erlitten hatte. Die Gangster, die sich nun rote »Ku-Klux-Klan«-Masken aufsetzten, ließen sich gegen 20.00 Uhr Speisen und Getränke anliefern und die Geisel I.R. musste das gesamte Bargeld der Kassenbox (ca. 200.000 DM) in eine Botentasche packen.

Erwähnenswert ist folgende Bemerkung des Polizeiberichtes:

Als die Geisel I.R. die Tasche vollgefüllt hatte, meinten einige der Geiseln scherzhafter Weise, ob sie von der Beute nicht auch einen Teil abbekommen könnten. Hierzu muss bemerkt werden, dass die Geiseln zu diesem Zeitpunkt infolge des genossenen Alkohols teilweise schon ziemlich angetrunken waren.

Trotz der ernsten Lage, in der sich dieses Personen befanden, war die ganze Situation für sie irgendwie grotesk. Zeitweise kam sogar eine etwas lustige Stimmung unter den Anwesenden auf. Die in der Bank Festgehaltenen waren deshalb geradezu verblüfft, als Todorov auf das Ansinnen tatsächlich einging und ihnen erlaub-

Verhandlungen über Megaphon mit den Geiselnehmern Rammelmayer und Todorov in der Bank.

* Korrekte Schreibweise des Namens im Unterschied zu den offiziellen Polizeiberichten, wo von *Rammelmayr* die Rede ist.

Rammelmayer auf dem Weg zum Fluchtfahrzeug.

te, Geld wegzunehmen. Daraufhin griff eine der Geiseln in die vollgefüllte Botentasche und entnahm für sich und für alle anderen Geiseln je ein Bündel Banknoten zu 1000 DM.

Im Zuge mehrerer Gespräche mit den Tätern konnte die Einsatzleitung einen Aufschub bis 23.30 aushandeln. Doch um 22.10 Uhr detonierte ein Sprengsatz, der im Zusammenhang mit der Drohung der Geiselnehmer stand. Gegen 23.30 Uhr erfolgte die Deponierung des Lösegeldes vor dem Eingang, das der Kassierer L.K. in das Fluchtfahrzeug (blauer BMW 1800) brachte. Zuvor legte er dort noch die Botentasche mit dem Geld aus der Bank nieder und half der Geisel I.R. auf den Beifahrersitz.

Die letzten Minuten des Tatverlaufs schildert der Polizeibericht wie folgt:

Nun kam Rammelmayr. Er führte gleich zwei schussbereite Waffen, Revolver und Maschinenpistole, mit sich. Als er an der linken Seite des Fluchtwagens angelangt war und einsteigen wollte, eröffneten die positionierten Präzisionsschützen das Feuer. Selbst schwer verletzt, gab Rammelmayr im Zusammenbrechen noch auf die im Fluchtwagen sitzende I.R. mehrere Schüsse ab, worauf letztere am Beifahrersitz zusammensackte.

Während der am Tatort anwesende Bürgermeister Dr. Steinkohl die schwerverletzte I.R. aus dem Fahrzeug barg und deren sofortige Versorgung veranlasste, wurde Rammelmayr, der zu diesem Zeitpunkt bereits tot war, von Einsatzkräften geborgen. Die Geisel I.R. erlag noch während der Operation ihren Verletzungen.

Unmittelbar nach den Schüssen stürmten Schutzpolizei- und Kriminalbeamte von beiden Seiten die Bankfiliale durch Einschlagen der Schaufensterscheiben und Aufschießen der rückwärtigen Türsperre. Beim Eindringen der Polizeibeamten in die Bank kam es zu einem kurzen Feuergefecht mit Todorov, bei dem er die Geisel E.S. als Schutzschild benutzte.

In aussichtsloser Lage warf er seine Waffe weg, leistete aber bei der anschließenden Festnahme immer noch Widerstand, der gebrochen wurde, wobei er leichte Platzwunden am Kopf erlitt.

Erwähnenswert sind noch folgende Auszüge des Berichts:

1. *Die Geisel E.S., die von Todorov als Schutzschild genutzt wurde, wurde bei seiner Festnahme auch leicht verletzt. Sie hatte versucht den Gangster mit ihrem Körper zu decken, vermutlich um einen Zugriff der Polizei zu vereiteln.*
2. *Die klare Entscheidung des Polizeipräsidenten Schreiber war, die Geiseln dadurch zu befreien, dass bei der Abfahrt*

Kriminalbeamte dringen in die Bank ein, in der die Geiseln immer noch festgehalten werden.

eines Täters mit einer Geisel der Täter kampfunfähig gemacht wird.

Zur Realisierung dieses Entschlusses standen den Präzisionsschützen sieben Sekunden Zeit zur Verfügung, das ganze während der Dunkelheit und unter einem Blitzlichtgewitter der Fotografen. Bei der Festlegung der Schussposition gab es nur die Wahl einer Positionierung mit unmittelbarer direkter Sicht, dafür aber langem Schussfeld oder der Situierung mit beeinträchtigtem Sichtwinkel (im gleichen Haus, in dem sich die Täter befanden, war ein vorspringendes Dach im 1. Stock) jedoch kürzerer Schussentfernung. Um den Präzisionsschützen Gelegenheit zu geben, sich »an die Dunkelheit zu gewöhnen«, wurden sie, nachdem die Ultimatumsfrist verlängert worden war, noch in eine naheliegende Kiesgrube verlegt, um dort bei ungünstigen Lichtverhältnissen Ziel- und Schießübungen vorzunehmen. Trotz aller Vorbereitungen muss aber der Zeitpunkt der Abgabe des Schusses in jedem Falle dem Schützen überlassen werden.

3. *Nicht voraussehbar war, dass der tödlich getroffene Täter noch so viel Kraft und kriminelle Energie aufbringen konnte, eine Geisel zu erschießen.*

Dieser Fall und später der misslungene Zugriff auf die Geiselnehmer bei den Olympischen Spielen 1972 war der Grund für die Aufstellung polizeilicher Spezialeinheiten in der Bundesrepublik, obwohl sich schon in den Jahren davor Gewaltverbrechen und Terroranschläge in Deutschland zugetragen hatten.

Gerade München schien dabei ein Anziehungspunkt für Verbrecher zu sein, wie es z.B. der Erpresserfall Putz im Herbst 1970, der mit einer getöteten Geisel endete, sowie die versuchten Flugzeugentführungen vom Münchner Flughafen am 10. und 17. Februar 1970, die von der Polizei unterbunden werden konnten, erwiesen. Aber auch andere Städte, wie et-

Geschichtlicher Rückblick

Vom Altertum bis in die frühe Neuzeit, als sich noch hauptsächlich Soldaten mit um polizeiliche Aufgaben kümmern mussten, gab es schon Einheiten für besondere Aufgaben, in der die besten Männer zusammengefasst wurden, z.B. in Ägypten, Babylon, China, Griechenland oder im Römischen Reich.

Auch Personenschutzaufgaben wurden von ihnen übernommen, wie es aus der Geschichte vieler Mächtigen – Kaiser, Könige, Herzöge, Gefolgsherren, Feldherren usw. – bekannt ist. Sie waren für die Sicherheit und Unversehrtheit ihrer Herren verantwortlich und schirmten sie sowohl auf dem Schlachtfeld als auch in friedlichen Zeiten. Auch eine ganze Reihe anderer Aufgaben fiel ihnen zu; darunter Kundschafter- und Kurierdienste oder das Sammeln von Hinweisen auf mögliche Attentäter im Volk.

Aus Griechenland (ca. 500 v. Chr.) stammt das Wort Polizei *(politeia: polis* = Stadtstaat und *politen* = Staatsbürger und Verfassung).

Im Ersten und Zweiten Weltkrieg setzten fast alle kriegführenden Parteien Scharfschützen ein und stellten Sonderverbände für besondere Verwendung auf (z.B. die Sturmbataillone im Ersten oder die »Brandenburger« im Zweiten Weltkrieg), die aufgrund ihrer Auswahl, Ausbildung, Erfahrung und Ausrüstung Aufgaben zu übernehmen hatten, deren Durchführung von der regulären Truppe nicht zu erwarten war.

Mit Gründung der Bundesrepublik Deutschland entstand wieder eine demokratische Polizei. Mit Blick auf die jüngste Vergangenheit wollte niemand mehr etwas von Elite- oder Spezialeinheiten wissen. Sonderlagen wurden oftmals von Einsatzzügen der Bereitschaftspolizei bewältigt. Ehemalige Frontsoldaten und erfahrene Polizisten, die jagten, boxten oder Gewichte stemmten, wurden dazu gerne herangezogen, wenn Not am Mann war.

Die ersten Vorläufer polizeilicher Sondereinheiten, wie auch schon vor dem Zweiten Weltkrieg, waren die *Überfallkommandos*. Diese waren in den größeren Städten (z.B. Berlin und Frankfurt/Main) stationiert und fuhren geschlossen in Mannschaftsstärke zum Einsatz. Schon früh waren sie mit Stahlplattenwesten, Helmen und Maschinenpistolen ausgerüstet.

Die ersten wirklichen Sondereinheiten der Polizei, die sich hauptsächlich mit der Festnahme von gefährlichen Straftätern befassten, wurden in den USA gegründet. Sie nennen sich *SWAT (Special Weapons and Tactics)* und entstanden Mitte der 60er-Jahre nach schweren Rassekrawallen und nach dem Massaker durch einen Amokschützen in Texas.

In Deutschland erfolgte die Gründung polizeilicher Spezial- und Antiterror-Einheiten nach einigen Fehlschlägen, insbesondere nach dem Fiasko bei den Olympischen Spielen in München 1972. Die meisten europäischen Länder folgten diesem Beispiel in den 70er-Jahren.

Sie alle beherzigten und beherzigen den Leitspruch des berühmten Königsberger Philosophen Immanuel Kant: »*Wenn Gerechtigkeit ignoriert wird, hat das Leben auf dieser Erde keinen Wert mehr.*«

wa Frankfurt am Main, machten erste Erfahrungen mit dieser neuen Form von Gewaltkriminalität. So ereigneten sich erste terroristische Anschläge in den 60er-Jahren. Unblutig verlief der Banküberfall vom Oktober 1971, als ein jugendlicher Täter die Filiale der Nassauischen Sparkasse auf der Zeil 127 mit einer Passantin als Geisel betrat und eine halbe Million Mark forderte. Mit der Pistole in der Hand bedrohte er die Angestellten, die aber unbemerkt die Polizei alarmieren konnten. Als diese eintraf und der Täter die schwerbewaffneten Beamten sah, gab er auf.

Olympische Spiele 1972 in München

Im Sommer 1972 fanden die 20. Olympischen Spiele in München statt, die in einem Fiasko enden sollten.

Von langer Hand durch den Terroristenchef Abu Djihad vorbereitet und von der PLO finanziert, trafen sich am 3. September 1972 in einem Münchner Hotel acht Terroristen, die als Terrorgruppe »Schwarzer September« in die Geschichte eingehen sollten. Sie waren zu allem entschlossen und hatten sich durch ausgiebiges Training im Libanon und Libyen auf diese Aktion vorbereitet.

Am 5. September 1972, gegen 4.30 Uhr, kletterten die acht über den Zaun des Olympischen Dorfes. Vermutlich hatten Mitglieder der DDR-Delegation (Stasi-Funktionäre) zuvor den Weg zur Unterkunft der israelischen Sportler ausgekundschaftet. Dadurch kannten die Terroristen den direkten Weg. Die israelischen Sportler waren auf fünf Wohnungen (Bau 31/Connollystraße) verteilt.

Besondere Sicherheitsvorkehrungen gab es keine. Hinweise auf eine mögliche Gefährdung der israelischen Sportler lagen nicht vor, auch nicht aus Israel. Ein von der israelischen Regierung entsandter Sicherheitsexperte hatte Wochen vorher die Unterkunft besichtigt.

In der ersten Wohnung, in welche die Terroristen eindrangen, waren die Trainer untergebracht. Der Ringertrainer Moshe Weinberg stellte sich den Eindringlingen in den Weg und wurde angeschossen.

Weinberg wurde unter Waffengewalt gezwungen, die Terroristen zu den Ringern und Gewichthebern zu führen. Ihnen traute er am ehesten eine Chance zur Gegenwehr zu. Als ein Israeli die allgemeine Verwirrung zur Flucht nützte, ergriff auch Weinberg die Gelegenheit und stürzte sich auf die Bewaffneten. Doch gegen die mit vollautomatischen Waffen Ausgerüsteten konnte er wenig ausrichten – er wurde kurzer-

Ein Terrorist der Gruppe »Schwarzer September« zeigt sich auf dem Balkon.

hand erschossen. Ebenso erging es dem 32-jährigen Gewichtheber Josef Romano.

Gegen 5.03 Uhr erhielt die bayerische Polizei erste Kenntnis über die Lage. Rund fünf Minuten später ging die Forderung der Terroristen ein, 200 inhaftierte Gesinnungsgenossen aus aller Welt freizulassen, darunter die deutschen Terroristen Andreas Baader und Ulrike Meinhof. Sie stellten mehrere Ultimaten und drohten mit der Erschießung der Geiseln.

Gegen 7.00 Uhr traf der damalige Bundesinnenminister Hans-Dietrich Genscher vor Ort ein. Die ersten Verhandlungen mit Issa, dem Anführer der Terroristen, führte der Münchner Polizeipräsident Manfred Schreiber, wobei er eine erste Fristverlängerung des gestellten Ultimatums erreichte. Sein Angebot, Ersatzgeiseln zu stellen, freies Geleit, ein Geldbetrag in unbestimmter Höhe, lehnten die Geiselnehmer ab, ebenso die Bitte, alle Geiseln bis auf eine freizulassen. Nach weiteren Bemühungen, wie der Verbindungsaufnahme zur israelischen Regierung und zu arabischen Unterhändlern, setzten sich mehrere politische Führungspersonen gegen 10.20 Uhr unter Leitung des Bundesinnenministers zusammen. Im Anschluss daran erteilte die Einsatzleitung der Polizei folgenden Auftrag:

1. Bereitstellung einer möglichst großen Zahl von Präzisionsschützen
2. Erkunden von geeigneten Positionen und Einweisen der Schützen
3. Bildung von Sturmtrupps von Freiwilligen der Schutz- und Kriminalpolizei, Unterweisung und Ausrüstung der Polizisten

Die israelische Ministerpräsidentin, Golda Meir, erklärte, dass sich der Staat Israel auf keinen Handel mit den Terroristen einließe, da sich sonst kein israelischer Staatsbürger mehr in der Welt sicher fühlen könne. Nach verschiedenen Verhandlungen, in denen wenigstens die weitere Aufschiebung der Ultimaten erwirkt werden konnte, unternahm Bundesinnenminister Genscher weitere Kontaktversuche mit dem Sprecher der Terroristen. Er bot sich selbst den Terroristen als Geisel an, damit die israelischen Sportler freikamen. Dies wurde jedoch abgelehnt, da es den Terroristen weder um Geld noch um Geiseln, sondern allein um die Freipressung inhaftierter Gesinnungsgenossen ging.

In den Nachmittagsstunden transportierten mehrere Personen, darunter zwei als Köche getarnte Polizeibeamte, der Leiter des Sturmkommandos und der für die Eingangstür zuständige Beamte, Verpflegungskisten zum Hauseingang. Sie hofften auf eine günstige Zugriffsgelegenheit bei der Essensübergabe, wenigstens aber auf die Möglichkeit, weitere Erkenntnisse über die Terroristen zu erlangen. Beides misslang, da ein Terrorist das Essen einzeln abholte. Günstige Zugriffsmöglichkeiten gab es für die Polizei bis zu diesem Zeitpunkt nicht, auch der Einsatz von Gas, Medikamenten oder Ähnlichem wurde vom BKA nicht empfohlen. Ebenso lehnte die Regierung den Einsatz einer israelischen Sondereinheit ab. Lediglich der Chef des Geheimdienstes *Mossad,* Zvi Zamir, konnte als Beobachter vor Ort mitmischen.

Nachdem die Geiselnahme bereits elf Stunden andauerte, entschloss sich das Olympische Komitee dazu, die Spiele zu unterbrechen.

Inzwischen gestatteten die Geiselnehmer Minister Genscher und einer weiteren Person, die Räumlichkeiten zu betreten und ein kurzes Gespräch mit den Geiseln zu führen. Den Besuchern bot sich ein Bild des Schreckens: Die Geiseln waren aneinander gefesselt und auf dem Boden lag eine Leiche.

Unterdessen bereitete die bayerische Polizei den Sturm des Gebäudes vor. Da es noch keine einsatzfähige Polizeispezialeinheit in der Bundesrepublik gab, wurde ein Kommando aus 38 freiwilligen Polizeibeamten zusammengestellt. Ausgerüstet mit Maschinenpistolen (Uzi, MP 5, Beretta), Präzisionsgewehren (Basis G1 und G3) und Stahlhelmen, bekleidet mit Trainingsanzügen, nahmen sie ihre Ausgangsstellungen ein. Unter anderem war ein Einsteigen durch die Luftschächte vorgesehen. Der Zugriffsbefehl (Stichwort: »Sonnenschein«) erfolgte jedoch nicht, da ein Fernsehteam der DDR filmte und die ganzen Vorgänge direkt übertrug.

Gegen 18.00 Uhr stellten die Terroristen eine völlig neue Forderung: Ein Flugzeug und freies Geleit in ein arabisches Land. Zum Schein gingen die Unterhändler darauf ein. Die Einsatzleitung wählte den Flugplatz Fürstenfeldbruck, da auf diesem kein Passagierverkehr stattfand.

Der erste Plan sah vor, eine Boeing 727 auf der Startbahn zu platzieren. Mit laufenden Motoren sollte die Ernsthaftigkeit vorgetäuscht und die Terroristen zur Eile getrieben werden.

Im Inneren der Maschine sollte ein Zugriffstrupp der Polizei, als Crew getarnt, bereitstehen. Die Terroristen und die Geiseln sollten mit dem Hubschrauber landen, der Sprecher der Entführer und ein eventueller Begleiter sollten beim Inspizieren der Boeing überwältigt werden.

Die restlichen Geiselnehmer – es wurden vier, höchstens fünf erwartet – sollten von fünf rund um den Tower positionierten Präzisionsschützen handlungsunfähig gemacht werden. Dann sollten die israelischen Sportler unter Nutzung gepanzerter Sonderwagen befreit werden.

Um zu den Hubschraubern zu gelangen, wollten die Terroristen des Schwarzen September mit den Geiseln durch die Tiefgarage des Olympischen Dorfes laufen. Damit ergab sich eine weitere gute Gelegenheit zur Geiselbefreiung. Issa, der Anführer des »Schwarzen September«, witterte allerdings Gefahr und wollte in Begleitung des Polizeipräsidenten Schreiber die Strecke zunächst untersuchen. Er schaute sich genau um, während er Schreiber den Lauf seiner Waffe in den Rücken drückte. Prompt entdeckte er einige auf der Lauer liegende Polizisten und forderte nun einen Bus, um zu den Hubschraubern zu gelangen. Dies wurde erfüllt. Beim Besteigen des Busses gegen 22.00 Uhr wurden die Geiseln in zwei

Der Flugplatz von Fürstenfeldbruck nach dem missglückten Befreiungsversuch.

Gruppen geführt, erst einzeln und dann aneinander gefesselt. Dabei und auch bei dem wenige Minuten späteren Besteigen der zwei Hubschrauber gingen die Terroristen so »geschickt« vor, dass die Münchner Polizei mit Rücksicht auf die Unversehrtheit der Geiseln nichts unternehmen konnte. Die beiden Hubschrauber und ein dritter, mit den Regierungsvertretern an Bord, hoben um 22.22 Uhr ab und flogen nach Fürstenfeldbruck.

Obwohl beim Besteigen klar wurde, das es sich um acht Geiselnehmer und nicht, wie bisher vermutet, um vier bis fünf handelte, wurde im allgemeinen Chaos die Weitergabe dieser wichtigen Information unterlassen.

Dies ist allerdings aus der Sicht von 1972 zu sehen. Geisellagen waren etwas völlig neues, Funkkommunikation gab es wenig, Handtelefone und Datennetze existierten noch nicht.

Um 22.35 Uhr landeten die Hubschrauber in Fürstenfeldbruck. Eingewiesen wurden sie von Polizeibeamten, die als Flughafenpersonal verkleidet waren . Die beiden wichtigen Hubschrauber wurden günstig zwischen drei Lichtanlagen dirigiert.

Genau in diesem Moment brachen die Polizeibeamten, die in der Boeing warteten, nach Abstimmung die Aktion im Flugzeug ab, da sie ihre hoffnungslose Lage erkannten. Ohne die nötige Ausrüstung und Ausbildung sahen sie ihren Auftrag als Himmelfahrtskommando an, wie der Münchner Polizist H.H. später in einem Interview offen zugab.

Der Anführer Issa und ein weiterer Terrorist stiegen aus den Helikoptern, gingen um das Flugzeug herum und dann hinein. Sie sahen, dass keine Crew da war und wollten zurück zu den Geiseln. Diesen Moment nutzten die Präzisionsschützen zum Feuerschlag: Der Schuss auf Issa ging daneben und auch die anderen trafen nicht so, wie sie sollten; nur der Stellvertreter wurde sofort ausgeschaltet. Es entwickelte sich ein längeres Feuergefecht, in dessen Verlauf zwar noch weitere Terroristen erschossen und verwundet wurden, jedoch gab es infolge nicht vorhandener Funkverständigung kein abgestimmtes Vorgehen. Teilweise beschossen sich die Polizisten sogar gegenseitig, da sie in der Dunkelheit ihre Ziele nicht klar identifizieren konnten.

Gegen 22.50 Uhr wurden die Terroristen mehrsprachig vergeblich zur Aufgabe aufgefordert. Sie schossen weiter. Die größte Hoffnung, nämlich dass die Geiseln das allgemeine Durcheinander zur Flucht nutzten, erfüllte sich nicht, da sie ihre Fesseln nicht lösen konnten.

Nach einer Schießerei von zwei Stunden erkannten die Terroristen ihre aussichtslose Lage. Sie warfen eine Handgrante in einen der Hubschrauber, der sofort in Brand geriet und beschossen den zweiten mit gezielten Salven.

Der Werfer der Handgranate wurde erschossen, als er in der Dunkelheit einen Fluchtversuch unternahm. Issa ereilte der Tod, als er seine Deckung verließ, um weitere Anweisungen zu geben.

Dann herrschte Stille.

Die Flughafenfeuerwehr rückte aus, um den brennenden Hubschrauber zu löschen. Das Einzige, was man zu diesem Zeitpunkt noch für die Geiseln tun konnte. Aber alle neun Israelis waren bereits tot.

Zusammen mit den beiden anfänglich ermordeten Kameraden wurden sie am 7. September 1972, begleitet von der restlichen israelischen Mannschaft, in ihre Heimat geflogen.

Fünf Terroristen wurden ebenfalls tot auf dem Flugplatz aufgefunden. Die restlichen Drei ergaben sich.

Die toten Terroristen wurden am 11. September 1972 an Libyen übergeben. Dort bekamen sie ein Heldenbegräbnis. Tausende von Menschen säumten den Weg, jubelten und triumphierten als die Särge zur Bestattung getragen wurden.

Sieben Wochen später wurde ein Lufthansa-Flugzeug auf dem Weg von Beirut nach Frankfurt entführt. Die Entführer schlugen den Austausch der Insassen gegen die drei Terroristen vor. Darauf ging die Bundesregierung sofort ein. Es wird vermutet, dass dies eine abgesprochene Sache war. Nähere Einzelheiten gelangten nie an die Öffentlichkeit. Vermutlich wollten die Verantwortlichen, u.a. Bundeskanzler Willy Brandt, so weitere Anschläge vermeiden.

Am 29. Oktober kamen die restlichen drei Terroristen in Libyen an. Wieder wurden sie von jubelnden Menschen empfangen, gaben sich betont lässig und gaben vor Reportern aus aller Welt freche Interviews, in denen sie ihre Taten rechtfertigten.

Doch dies ist nicht das Ende der Geschichte. Zwei der drei Terroristen und ca. 14 weitere Personen, die an der Planung des Anschlags in München beteiligt waren, wurden später von israelischen Sondereinheiten zur Strecke gebracht*. Nur einer ist heute (2002) noch am Leben.

Auf deutscher Seite bezahlte der Polizist A.F. den Einsatz in Fürstenfeldbruck mit dem Leben; mehrere seiner Kollegen erlitten schwere Verletzungen.

Nach dem Attentat beschloss die Bundesregierung die Aufstellung von Spezialeinheiten des Bundes und der Länder.

* Zwei der Olympia-Attentäter wurden im April 1973 in Beirut erschossen. Eine genaue Schilderung der Aktion, die unter dem Decknamen Operation »Frühling der Jugend« ablief, findet sich bei *Muki Betser/Robert Rosenberg: Soldat in geheimem Auftrag. Israels führender Antiterror-Spezialist berichtet über seine spektakulärsten Einsätze.* Hoffmann und Campe Verlag, Hamburg 1996. S. 146-168.

Kein bekanntes Muster

Der Fall Rammelmayer 1971 und der Anschlag in München 1972 gaben den Anlass zur Aufstellung sowohl der GSG 9 als auch der ersten SEK, deren Aufbau zum Teil schon vorher geplant worden war. *Klaus Hübner*, ein Mann der ersten Stunde, Polizeipräsident und Gründer des SEK Berlin, gehört zu den Pionieren auf diesem Feld.

Zur Person: *Klaus Hübner,* 1924 in Berlin geboren, wurde nach Handwerks- und Kaufmannslehre 1942 Soldat und Flugzeugführer bei der Luftwaffe. Nach Kriegsende u.a. Bauarbeiter, Holzfäller, Polizeiwachtmeister. 1951 Sekretär des Verbandes der Polizeiangehörigen in Berlin. 1953 Bundesgeschäftsführer der Gewerkschaft der Polizei. In Paris und Kopenhagen gewählter Sekretär der *Internationalen Vereinigung der Polizeigewerkschaften (UISP).* Seit 1952 Mitglied der SPD, 1965 Bundestagsabgeordneter, aktiv im Innenausschuss.

Nach Eskalation der gewalttätigen Auseinandersetzungen als Folge der 68er-Rebellion in Berlin auf Vorschlag von Innensenator Kurt Neubauer 1968 vom Abgeordnetenhaus zum Polizeipräsidenten von Berlin gewählt.

In seiner Amtszeit vom 1. Januar 1969 bis zum 26. Februar 1987 führte er die tiefgreifende Reform der Berliner Polizei durch, die er als Hinwendung zur zivilen Sicherheitsbehörde bei Mitverantwortung der Mitarbeiter definierte.

■ Berlin, 80er-Jahre. Polizeipräsident i.R. Klaus Hübner als Geisel bei einer Vorführung des SEK Berlin anlässlich der internationalen Funkausstellung zu Beginn der 80er-Jahre.

Für mich galt und gilt, dass in einer derartigen Situation ohne jeden Zweifel der Schutz von Leib und Leben den absoluten Vorrang vor jedem anderen rechtsstaatlichen Anspruch haben muss. Kluge Staatsanwälte kennen den schmalen Grat, auf dem sich am Tatort polizeiliche Entscheidungen bewegen und halten sich, wenn sie denn schon anwesend sein wollen, aus solchen Prozessen heraus. Wie ich später beim »Häuserkampf« in Berlin bestätigt finden musste, gibt es aber nicht nur kluge, sondern auch schneidige Staatsanwälte, die davon beseelt zu sein scheinen, die »Kavallerie der Justiz« zu verkörpern.

Auch unsere Beamten in Berlin waren keineswegs auf die Beherrschung einer Lage, wie wir sie in München erlebt hatten, vorbereitet. Weder der sachbearbeitende Kriminalbeamte noch der Schutzmann im Streifenwagen hatten taktische und technische Mittel, Verbrechen zu verhindern, wenn Unbeteiligte mit Waffengewalt zu Schutzschilden erniedrigt und entwürdigt werden.

Am Wochenende nach dem 4. August 1972 versuchte ich auf einem langen Spaziergang, meine Gedanken auf eine Lösung dieses Problems auszurichten. Wir hatten weder Ausrüstung noch Ausbildung, dieser Qualität des Verbrechens so entgegenzutreten, dass Schaden von Dritten ferngehalten werden konnte und dass Polizisten nicht in ein unkalkulierbares Risiko gejagt wurden. Schnelles Eingreifen allein konnte nicht genügen. Drei Komponenten waren in eine Gleichung zu bringen. Da war der Täter, der das Gesetz des Handelns in die Hand ge-

Was veranlasste Sie zur Gründung des SEK Berlin?

Der bekannte Banküberfall in München war der Auslöser. Für diesen brutalen Tatablauf gab es zu jener Zeit kein bekanntes Muster. Offensichtlich waren Kriminal- und Schutzpolizeibeamte vom Gang der Ereignisse überfordert. Oberstaatsanwalt S., der sich ungerufen zum dilettantischen Kommandanten am Tatort ernannte, steigerte die Hektik und Konfusion. Solch Verhalten kennt man eigentlich nur aus Kriminalfilmen mit schlecht recherchierten Drehbüchern. Der offensichtliche Kompetenzkonflikt zwischen der Notwendigkeit der Gefahrenabwehr und dem unbedingten Anspruch auf Strafverfolgung wurde zur Ursache des Desasters. Der gesetzliche Auftrag der Polizei, »Gefahren von der Allgemeinheit und dem einzelnen abzuwehren«, geriet in unlösbaren Handlungskonflikt mit der Verpflichtung aus der Strafprozessordnung »Straftaten zu erforschen und alle keinen Aufschub gestattenden Anordnungen zu treffen, um die Verdunklung der Sache zu verhüten«.

■ Der »Täter« ist überwältigt.

nommen hat. Es gibt für seine Opfer keine Möglichkeit, ihr Geschick selbst zu bestimmen. In diese zweiseitige, tragische Beziehung haben die Polizeibeamten einzuwirken. Sie müssen Opfer unbeschädigt befreien und Täter so dingfest machen, dass sie ihrem Richter zugeführt werden können. Sie haben, rechtlich betrachtet, auch den ihnen nicht bekannten, doch unterstellten Willen der Opfer zu vollziehen; nämlich Nothilfe zu leisten.

Welche Hilfen wurden Ihnen beim Aufbau des SEK zuteil?

Am Wochenanfang beriet ich mich mit dem Kommandeur der Schutzpolizei, Erhard Börner. Wir formten erste Konturen einer absolut neuen Einheit, für die es keine Erfahrungen gab. Für die folgenden Planungen gaben wir vor, dass nur Freiwillige für die neue Aufgabe in Frage kommen könnten. Eine sehr gediegene Ausbildung und erstklassige Ausstattung mussten eine Grundbedingung sein. Bei der Auswahl der Beamten gaben wir vor, dass Persönlichkeit und Intelligenz vor Muskelkraft zu stehen habe. Auf keinen Fall wollten wir unter Zeitdruck mit heißer Nadel stricken. Die Umsicht und Gründlichkeit der »Denkfabrik« unserer Exekutive erwies sich wieder einmal als unschätzbares Kapital. Schnell erkannten wir, dass wir kein Überfallkommando brauchten, das bei besonderen Lagen eingreift und ansonsten allgemeinen Dienst versieht. Für eine neue Einheit war angesichts der festgeschriebenen Strukturen der Behörde, bei einer Änderung die Mitsprache des Parlaments über die Senatsverwaltung für Inneres erforderlich, von der Mitsprache der Personalräte ganz abgesehen. Unter Beteiligung der Organisations- und Personalreferate der Verwaltung war hierfür ein Rahmen abzustecken. Zur Beschreibung des Auftrags für die künftige Einheit gehörten die Anforderungen an die Ausbildung und die technische Ausstattung der Beamten und der neuen Dienststelle. Waffen, Fahrzeuge, Geräte und Kommunikationsmittel waren zu bestimmen und zu beschaffen. Nur von der eigenen Phantasie beflügelt, suchten wir nach Beispielen, Vorschriften, Literatur. Stehlen mit den Augen war angesagt. Die polizeiliche Grundausbildung und die Berufserfahrung konnten nur ein Sockel sein, auf dem wir aufzubauen hatten.

In unsere Vorbereitungen platzte der blutige Terroranschlag auf die israelische Olympiamannschaft in München. Bundesinnenminister Dietrich Genscher erklärte öffentlich, er wolle im Bundesgrenzschutz eine Sondereinheit aufbauen, um künftig gegen solche Angriffe gewappnet zu sein. Wir waren bereits einige Planzüge voraus.

Weil wir von vornherein Charakter und Intelligenz der Aspiranten für die Spezialeinheit an die Spitze aller Kriterien setzten, mussten wir auch über die körperliche Leistungsfähigkeit dieser Beamten nachdenken. Ich erinnerte mich an die Ausbildung der »Ranger« in den Armeen.

Aus eigener leidvoller Landser-Erfahrung wusste ich, dass auch hier ohne Vorschriften nichts ging. Also rief ich meinen alten Freund Herbert Laabs an, der bei Verteidigungsminister H.S. die Sozialabteilung leitete. Nur weil ich in der höchsten Geheimhaltungsstufe angesiedelt war, überwandt er seine Bedenken und übersandte mir eine Vorschrift der Bundeswehr über die Rangerausbildung. So etwas spielte sich in jener Zeit noch höchst konspirativ von verdeckter Anschrift des Absenders zur privaten Adresse des Empfängers ab. Umso verblüffter war ich, als ich kurze Zeit später in dem Zentralorgan der DDR »Neues Deutschland« lesen musste, Hübner bilde seine Polizei nach Vorschriften der Bundeswehr aus.

Zu meiner Erleichterung mussten unsere Alliierten diese höchst brisante Zeitungsmeldung übersehen haben. Erst 1977 wurden mir die Zusammenhänge deutlich, als Renate Lutze, die Sekretärin von Herbert Laabs, als DDR-Spionin entlarvt worden war. Sie hatte vermutlich in einem Brief die Vorschriften an mich auf den Weg gebracht und zugleich ihren Stasi-Führungsoffizier unterrichtet.

Unser Konzept für das Spezialeinsatzkommando (SEK), so nannten wir unser Kind, war im Oktober 1972 fertig, und ich trug es Senator Neubauer in einem Gespräch unter vier Augen vor. Ohne Umstände erhielt ich seine Zustimmung, und bereits am 1. November konnten wir mit der Auswahl und der Ausbildung der Ausbilder beginnen.

Welche Qualifikationen mussten die ersten Bewerber mitbringen?

Mit großer Sorgfalt gingen wir an die Auslese der Mitglieder des SEK. Die höchste Hürde war ein psychologischer Test, den unsere Hauspsychologen nach dem bekannten MMPI-Verfahren (Minnesota multiphasic personality inventury) zusammengestellt hatten. Auf der Voraussetzung eines überdurchschnittlichen Intelligenzquotienten (IQ) war eine bestimmte Persönlichkeitsstruktur zu ermitteln. Den beiden Wissenschaftlern, die diese Testbatterie entwickelt haben, Starke R. Hatheway und J. Charnley McKinley, möchte ich ein Denkmal der Dankbarkeit setzen. Wir suchten den Typ des »Astronauten«, der Urteilsvermögen, Entschlusskraft und kühles Abwägen in seiner Person zu optimaler Handlungsfähigkeit verbindet.

Unser hauseigener Psychologe, Meyer-Welser, beschrieb das Anforderungsprofil mit eigenen Worten: »Sie müssen sowohl verhandeln als auch schießen können und in Nahkampftechniken hochtrainiert sein. Psychologisch bedürfen sie hoher Intelligenz, Selbstsicherheit, Situationserfassung und Entschlussfähigkeit zu energischem Handeln… Es können also nur Beamte von persönlicher und moralischer Integrität Verwendung finden.« Die Bewerber wurden durch ein zweitägiges Auswahlverfahren geschleust. Bei der sportlichen Überprüfung war auch Selbstüberwindung nachzuweisen. Den Reaktionstest beim Schießen mit der Pistole und eine intensive

■ Grafik zum 25-jährigen Bestehen des SEK-PSK Berlin.

sportmedizinische Untersuchung überstanden 67 von den 173 freiwilligen Bewerbern. (Ich wäre bereits ausgeschieden, weil ich nicht Tauklettern kann.) Nach dem Auswahlgespräch mit dem Psychologen und dem Doppeltest auf Intelligenz und Persönlichkeitsstruktur waren 50 Beamte gefunden, von denen schließlich 49, zwischen 27 und 40 Jahre alt, am 2. Januar 1973 ins Training gingen.

Bei den Persönlichkeitsstrukturtests schieden wir den Kandidaten aus, der Unter- oder Überreaktionen zeigte. Diese Auslese hat sich nicht nur bewährt als die Beamten später in ihre Einsätze gingen. Bereits beim Training erwies sich in einem Fall, dass ein Mann dem Erfordernis der Teamleistung nicht gewachsen war. Er war ausnahmsweise angenommen worden, obwohl er bei der Testauswertung den Rahmen nur geringfügig überschnitten hatte.

Wie gestaltete sich die Ausbildung im neugegründeten SEK Berlin?

Der erste Lehrgang lief über sechs Monate. So blieb es auch weiterhin. Für eine spezielle Mixtur aus den Kampfsportarten wurden in den sechs Monaten 260 Stunden angesetzt. Für die Schießausbildung mit der Pistole und der Maschinenpistole wendeten wir 250 Stunden auf und verbrauchten eine Million Schuss Munition. Kritik von links kam wie erwartet: »Hübner bildet Killer zum Ballern aus«. Das Gegenteil war richtig. Die Beamten sollten eine schlafwandlerische Sicherheit im Umgang mit ihrer Waffe erreichen. Ihrer Treffsicherheit gewiss, sollten sie in kritischer Situation nicht die Spur eines Gedankens auf Kosten der Konzentration verschwenden. Um es vorweg zu nehmen: 1997, beim fünfundzwanzigjährigen Bestehen des SEK, waren 10.200 Einsätze geleistet. 4132 gefährliche, meist bewaffnete, Tatverdächtige waren festgenommen worden.

In 160 Stunden wurde Polizeiverwendung vermittelt. Trainiert wurden Szenarien der Bekämpfung der Schwerstkriminalität und Verhaltenspsychologie. Bei 90 Stunden Kraftfahrausbildung gingen im Sicherheitstraining und beim Einüben raffinierter Schleudertechniken einige Autos zu Bruch, die nun nicht mehr versteigert werden konnten. Mit dem Hinweis, dass Gesundheitsvorsorge vor Blechschaden geht, konnte ich den weiteren Materialnachschub sicherstellen. 40 Stunden Fernmeldeausbildung und weitere 70 Stunden Unterricht weitgefächerter Themen standen neben 90 Stunden sehr ausführlicher Sanitätsausbildung.

Über polizeiliche Verhaltensweisen weit hinaus wurden viele Rollenspiele geübt. So lernten die Beamten bei den Fluggesellschaften die Arbeitsvorgänge am Boden bis zum Betanken der Flugzeuge. Wenn ein noch nicht bekannter Flugzeugtyp nach Berlin kam, wurden unsere Leute sogleich in das Muster eingewiesen, um im Falle einer Entführung sofort im Bilde zu sein. Auch als Kellner wurden sie eingewiesen. Bei einer Abschlussprüfung konnte ich mich mit anderen Gästen im

Ausbildungshotel am Kurfürstendamm von ihnen gekonnt bedienen lassen.
Unerkannt und unbemerkt sollten sich die Beamten in jedem Milieu bewegen können, um im richtigen Moment eine geeignete Ausgangsposition für ihr Eingreifen zu haben. Wie sich später in den vielen Einsätzen herausstellte, war es von Anfang an richtig, das Training so anzulegen, dass sich die Beamten uneingeschränkt aufeinander verlassen konnten.
Dieses Grundvertrauen baute sich bereits beim Üben mit scharfen Waffen auf. In den Schießbahnen gingen einzelne Trupps über bis zu zweihundert Meter, selbst feuernd, auf ein Ziel vor, während aus Langfeuerwaffen – und aus kürzerer Distanz mit Maschinenpistolen – an ihnen vorbeigeschossen wurde. Als wir nach abgeschlossener Ausbildung das SEK unter anderem den drei alliierten Stadtkommandanten am 29. Juni 1973 präsentierten, waren wir bereits so sicher, dass wir mit ihnen den Einsatzgruppen folgten und vor die Feuerlinien liefen. Das machte gehörigen Eindruck und das war nicht ungewollt.
In zahlreichen Diskussionen bemerkte ich, dass sich im Training ein kaum messbarer Energiestau bei den Beamten aufbaute. Drängende Fragen nach besonderer Fürsorge angesichts des erhöhten Risikos und den späteren Berufsaussichten wurden mir ebenso unzimperlich gestellt, wie bereits Verbesserungen der Ausrüstung angeregt wurden.
Als man in der Endphase der Ausbildung Observationstechniken erprobte, kam der erste Einsatz. Der kriminalpolizeiliche Dauerdienst, seinerzeit eine operative Spitze der Kriminalpolizei, fragte nach, ob man die Festnahme eines Mannes übernehmen könne, der unter Mordverdacht stand, als gewalttätig bekannt und bewaffnet war. Das war dann der erste Einsatz des SEK. Der Mann, der die Polizei mit einer schussbereiten Pistole erwartete, wurde überwältigt und festgenommen.
Diese Anforderung des SEK blieb bis heute das unerschütterte Grundmuster für die Zusammenarbeit in der Berliner Polizei. Die Gunst der dichten Stadtlandschaft lässt es zu, dass vorhersehbare Risiken von den Fachleuten gemeistert werden. Sie kalkulieren von vornherein jede denkbare Gefahr ein und stellen sich bei immer weiter zuwachsender Erfahrung auf die stets unterschiedlichen Umstände mit Sorgfalt ein.
Das SEK bildete vier Einsatzgruppen, die sich »Teams« nannten. Rund um die Uhr war immer ein Team einsatzbereit. Ohne Unterbrechung konnte im einsatzbezogenen Training geübt und fortentwickelt werden, was im nahezu täglichen Einsatz erfahren wurde.
Vier Wochen nach der Vorstellung bei den Stadtkommandanten luden wir am 12. Juli 1973 die Presse ein. Zwei Schlagzeilen der folgenden Berichterstattung sind mir in ihrer Polarität in Erinnerung geblieben: »Jeder Westernheld würde vor Neid erblassen« und »Polizisten wollen keine Helden sein«. Unsere Botschaft war verstanden worden.

Welche Kontakte bestanden zur GSG 9?
Auch in den anderen Bundesländern entstanden Spezialeinsatzkommandos. Der Bundesgrenzschutz baute seine GSG 9 auf. Schlagartig wurde sie mit der Befreiung der Geiseln aus der Lufthansa-Maschine »Landshut« in Mogadischu, am 18. Oktober 1977, bekannt. Auf die Unterstützung durch diese Einheit konnten wir in Berlin nicht rechnen, denn jegliche Präsenz der Exekutive des Bundes war durch das Viermächtestatut in Berlin ausgeschlossen. Wenn auch die DDR ihrerseits in ihrer »Hauptstadt« diesen Status demonstrativ missachtete, hielten sich die drei Westalliierten desto strenger daran. Für Berlin (West) war das Festhalten an der Viermächte-Garantie die einzige Bürgschaft für ein Überleben in Freiheit schlechthin.
In der Autarkie unseres SEK lag aber auch seine Stärke. Weil wir auf uns allein gestellt auf fremde Hilfe in keiner Weise hoffen konnten, mussten wir zu Überlebenskünstlern werden – oder scheitern. Mit der GSG 9 des Bundesgrenzschutzes hielten meine Mitarbeiter ständig kollegialen Kontakt. Im Erfahrungsaustausch wurden in erster Linie technische Ausstattungen besprochen und auch erprobt. Wir hatten z.B. mit unseren Sprengstoffexperten ein Verfahren ausgetüftelt, mit dem man Türen, auch von Flugzeugen, von außen aufsprengen konnte, ohne mehr Schaden anzurichten als unbedingt nötig war. Ulrich Wegener, den Leiter der GSG 9, lud ich unmittelbar nach dem erfolgreichen Einsatz in Mogadischu als (nicht offiziellen) Gast ein. Er erörterte mit uns das Vorgehen seiner Einheit bis ins Detail. Den Lernhunger und die Wissbegier meiner Mitarbeiter wach zu halten, aber auch zu stillen, war mir zu jeder Zeit jeden Aufwand wert.

Gab es eine Polizeieinheit, an der sich orientiert oder von der das SEK besonders geprägt wurde?
Nein.

Wodurch grenzte sich das SEK vom MEK der Berliner Kriminalpolizei ab?
1969 galt es, den tief gestörten Gemeinschaftsfrieden im von Straßenkämpfen heimgesuchten Berlin behutsam wiederherzustellen. Mit der Aufstellung des Diskussionskommandos (scherzhaft »Gruppe 47«, weil alles mit 47 Freiwilligen begann) hatte ich eine Einheit, die entscheidend dazu beitrug, die Gewalt aus explosiven Situationen des Landfriedensbruchs abzuschöpfen. Das war ein langwieriger, doch schließlich erfolgreicher Prozess. Die Beamten hatten keine festen Planstellen bei der Einheit. Sie rotierten etwa im Ein- bis Zweijahresrhythmus. Nach Abflauen der »Gewaltdemonstrationen« glitt die Verwendung der Einheit in Observationsaufgaben zur Bekämpfung des Terrorismus über. In Anpassung an Strukturen der Polizeien der Länder wurde sie schließlich als MEK bezeichnet. Zeit meines Amtes habe ich argwöhnisch dar-

über gewacht, diese Einheit nicht als Ersatz für Aufgaben des SEK einzusetzen. Eine Verwischung der Aufgaben hätte ich für fatal gehalten, nicht zuletzt in Verantwortung für meine Mitarbeiter.

Schon in den Anfangsjahren bewältigte das SEK Berlin gefährliche Situationen. Wie wurde mit der Frage nach der Tötung eines Angreifers oder Kriminellen umgegangen?
Eines Tages hatten wir diese Antwort zu suchen, vor der sich die Politik – mit wenigen Ausnahmen – bis heute gedrückt hat. Die Bestimmungen für den Waffengebrauch der Polizei gehen durchweg und richtig davon aus, dass der Polizist, außer in Notwehr, nur von der Schusswaffe Gebrauch machen darf, wenn die anderen gesetzlichen Voraussetzungen gegeben sind (z.B. Einschreiten bei Verbrechen). Der Polizeibeamte steht vor der Frage, wie er den Täter so kampfunfähig machen kann, dass dieser nicht mehr auf sein Opfer einwirken kann. Der Verbrecher darf nicht mehr in der Lage sein, den Finger am Abzug seiner Waffe krumm zu machen, wenn ihn der Schuss trifft, der ihn kampfunfähig machen soll. Die nackte, unausweichliche Wahrheit ist, dass sein Nervensystem augenblicklich ausgeschaltet werden muss. Alle, die in der inneren Sicherheit Verantwortung tragen, vom Abgeordneten über den Minister, vom Polizeichef bis zum handelnden Polizeibeamten, sind in diese schicksalhafte Handlungskette eingebunden. Der Polizist, gestützt auf die Mitverantwortung seiner Vorgesetzten, m u s s handeln. Es ist unerträglich, dass alle, die »darüber« sitzen, nachwirkend prüfen können, ob er rechtmäßig gehandelt hat, um entweder dazu zu stehen, oder sich »von diesem Einzelfall« zu distanzieren.
Der »finale Rettungsschuss« trifft den Täter, die Rettung gilt dem Opfer. Dieser tragische Widerspruch überträgt den Handelnden eine gleichsam doppelte Entscheidung über Leben und Tod. Die Verantwortung für diese Entscheidung will der Gesetzgeber mit dem Polizeibeamten nicht teilen. Die Todesstrafe soll nicht durch die Hintertür wieder einführt werden. Diese Verantwortungsethik verdient hohen moralischen Respekt. Die Handlungsethik liegt bei den Menschen, die von Berufs wegen das Machtmonopol des Staates auszuüben haben. Sie stehen im Regen. Der Beamte, der eine Geisel durch finale Ausschaltung des Täters rettet, kann sich nur auf Notwehr berufen. Sein Handeln ist objektiv eine Tötung oder eine Körperverletzung. Er begeht also eine Tat, die nur als Notwehr nicht rechtswidrig ist. Weil er für einen Dritten handelt, spricht man von Nothilfe. Er vollzieht eigentlich das, wozu die Geisel selbst nicht fähig ist.
Weil die Politik weiter den Kopf in den Sand steckt, legte ich in einer internen Dienstvorschrift fest, dass die Freigabe des Präzisionsschusses ausschließlich durch den Polizeipräsidenten und, nur in seiner Abwesenheit, durch seinen Vertreter gegeben werden kann.

Angehöriger des SEK Berlin.

Das Muster, im Falle einer Geiselnahme, lief dann so ab, dass ich, in Beratung mit der engsten Führung, unter Beteiligung unserer Juristen, prüfte, ob die Voraussetzungen für eine Nothilfe nach dem Strafgesetzbuch gegeben waren. Damit nahm ich die endgültige Handlung des Schützen und auch des Einsatzleiters des PSK, der den Feuerbefehl erteilen musste, in meine persönliche Verantwortung. Mit einem festgelegten Text wies der Einsatzleiter die Schützen unmittelbar vor der Feuerfreigabe darauf hin.
Mit dem damaligen Präsidenten des Bundesverwaltungsgerichts, Wolfgang Zeidler, der später Präsident des Bundesverfassungsgerichts wurde, erörterte ich in vielen Gesprächen die unbefriedigende Rechtslage. Er bestätigte mir in einem Atemzuge die speziell fehlende Rechtsvorschrift für den finalen Rettungsschuss und ermutigte mich zugleich, ihn dennoch in Betracht zu ziehen. Schließlich, so schätzte er die Rechtslage

ein, würde die letzte Instanz bestätigen, dass diese Art der Nothilfe nicht rechtswidrig sei.

Was waren die wichtigsten Einsätze des SEK während Ihrer Amtszeit?

Es gab von Beginn an keine Spur von Eifersucht oder Neid anderer Dienstzweige auf eine neue »Elite«. Die richtig angelegten ersten Einsätze hatten im Erfolg überzeugt. Man rief das SEK nicht, weil seine Mitglieder sich als »Bessere« darstellten, sondern weil sie die geeigneten Mittel hatten, hohe Risiken professionell abzuschätzen und planmäßig zu handeln.

Das tägliche Geschäft des SEK wurde die Festnahme gefährlicher, bewaffneter Täter. Doch immer wieder gab es Situationen zu bereinigen, an die ich gedacht hatte, als wir die Einheit vorerst nur im Kopf hatten. Das Einschreiten gegen Täter, die andere Menschen in ihrer Gewalt haben, stellt jederzeit die höchsten Ansprüche an die Teams. Das Ziel ist in jedem Fall, die Bedrohten möglichst unversehrt aus ihrer Zwangslage zu befreien. Meist befinden sich in solchen Lagen auch weitere Menschen in unmittelbarer Gefahr. Besonders in Erinnerung habe ich noch zwei Geiselnahmen. Im ersten Fall war es ein Exil-Russe und danach ein Jugoslawe, die mit der Ermordung ihrer Mitmenschen drohten. Dem SEK gelang die Befreiung der Geiseln und überwältigte die Täter.

Die Pest des Terrorismus stellte das SEK dann vor Aufgaben ganz besonderer Qualität: Die Auseinandersetzung mit einem hochintelligenten und skrupellosen Tätertyp. Bis zur Austrocknung des Terrorsumpfes in Berlin (West) konnten 29, ohne Ausnahme scharf bewaffnete Tatverdächtige aus dieser Szene festgenommen werden. Es floss dabei kein Tropfen Blut und es gab folglich nur wenige aufsehenerregende Schlagzeilen darüber. Wir hatten es vornehmlich mit der »Bewegung 2. Juni« zu tun, auf deren Konto der Sprengstoffanschlag auf einen britischen Yachtclub am 2. Februar 1972, bei dem der deutsche Bootsbauer Erwin Beelitz den Tod fand; die Ermordung des Präsidenten des Kammergerichts, Günther von Drenkmann, am 10. November 1974; und die Entführung des Präsidenten des Abgeordnetenhauses, Peter Lorenz, am 27. Februar 1975; gehen. Damit war der Berliner harte Kern jener Terroristen festgesetzt, die sich professionell und subversiv dem Kampf gegen die Herrschenden verschrieben hatten. Sie hatten der von ihnen verhassten Gesellschaft den Krieg erklärt. Die heimtückischen Angriffe der Feierabend-Terroristen, die aus der Deckung einer bürgerlichen Existenz, in kleinsten, abgeschotteten Zellen organisiert, weiter zündelten, sprengten und zerstörten, hielten uns fortan in Atem. Der Festnahme von Ralf Reinders, Juliane Plambeck und Inge Vieth am 9. September 1975 in der Steglitzer Birkbuschstraße war eine viele Tage dauernde Observation vorausgegangen. Ein Balanceakt zwischen »Timing und Risiko«. Die Bewegungen von Bewohnern und Besuchern hatten wir minutiös verfolgen können. Es kam uns darauf an, in dem Moment zuzugreifen, in dem wir entweder möglichst viele Tatverdächtige oder mindestens eine festgelegte Zahl von Top-Personen schlagartig festnehmen konnten. Weil es sich um äußerst kluge und misstrauische Leute handelte, die in ihre konspirative Lebensweise auch die Gegenobservation einbezogen hatten, war jede Minute des Abwartens mit der Gefahr des Aufdeckens unserer Beobachtung verbunden. Völlig überrascht zeigten sich Bewohner des Hauses, als die schwerbewaffneten Terroristen ausgehoben wurden. Als nette junge Leute, die freundlich grüßten und jede Auffälligkeit vermieden hatten, schien ihre Legende wasserdicht. Eine ältere Dame äußerte sich befremdet, denn einer der jungen Herren hatte sie kürzlich noch so höflich darauf hingewiesen, dass die Blümchen im Vorgarten Wasser bräuchten. Wie der Blitz traf auch Fritz Teufel und Gabriele Rollnik ihre Festnahme, als wir sie bei ihrer Heimkehr bereits in ihrer konspirativen Wohnung in der Weddinger Koloniestraße erwarteten. Beide trugen schussbereite Pistolen im Hosenbund, und Teufel hatte im Rucksack ein abgesägtes Schrotgewehr. So clownesk harmlos, wie Teufel sich gerne gab, war er also nicht. Bei einem Beschussversuch mit einem Schrotgewehr gleicher Bauart schlug die Schrotladung auf wenige Meter Distanz in eine dicke Holzbohle ein faustgroßes Loch.

Eine ganz ungewöhnliche Leistung vollbrachte das SEK, als ein Spaziergänger im Tegeler Wald eine künstliche Höhle entdeckte, die sich als terroristisches Waffenlager entpuppte. 16 Tage lang beobachteten unsere Leute aus einem Unterstand, den sie sich gegraben hatten, das Depot, bis am 12. Mai 1977 die Verbrecher Stürmer und Herlitz überwältigt werden konnten, als sie dem Lager etwas entnehmen wollten. Wer die oft noch kühlen und nassen Mainächte hierzulande kennt, wird meine Hochachtung für die SEK-Teams, die dort unverdrossen auf Ansitz waren, uneingeschränkt teilen.

Im Norden Berlins harrten SEK-Leute zwei Wochen lang in einer Gewerbeanlage aus, um Tatverdächtige festzunehmen, die dort in einer Garage ein Auto untergestellt hatten. Mehr als einmal mussten sie sich gegenüber unbeteiligten Neugierigen herausreden. Als einmal sogar die Feuerwehr wegen eines Kaminschwelbrandes anrückte, überstanden sie auch dieses unverhoffte Zwischenspiel und handelten in der Sekunde, als es darauf ankam.

Nervenstark observierten SEK-Beamte die Generalprobe zum Versuch eines Bombenattentats auf eine kurdische Studentenversammlung im Wedding. Sie »begleiteten« die beiden Iraker Kahlid J. Jaber und Hay-Ali Mohmoud, als diese, mit dem scharfen Sprengstoffkoffer in der Hand, am Vortage den geplanten Tatort aufsuchten und begutachteten. Erst kurz vor der geplanten Tatausführung griffen sie zu und nahmen die Verbrecher bei heftiger Gegenwehr vorläufig fest. Wie vorläufig diese Festname sein sollte, erfuhren wir, als die Alliierten

nach wenigen Tagen den irakischen Ersten Botschaftssekretär und seinen Komplizen schlicht auswiesen.
Heiterer ging es zu, als wir eine Garage in Tempelhof observierten, in der Terroristen ein Auto abgestellt hatten. In der Dunkelheit wollte sich ein Staatsanwalt davon überzeugen, ob die Polizei auch tatsächlich ihre Pflicht tue. Er hatte sich der Garage jedoch nur bis auf wenige Schritte genähert, als er bereits auf dem Bauch lag und sich im sicheren Griff unserer Experten befand. Nach Aufklärung des »Missgriffs« erklärte unser Staatsanwalt, noch etwas blass, seinen Respekt vor den offensichtlich wirksamen Vorkehrungen der Polizei.
Bei einer Pressekonferenz, nach der Festnahme des Terroristen Viemann, fragte mich die Korrespondentin einer westdeutschen Zeitung nach den näheren Einzelheiten und dem Vorgehen in diesem Fall. Ich wollte ihr unsere Taktik nicht verraten und beschränkte mich darauf, ihr zu erwidern, dass die Festnahme gefährlicher Straftäter »im allgemeinen vor der Begrüßung« stattfände.

Wie sehen Sie die Zukunft des SEK?

Mein Versprechen, dass kein Mitglied des SEK nach dieser Verwendung irgendwo in ein tiefes Loch fallen würde, konnte ich einlösen. Dank der Polizeireform mit neuen Laufbahnen im gehobenen Dienst wurde für jeden eine befriedigende Lösung gefunden, wenn er, allein schon durch das aufreibende Training, seine Knochen zu Markte getragen hatte. Tatsächlich machte sich bei fast allen ein gehöriger Verschleiß an den Sehnen und am Knochengerüst bemerkbar. Nach Vollendung des vierten Lebensjahrzehnts war es Zeit, ruhigeres Fahrwasser anzusteuern. Auch die Leiter der Einheit bewiesen bei der Übernahme neuer Aufgaben, dass wir stets die richtige Personalauswahl getroffen hatten. Alle sind mindestens Polizeidirektoren geworden.
In den nächsten Jahrzehnten werden wir mit Sicherheit wieder oft auf die Hilfe des SEK angewiesen sein. Mit dem Wegfall der Grenzen werden auch neue (unbekannte) Formen der Kriminalität auf Berlin zukommen. Ich bin mir aber sicher, dass dies wirksam von der Berliner Polizei und dem SEK bekämpft werden kann.

Was möchten Sie den Lesern dieses Buches noch mitteilen?

Das, was Altbundeskanzler Helmut Schmidt in seinem Vorwort für mein eigenes Buch geschrieben hat: »Mit seinen Aufzeichnungen steuert Hübner ein Zeitdokument bei, das die damaligen Ereignisse aus seiner Sicht erläutert; die heutige Legendenbildung hinsichtlich der 68er-Bewegung und ihr falsches Heldenethos wird sich daran messen lassen müssen«

Der »Pelzmörder«

Theaterplatz Frankfurt, 7. Juli 1968. Unter dem Schutz des gepanzerten Sonderwagens rückt das Überfallkommando gegen den verschanzten Terburg vor. Im Feuergefecht werden mehrere Hundert Schuss abgegeben.

Ein Fall, der eigentlich nur von einer Spezialeinheit hätte gelöst werden können und der sich ereignete, als es eine solche leider noch nicht gab, ging in die Kriminalgeschichte unter der Bezeichnung der »Pelzmörder« ein.

Am Pfingstsamstag, den 1. Juni 1968, überfiel der niederländische Staatsbürger Antonius Johannes Terburg (35) ein Pelzgeschäft in München. Als sich der Inhaber A.H. zur Wehr setzte, wurde er von Terburg mit einer spanischen Astra-Pistole, Kaliber 9 mm, kaltblütig erschossen.

Von nun an war Terburg auf der Flucht. Seine Kumpanen, die ihm bei vorangegangenen Raubzügen und bei dem Verkauf der Waren halfen, stellten sich der Polizei und gaben erste Fahndungshinweise.

J.F., ein Tresorknacker und Hehler mit einer langen Reihe von Vorstrafen: »*Der Antonius war ein Kerl. Er war wohl der erfolgreichste Pelzdieb der Nachkriegszeit. Anfang 1968 kam er von Frankfurt nach München. Er versorgte hier alle Nutten mit Nerzjacken. Wir lebten von seinen Raubzügen wie die Maden im Speck. Er war ein echter Kamerad. Er teilte mit uns seine letzte Mark. Wenn er Geld hatte, spendierte er großzügig Sekt und Kaviar.*«

Terburg, gewissenlos und brutal, gehörte zu den kalkulierenden Verbrechern. Er war gut trainiert und vorausschauend. Selbst bei Feiern und beim Spiel trank er nur Limonade. Er sagte immer: »*In Indochina habe ich bei der Fremdenlegion gedient. Dabei habe ich gelernt, dass man bei einem gefährlichen Job immer einen klaren Kopf behalten muss.*« J.F.: »*Der machte manchmal Dinger, dass uns die Haare zu Berge standen. Einmal schlug er am Münchner Hauptbahnhof das Schaufenster eines Pelzgeschäftes ein und räumte es leer, obwohl nur drei Meter entfernt Passanten vorbeigingen. Der Holländer, so wurde er bei uns genannt, war irre. Ich habe noch nie einen Burschen gesehen, der so kaltblütig war wie er.*«

Seit Donnerstag, dem 6. Juli 1968, hielt er sich nun im Frankfurter Bahnhofsviertel vermutlich im Hinterzimmer einer Bar auf. Dort wollte er sich mit Hehlern treffen, die ihm noch Geld schuldeten.

Die tüchtige Frankfurter Polizei bekam am 7. Juli 1968, gegen 3.00 Uhr einen Hinweis, worauf zwei junge Beamte den Auftrag erhielten, sich in ziviler Kleidung vor den damaligen Jim-Beam-Club zu begeben und Terburg beim Verlassen des Lokals festzunehmen. Der »enttarnte« sie jedoch, zog sofort seine Pistole aus der Tasche und drückte ab. Einmal, zweimal versucht sein Zeigefinger den Abzug durchzuziehen. Erfolglos, da er in der Aufregung vergessen hat, die Waffe zu entsichern. Der Gangster flieht. In diesem Augenblick naht ein Taxi. Polizeimeister W. stoppt den Wagen: »*Helfen Sie uns! Wir verfolgen einen flüchtigen Raubmörder.*«

Aber der Taxifahrer hat Angst, er fährt wortlos davon.

Zu Fuß nehmen die Beamten die Verfolgung auf. Mit Hilfe des Frankfurter Überfallkommandos wird Terburg schließlich um 4.00 Uhr morgens in einem abbruchreifen Haus am Theaterplatz, gegenüber dem Schauspielhaus, lokalisiert.

Die Beamten des Überfallkommandos dringen durch die schmale Toreinfahrt in den Hinterhof des Gebäudes ein und versuchen, Terburg zur Aufgabe zu bewegen. Der lässt sich aber auf keine Verhandlungen ein und schießt sofort.

Tage später wurde seine Drohung im Milieu bekannt: »*Lebend bekommt mich die Schmiere nie!*«

Die Polizisten ziehen sich hinter die Einfahrt des Hofes zurück und setzen sich mit Beretta-Maschinenpistolen und ihren Pistolen Walther PP zur Wehr. Sie beschränkten sich ansonsten darauf, eine äußere Absperrung vorzunehmen, um eine Flucht zu verhindern.

Der ehemalige Einsatzleiter, U. Sachs, rekonstruiert: »*Als Leiter der I. Polizeibereitschaft bekam ich gegen 5.45 Uhr zu Hause den Sachverhalt telefonisch geschildert und traf wenig später am Einsatzort ein, um die Leitung zu übernehmen. Es wurde mir gemeldet, dass die äußere Absperrung eingenommen sei und die Beamten des Überfallkommandos wiederholt durch den Täter beschossen wurden. Der Polizeihund Alf sollte nun zunächst zur Verhinderung der Flucht die mit Brettern zugenagelte Eingangstür zum Aufenthaltsort des Täters sichern. Durch ein angrenzendes Fenster gab Terburg einen Schuss auf Alf ab, der ihn schwer verletzte. Um ihn von seinen Qualen zu erlösen, musste ich dem treuen Schäferhund den Fangschuss geben. Mehrfach forderte ich nun Terburg auf, das Objekt mit erhobenen Händen zu verlassen.*«

Türe und Fenster werden eingeschlagen und die Beamten halten vorsichtig Ausschau nach Terburg, der zum Zeitpunkt der Aufnahme bereits nicht mehr lebt. Rechts liegt der erschossene Diensthund Alf. Man beachte die Beretta-Maschinenpistolen und das Fehlen jeglichen Körperschutzes der Beamten.

Dieser Aufforderung kam Terburg nicht nach. Seine Antwort waren weitere gezielte Schüsse, die teilweise knapp an den Köpfen der Polizisten vorbeigingen.

Weitere Verfügungen wurden über Megaphon durchgegeben: »*Antonius, du hast keine Chance. Das Haus ist umstellt! Eine Flucht wird Dir nicht gelingen! Komm mit erhobenen Händen raus!*«

Der Mörder ignorierte alles. Ein Versuch, mit Hilfe der Feuerwehr die verschlagene Tür und ein Fenster mit einem starken Wasserstrahl zu öffnen, schlug fehl.

PHK Sachs: »*Jetzt wurden nochmals zahlreiche Tränengaswurfkörper in das Objekt geworfen. Als wieder keine Reaktion erfolgte, wurde unter Deckung eines gepanzerten Sonderwagens der Bereitschaftspolizei vorgegangen. Drei weitere Beamte und ich rückten unter gegenseitigem Feuerschutz zu dem Objekt vor. Mit einer Axt wurde der Holzverschlag und das Fenster eingeschlagen und es gelang uns einzudringen. Gegen 8.55 Uhr wurde festgestellt, dass der Täter in einem Wandschrank im Hausflur in Hockstellung saß. Er hatte sich durch einen aufgesetzten Schuss oberhalb der Nasenwurzel selbst gerichtet.*«

Antonius Terburg war tot. In auswegloser Lage und in der Erwartung einer hohen Haftstrafe hatte er seiner Verbrecher-Karriere selbst ein Ende gesetzt.

Während des Feuergefechts hatte Terburg über 40 Schuss auf die Polizei abgegeben, die ihrerseits mehrere Hundert Patronen verschoss sowie rund 30 Tränengaswurfkörper einsetzte. Dies dürfte bis zum heutigen Tage der höchste Munitionsverbrauch in der deutschen Kriminalgeschichte bei einem Einsatz gegen einen Einzeltäter geblieben sein.

Geiselbefreiung in Mogadischu

Alles begann mit der Entführung des Arbeitgeberpräsidenten Dr. Hanns-Martin Schleyer. Am Montag, den 5. September 1977, gegen 17.30 Uhr sollte er mit zwei Fahrzeugen zu seiner Wohnung in Köln gefahren werden*. Auf der Fahrtstrecke legten mehrere RAF-Terroristen einen Hinterhalt, erschossen den Fahrer (H. M.) und drei zu seinem persönlichen Schutz eingesetzten Polizisten (R. B., H. U. und R. P.
Dr. Schleyer wurde in einen VW Bus gezerrt und weggefahren.

Die Körper der Getöteten wiesen eine Vielzahl von Verletzungen auf. Zum Teil handelte es sich um Einschüsse aus dem absoluten Nahbereich. Die Treffer mit Schrotmunition und .223 hatten die Körper teilweise zerfetzt.

Am Fahrzeug Dr. Schleyers wurden sieben, am Begleitfahrzeug rund 60 Schussbeschädigungen festgestellt.

Kriminaltechnische Untersuchungen ergaben, dass zwei Polizeibeamte noch von ihren Schusswaffen (MP 5, PP Super) Gebrauch machen konnten: Hülsen von acht Patronen 9 x 19 mm Para (HK MP 5) und von drei Patronen 9 x 18 Ultra (Walther PP Super) feuerte das Begleitkommando noch ab.

Wie man heute weiß, rechneten die Terroristen nicht mit einer solchen Gegenwehr und wollten die Entführung schon abbrechen. Doch sie unternahmen mit P.J. Boock an der Spitze einen letzten Versuch. Einer sprang auf das Fahrzeug des Begleitkommandos, hinter dem die Beamten lagen und um ihr Leben kämpften. Nur unter Ausnutzung der absoluten waffentechnischen Überlegenheit konnte er dies riskieren. Von oben traf er die beiden, nun wehrlosen Polizeibeamten, tödlich.

Am Tatort wurden folgende Täterwaffen gefunden:

- 1 Pistole Colt Combat Commander, Kaliber .45 ACP, mit Magazin und acht Patronen
- 1 Magazin für eine polnische Maschinenpistole PM 63
- 44 Patronenhülsen und 22 Geschosse im Kaliber 9 mm Makarow
- 50 Patronenhülsen und 24 Geschosse im Kaliber .223, aus H&K-Sturmgewehren verschossen
- 7 Schrothülsen, Kaliber 12/70, aus zwei verschiedenen Waffen verschossen

Daraus ergibt sich, dass den Tätern mindestens sechs Waffen zur Verfügung gestanden haben müssen, die denen der Polizeibeamten an Wirkung weit überlegen waren.

* Detaillierte Schilderung des Überfalls bei *Reinhard Scholzen: Personenschutz. Geschichte, Ausbildung, Ausrüstung.* Motorbuch Verlag, Stuttgart 2001. S. 36ff.

Köln, 5. September 1977. Entführung des Arbeitgeberpräsidenten Hanns-Martin Schleyer durch RAF-Terroristen. Gut zu erkennen sind der zurückgestoßene Mercedes des Hinterhalts (links) und zwei getötete Beamte des Begleitschutzkommandos.

Eine der größten Fahndungen der deutschen Kriminalgeschichte nahm nun ihren Anfang. Die RAF meldete sich bei der Bundesregierung und forderte die Freilassung von elf Terroristen (u.a. Andreas Baader und Gudrun Ensslin).

Es folgten Wochen zäher Verhandlungen mit dem Ziel der Zeitgewinnung. Hunderten von Hinweisen wurde nachgegangen, Zeugen befragt, Alibis überprüft, Wohnungen und Fahrzeuge durchsucht (GSG-9-Kommandeur i.R. Ulrich Wegener: *»Wir waren damals der beste 'Schlüsseldienst' von Köln/Bonn.«*) Das entscheidende Fernschreiben mit dem Hinweis auf den richtigen Aufenthaltsort des entführten Hanns-Martin Schleyer (Hochhaus, Zum Renngraben 8, Erftstadt-Liblar) ging aber in der Flut von Hinweisen und Kompetenzproblemen unter.

Am Donnerstag, den 13. Oktober 1977, folgte dann die zweite Katastrophe. Um 14.38 Uhr wurde von der Flugsicherung die Entführung der Lufthansa-Boeing 737 *Landshut* gemeldet. 86 Passagiere und fünf Besatzungsmitglieder befanden sich an Bord. Zwei Frauen und zwei Männer, die der RAF nahestehenden palästinensischen Terrorgruppe PFLP angehörten, brachten auf dem Flug von Palma nach Frankfurt die Maschine in ihre Gewalt. Das »Kommando« hatte Zohair Yousif Akache, genannt »Captain Martyr Mahmud«, ein international gesuchter Topterrorist, der einige Monate zuvor den Premierminister des Nord-Jemen vor einem Londoner Hotel auf offener Straße erschossen hatte. Zudem war er ausgebildeter Flugzeugmechaniker und verfügte so über ein technisches Wissen, das ihm bei der Entführung zugute kam. Die *Landshut* begab sich auf einen Irrflug mit mehreren Landungen, so auch in Aden, wo Flugkapitän Jürgen Schumann vor den Augen der übrigen Passagiere kaltblütig erschossen wurde.

Am 17. Oktober, das Flugzeug befand sich nun in der somalischen Hauptstadt Mogadischu, begann die GSG 9 vor Ort mit den Vorbereitungen zum Sturm der Maschine*.

Staatssekretär Jürgen Wischnewski (»Ben Wisch«) hatte die Entführer schon tagelang in die Irre geführt und ihnen am Ende sogar die Freilassung der Terroristen zugesagt. Doch nicht nur mit ihnen musste der Staatsminister, dem als einzigem Politiker der BRD für seine großen Leistungen zu Lebzeiten eine Briefmarke gewidmet wurde, verhandeln, sondern auch noch mit dem damaligen somalischen Präsidenten Siad Barre. Nach langen Gesprächen hatte er ihn endlich soweit, dass er dem Einsatz der GSG 9 zustimmte. Zuvor wollte er dem Präsidenten seine volle Souveränität aufzeigen und bot an , dass alle Gefangenen, die die GSG 9 machen würde, seine Gefangenen wären. Die Antwort von Siad Barre klang hart: *»Was, Gefangene wollen Sie auch noch machen?«* Wischnewski ist auf dieses Thema in weiteren Gesprächen nicht mehr eingegangen.

Die nun nachlassende Aufmerksamkeit der Geiselnehmer im Flugzeug, die auf die Ankunft der elf RAF-Bandenmitglieder warteten, nutzte der damalige GSG-9-Kommandeur Ulrich Wegener und führte seine acht Einsatztrupps (6 Sturm, 1 Entschärfer- und 1 Reservetrupp) an die Maschine.

Im Innern der *Landshut* dämmerten die 90 Geiseln der fünften ungewissen Nacht entgegen. Moralisch völlig am Ende und den ständigen Anfällen der Entführer ausgeliefert, die sie misshandelten, aber auch mal eine Geburtstagsfeier organisierten, hatten die meisten Menschen mit ihrem Leben abgeschlossen. Die hygienischen Verhältnisse in der Maschine waren katastrophal. Die Toiletten waren verstopft, liefen über, das Wasser war aufgebraucht und überall stapelte sich Müll. Die sengende Sonne Afrikas hatte das Innere der Maschine stark erhitzt, das Atmen fiel schwer. Deswegen waren auch einige Flugzeugtüren nur angelehnt.

Von den Entführern, die mittels bei Wartungsarbeiten angebrachten Wanzen nur schlecht zu lokalisieren waren, hielten sich zwei im Cockpit auf. »Captain Mahmud« unterhielt sich dort mit Dr. M.L. von der Verhandlungsgruppe im Tower über die Gefangenen. Jetzt, am 18. Oktober 1977, um 0.05 Uhr, schlug die Stunde der GSG 9 und ein bis dahin einmaliger Einsatz (Operation »Magic Fire«) nahm seinen Anfang, der noch Generationen von Polizeischülern beeindrucken sollte.

Ulrich Wegener berichtet: *»Zur Ablenkung hatten zwei britische SAS Soldaten, Major A.M. und Sergeant B.D., Blendgranaten vor dem Cockpit gezündet. Die enthielten damals noch Phosphor. Das ist höchst feuergefährlich. Wir hatten die Dinger vorher in Dubai ausprobiert. Danach kam für mich ein Einsatz in der Maschine, wo wir sie noch besser hätten gebrauchen können, nicht mehr in Frage. Später habe ich erfahren, dass dem SAS bei einer Übungslage mal eine gesamte Maschine abgebrannt ist.*

Zeitgleich drangen wir in das Flugzeug ein. Ein Trupp hatte Probleme, weil Müll den Eingang versperrte. Da wir aber immer schon nach der Auftragstaktik und nicht nach der Befehlstaktik gehandelt haben, wurde dort improvisiert. Den »Captain Mahmud«, intern als Nr. 1 bezeichnet, haben wir gleich erwischt. Er konnte uns nichts entgegensetzen. Auch die Terroristin S.A., als Nr. 2 bezeichnet, wurde sofort getroffen, war aber nicht tot. Der zweite Mann W.H., als Nr. 3 bezeichnet, stand plötzlich bewaffnet vor mir. Augenblicklich wurde er beschossen. Er schaffte es noch, zwei der sechs Handgranaten zu zünden. Die erste ging unter einem Sitz hoch, die zweite zündete er im Fallen, die rollte weiter und explodierte. Gott sei Dank stand keiner dort.

Ich selber benutzte meine Waffe auch. Ich hatte damals meinen Smith & Wesson Revolver Modell M 27 im Kaliber .357 Magnum, 4 Zoll, dabei. Eine hervorragende Waffe.

* Siehe dazu die Schilderung von Ulrich K. Wegener in *Reinhard Scholzen/Kerstin Froese: GSG 9.* 3. überarbeitete Auflage. Motorbuch Verlag, Stuttgart 2001. S. 16ff.

Mogadischu, 18. Oktober 1977. Sturm der GSG 9 auf die »Landshut«. Das Gemälde stammt von Heinrich Achten, einem Mann der ersten Stunde und Gründungsmitglied der GSG 9.

Die Letzte des Quartetts mussten wir erst noch suchen. Es war die Verlobte von »Captain Mahmud«, H.A., die Nr. 4. Sie war zum Zeitpunkt des Zugriffs auf der Toilette und schoss von dort auf uns. Sie nahm sich nicht mal die Zeit ihre Hose richtig zu schließen. Durch die Tür mussten wir sie erschießen, eine andere Wahl hatten wir nicht. Auf eine längere Belagerung konnten wir uns nicht einlassen, es waren immer noch zu viele unbekannte Faktoren vorhanden. Auch war unklar, ob es noch Sprengfallen gab, wo genau die 2,5 Kilo Sprengstoff (Semtex) waren, die Geiseln waren immer noch gefährdet und nicht zuletzt auch meine Männer. Dann war alles, nach nur sieben Minuten, vorbei.«

Keine der Geiseln wurde beim Zugriff ernstlich verletzt. Nur ein GSG-9-Mann erlitt leichte Verletzungen durch einen seitlichen Halsdurchschuss; er flog nach ambulanter Versorgung aber am frühen Morgen mit den anderen zurück. Ein anderer erhielt einen direkten Treffer auf die ballistische Schutzweste. Von den 16 Lagen hielt erst die 14. das Vollmantelgeschoss auf.

Um 04.50 Uhr startete ein Flugzeug mit den befreiten Geiseln, nur einige ältere Personen mussten sich noch im Krankenhaus von Mogadischu ausruhen, und brachte sie nach Frankfurt/M zurück. Die verantwortlichen Regierungsvertreter und die GSG 9 flogen fünf Minuten später mit der Boeing 707 *Stuttgart* nach Köln-Wahn ab.

Die *Landshut* war infolge der Kampfhandlungen nicht flugfähig. Sie wurde später repariert und ist noch viele Jahre für die deutsche Lufthansa geflogen.

Einige Wochen später luden Staatssekretär Hans-Jürgen Wischnewski und Bundeskanzler Helmut Schmidt alle Geiseln, die beteiligten GSG-9-Beamten und weitere Personen, die bei der Befreiung mitgewirkt hatten, nach Bonn ein. Über das Geschehene reden ist immer noch der beste Weg der Verarbeitung.

Bundeskanzler Schmidt hatte Wischnewski zuvor noch damit beauftragt, eine Liste jener GSG-9-Beamten zu erstellen, die am direkten Zugriff beteiligt waren. Wischnewski aber setzte sich dafür ein, dass alle am Einsatz beteiligten GSG 9-Beamten das verdiente Bundesverdienstkreuz erhielten, was auch geschah.

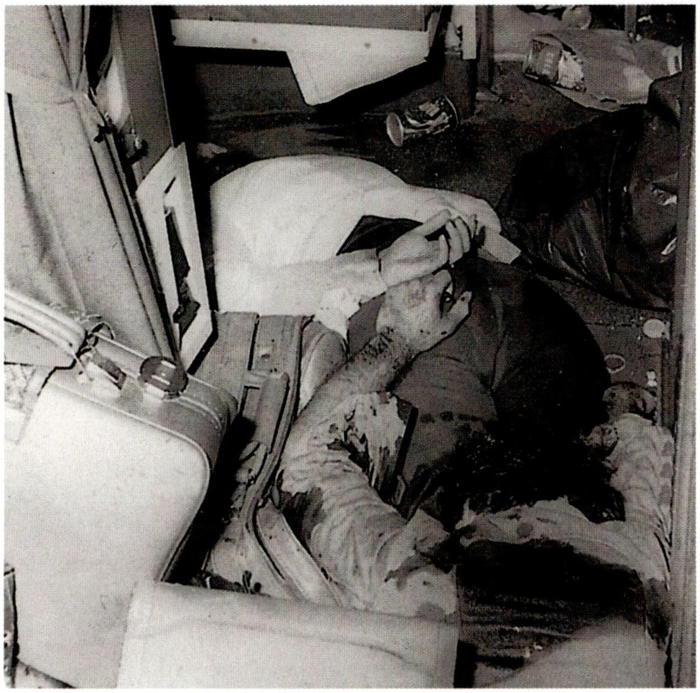

Nach dem Sturm: Getötete Terroristen in der *Landshut.*

Mit der erfolgreichen Befreiung der Geiseln war die von Reportern als »deutscher Herbst« bezeichnete Tragödie aber noch nicht vorüber. Die »Top«-Terroristen Baader, Ensslin und Raspe begingen am Tag der Geiselbefreiung, noch während sich die beiden Flugzeuge auf dem Rückflug nach Deutschland befanden, im Gefängnis Stuttgart-Stammheim Selbstmord. Bei der ebenfalls inhaftierten Ingrid Möller blieb es nur beim Versuch.

Alle späteren Untersuchungen kamen zu dem Schluss, dass es dabei keinerlei Fremdverschulden gab, auch wenn dies über 80% der Bevölkerung nichts ausmachen sollte. Diese Stimmung hatte ein unabhängiges Meinungsforschungsinstitut erhoben.

Am 19. Oktober wurde Hanns-Martin Schleyer ermordet im Kofferraum eines Audi aufgefunden. Nach über 40 Tagen als Geisel wurde er zum Schluss kaltblütig mit drei Kopfschüssen ermordet.

*

Besonders interessant im Zusammenhang mit der *Landshut*-Entführung sind die Übungsobjekte, die Terroristen und GSG 9 nutzten. Der mutmaßliche Drahtzieher der Entführung, der im Hintergrund agierende Wadi Haddad, bereitete das Terrorkommando in Habbanidschah (bei Bagdad) auf die Kaperung vor – jenem berüchtigten Lager, in dem schon Winfried Böse und seine Truppe vor Entebbe* gedrillt worden waren. In Habbanidschah befand sich eine Boing 737, die Saddam Hussein zur Verfügung gestellt hatte.

Natürlich profitierte auch die GSG 9 von ihrem realistischen Training. Überwiegend auf dem Köln-Bonner Flughafen wurden die verschiedenen Flugzeugtypen studiert und an ihnen geübt. *»Wo gehobelt wird, fallen Späne«,* so Ulrich Wegener. *»Einige flogen danach auch nicht mehr«.* Wie es der Zufall wollte, hatte die GSG 9 kurz vor dem Einsatz in Afrika noch an der *Landshut* üben können.

Der Erfolg der GSG 9 ist als absolut außergewöhnlich zu werten. Die Geiselbefreiungen, die von den verschiedensten Spezialeinheiten rund um den Globus in den kommenden

Ein Teil des Sprengstoffes und der »entschärften« Handgranaten der Entführer.

Jahrzehnten gelöst wurden, verliefen selten so erfolgreich. Etliche Male kam es dabei zu katastrophalen Fehlschlägen, wie etwa bei der Erstürmung einer Passagiermaschine am 24. November 1985 in Malta. Eine ägyptische Spezialeinheit wollte durch eine Ablenkungssprengung den Zugriff absichern. Dabei riss der Flugzeugrumpf auseinander und 20 Passagiere fanden den Tod. Die übrigen Geiseln, die aus der brennenden Maschine flüchten wollten, gerieten zwischen die Fronten des ausbrechenden Feuergefechts. Dabei starben nochmals 57 Geiseln.

---

* Einzelheiten dieser Flugzeugentführung und der Geiselbefreiung von Entebbe im Juli 1976 finden sich bei *Muki Betser/Robert Rosenberg: Soldat in geheimem Auftrag. Israels führender Antiterror-Spezialist berichtet über seine spektakulärsten Einsätze.* S. 268-310.

Geiselnahme in Gladbeck

Am Dienstag, den 16. August 1988, um 7.30 Uhr nahm einer der spektakulärsten Banküberfälle der deutschen Geschichte seinen Anfang. Die beiden mehrfach vorbestraften Gewaltverbrecher Hans-Jürgen Rösner (»Hanusch«) und Dieter Degowski verließen ihre Wohnung in blauen Arbeitsanzügen, bewaffnet mit einer Pistole Colt Government und einem schweren Smith & Wesson-Revolver.

Der Kassierer R.A. von der Filiale der Deutschen Bank in Gladbeck befand sich um 7.55 Uhr auf dem Weg zu seiner Arbeitsstelle. Als er kurz vor 8.00 Uhr die Bank betreten wollte, lauerten ihm die beiden maskierten Verbrecher auf und verschafften sich unter Androhung des Schusswaffengebrauchs Zutritt. Wenige Augenblicke später betrat eine weitere Angestellte die Bank, die sofort von den beiden Verbrechern als Geisel genommen wurde. Nun sollte auf den Filialleiter gewartet werden, da nur er den Tresor öffnen konnte.

Ein Nachbar, der die beiden Maskierten bemerkte, verständigte die Polizei, worauf erste Sicherheitskräfte zum Tatort entsandt wurden. Die Täter bekamen das Eintreffen der Polizei mit und verbarrikadierten sich.

Einsatzleiter F.M. ließ eine Verbindung zu den Tätern in die Bank schalten, die nun einen BMW 735i, zwei Paar Handschellen und 300.000 DM forderten. Sie brachten die Geiseln in den Kassenraum, da sie sich dort vor einem Zugriff der Polizei sicher glaubten. Die Täter konnten natürlich nicht wissen, dass sie sich mit dieser Annahme auf dem Holzweg befanden, denn Spezialeinheiten stellen sich auf derartige Umstände ein. Außerdem verfügen sie über besondere Waffen und Munition für »Problemfälle« (z.B. Wolframkarbidkern-Geschosse).

Bereits um die Mittagszeit konnten die Täter ein für sie beeindruckendes Presseaufgebot vor der Bank wahrnehmen. Die Polizei hatte mittlerweile die Identität der Geiselnehmer und ihr Vorstrafenregister ermittelt. Den 32-jährigen Rösner, der auf eine elfjährige Knastkarriere zurückblicken konnte, stufte sie als sehr gefährlich und unberechenbar ein.

Zugriff auf der BAB 3, die Täter liegen kampfunfähig am Boden.

Der verurteilte Straftäter Degowski bedrohte die Geiseln mehrfach, indem er ihnen seinen Revolver an den Kopf hielt. Der Finger befand sich dabei häufig provokativ am Abzug.

In den Nachmittagstunden gaben sich die Täter bis aufs äußerste gereizt, da sie noch immer kein Geld erhalten hatten. Sie gaben wahllos einige Schüsse nach außen und mehrere in die Decke der Bank ab. Verletzt wurde dabei niemand. Darauf erfolgte gegen 17.30 Uhr die Geldübergabe.

Der Kassierer musste mittels einer am Hals angebrachten Leine das an der Eingangstür abgelegte Geld in die Bank zerren. Die Polizei sah bis dahin noch keine Möglichkeit für einen geplanten Zugriff, das Leben der Geiseln sollte nicht gefährdet werden.

Nach Bereitstellung von Spezialkräften für einen Zugriff wurde der Fluchtwagen, ein weißer Audi 100, um 20.40 Uhr vor der Bank bereitgestellt. Ein Zugriff war jedoch nicht durchführbar, da Rösner das Fahrzeug in eine für die Spezialkräfte sehr ungünstige Position dirigierte.

Um 21.43 Uhr verließen Rösner und Degowski mit je einer Geisel als Schutzschild die Bank, stiegen in den bereitgestellten Fluchtwagen und fuhren um 21.47 Uhr einem von der Polizei freigehaltenen Weg aus Gladbeck. Um 23.58 Uhr steuerten sie im präparierten Fluchtfahrzeug eine Tankstelle an, dort konnte Rösner einen unaufmerksamen Polizisten entwaffnen und sich seines Funkgeräts bemächtigen. Gleichzeitig gelang es der Polizei, die Geiselnehmer zu einem Fahrzeugtausch zu animieren. Am Mittwoch, den 17. August 1988, gegen 0.54 Uhr, begaben sich die Täter in der »erbeuteten« Daimler-Benz-Limousine zum Aufenthaltsort von Rösners Freundin Marion Löblich und nahmen diese mit, um bis zum Morgen scheinbar planlos kreuz und quer durch die Gegend zu fahren. Um 8.02 Uhr verließen Täter und Geiseln den Wagen, um in einem Café in Hagen etwa eine Stunde lang zu frühstücken. Hier ergaben sich für die Sicherheitskräfte Zugriffsmöglichkeiten, die aber nicht genutzt wurden, obwohl Geisel und Geiselnehmer mehrfach getrennt waren.

Um 12.28 Uhr erhielt die Polizei den Hinweis, dass sich die Geiselnehmer auf dem Weg nach Bremen befänden, wo sie gegen 13.00 Uhr eintrafen. Während Rösner und Marion Löblich in der Bremer Innenstadt Kleidung einkauften, blieb Degowski mit den Geiseln im Fahrzeug an der Vegesacker Rampe zurück. Während des Einkaufbummels von Rösner und Löblich verrichtete Degowski seine Notdurft, indem er sich rund 8 m vom Fluchtfahrzeug entfernte. Die Geiseln waren völlig allein.

Als Rösner und Löblich vom Einkaufsbummel zurückgekehrt waren, ging die Fahrt um 14.38 Uhr weiter. Kurz vor 17.00 Uhr hielten die Täter vor einer Autovermietung in Bremen, Sie mieteten einen 3er-BMW, um sich des bisherigen Täterfahrzeugs zu entledigen. Rösner und Degowski entwickelten wie viele Berufsganoven unter Verfolgungsdruck Wahnvorstellungen. Hinzu kam noch ein gefährliches Halbwissen über die Möglichkeiten der Polizei. Somit hatten sie wohl geahnt, dass sie bisher mit einem präparierten Wagen unterwegs gewesen waren. Auf der weiteren Fahrt bemerkte Rösner mehrere Zivilwagen der Polizei; die Polizisten zwang er unter vorgehaltener Waffe zur Weiterfahrt.

Nach einer gescheiterten Kontaktaufnahme mit der Polizei, um diese von einer weiteren Verfolgung abzuhalten, bemerkte Rösner erneut ein Observationsteam. Unter seiner Drohung, die Geiseln zu erschießen, brachen die Beamten die Verfolgung ab. Rösner steigerte sich dabei in seiner Aggressivität, die darin gipfelte, dass er unter Abgabe von mehreren Schüssen einen Bus zum Halten zwang und kaperte. Im Bus befanden sich ca. 25 Fahrgäste. Während die Täter die Fahrgäste in ihrer Gewalt hielten, kam lediglich ein Kontakt mit Journalisten zustande. Obwohl bereits mehrere Stunden vergangen waren, war noch keine Absperrung durch die Polizei eingerichtet worden. Erst als die Dämmerung einsetzte und der Bus anfuhr, waren die ersten Präzisionsschützen bereit. Diese wurden teilweise entdeckt, worauf Rösner mit den Worten *»Alte Drecksau, geh da oben weg, oder ich knall Dir einen rein, Du Penner!«* einen Schuss aus dem Bus heraus abgab. Kurz danach, gegen 21.50 Uhr, entfernte sich der Bus, wobei die beiden Geiselnehmer die Fahrgäste zwangen, sich an den Fenstern aufzustellen, um den Präzisionsschützen die Sicht zu nehmen. Auf der Fahrt auf der A1 in Richtung Hamburg ließen sie den Bus gegen 22.30 Uhr an der Raststätte Grundbergsee halten. Dort ließen sie zunächst die beiden Geiseln aus der Bank frei. Monika Löblich, die mit einigen Geiseln auf die Toilette ging, wurde dort ohne Wissen der Einsatzleitung von Sicherheitskräften überwältigt. Die Geiseln gingen aber wieder ohne Begleitung in den Bus zurück. Die Täter bemerkten natürlich das Fehlen ihrer Kumpanin sofort und forderten ihre Freilassung, die auch erfolgte. Bei der Umsetzung kam es zu erheblichen Verzögerungen, worauf die Täter im Bus durchzudrehen begannen. Als sie ein kleines italienisches Mädchen mehrfach mit der Waffe bedrohten, versuchte deren 15-jähriger Bruder E. G. zu vermitteln. Degowski schoss ihn sofort nieder. Er verstarb rund zwei Stunden später.

Gegen 23.09 Uhr verließ der Bus die Raststätte in Richtung holländischer Grenze, die er in Bad Bentheim am Donnerstag, den 18. August, gegen 3.00 Uhr, passierte. Etwa acht Kilometer hinter der Grenze verhandelten die Geiselnehmer mit der holländischen Polizei, wobei sich die Geiseln als Schutzschild um einen BMW herumstellen mussten. Mit zwei Geiseln stiegen die Verbrecher, einschließlich der Mittäterin Marion Löblich, in den BMW. Vermutlich wegen seiner ständig vorgespannten und entsicherten Pistole, schoss Rösner seiner Freundin versehentlich ins Bein. Degowski nahm wohl an, dass eine niederländische Spezialeinheit im Begriff stand, den Bus zu stürmen, und schoss mehrfach wahllos aus dem Bus heraus. Obwohl die Holländer das Feuer erwiderten, gab es keine weiteren Verletzten.

Gegen 7.00 Uhr wurde die deutsche Grenze erreicht und die Fahrt in Richtung Köln fortgesetzt, da die Verbrecher nach eigenen Aussagen »den Kölner Dom sehen wollten«. In der Kölner Innenstadt, Breite Straße, hielt der BMW. Das Fahrzeug umringten Journalisten, Fernsehteams und Schaulustige, so dass es der Polizei unmöglich war, die Geiseln zu befreien. Die Neugier von Medien und Gaffern ging sogar so weit, dass Polizeibeamte daran gehindert wurden, an das Fluchtfahrzeug heranzutreten. Rösner und Degowski gaben Interviews und fühlten sich, auch unter dem Einfluss von Medikamenten/Drogen, schon als Sieger. Der Reporter, U. R., setzte sich sogar in das Fahrzeug und fuhr mit den Gangstern

Ein Kreuz weist auf die Stelle, an der die Geisel S. B. ermordet wurde.

um 12.30 Uhr davon. Verfolgt von einem Konvoi von Fahrzeugen der Polizei und Reportern, spielten sich dramatische Szenen ab. Auch hier blockierten Vertreter der Presse die Straße und beeinträchtigten die Arbeit der Polizei erheblich. Auf der A3 in Richtung Frankfurt verließ U. R. an der Raststätte Siegburg gegen 13.10 Uhr das Fahrzeug. Rösner und Degowski setzen ihre Fahrt unverzüglich in Richtung Frankfurt fort.

Ein anderer Reporter, M.A., nimmt die Spur der Verbrecher auf und fährt in Sichtweite hinter dem BMW her. Rösner lenkt das Fluchtfahrzeug auf den Seitenstreifen, um den Verfolger vorbei zu lassen. Dieser hält rund 200 Meter vor Degowski. Fünf Minuten lang passiert nichts. Dann will Rösner weiterfahren. Beim Anfahren wird er von einem der folgenden SEK-Fahrzeuge gerammt. Es kommt zu einem Feuergefecht zwischen Polizei und Tätern. Einer Geisel gelingt dabei die Flucht; die Geisel S. B. wird erschossen. Die Täter werden nur leicht verletzt. Marion Löblich erhielt als Mittäterin neun Jahre Haft. Sie wurde jedoch nach sechs Jahren vorzeitig entlassen.

Dieter Degowski erhielt eine lebenslange Freiheitsstrafe. Hans-Jürgen Rösner, der für den Tod von S. B. verantwortlich gemacht wurde, verurteilte das Gericht zu einer lebenslänglichen Haftstrafe mit anschließender Sicherungsverwahrung. Die Presse ging straffrei aus.

Auch im Gefängnis machten Rösner und Degowski noch Schlagzeilen. Erst wurden sie durch Mithäftlinge und die Mafia bedroht, dann heiratete Degowski eine seiner vielen Brieffreundinnen. Später brachten Zellendurchsuchungen bei Rösner Drogen, Geld und Waffen zutage.

Festnahme in Bad Kleinen

Ein Ort, der immer wieder mit der GSG 9 in Verbindung gebracht wird, ist Bad Kleinen bei Schwerin in Mecklenburg-Vorpommern. Er sollte zum Inbegriff einer Festnahme mit Todesfolgen auf beiden Seiten werden.

Ende des Jahres 1991 war es dem Verfassungsschutz Rheinland-Pfalz gelungen, die *Vertrauensperson (VP)* Klaus Steinmetz an die Kommandoebene der dritten RAF-Generation heranzuführen.

Steinmetz lernte 1992 in Paris die RAF-Terroristin Birgit Hogefeld kennen und traf sie dann öfters, u.a. im April 1993, zwei Wochen nach dem Anschlag der RAF auf den Gefängnisneubau im hessischen Weiterstadt.

Die Medien berichteten wochenlang von nichts anderem und so kam es den Verantwortlichen in der Politik und dem Verfassungsschutz sehr gelegen, als Klaus Steinmetz von einem Treffen der Kommandoebene am 24. Juni 1993 in Bad Kleinen berichtete.

Die *Große Sicherheitsrunde*, die *Koordinierungsgruppe Terrorismus (KGT)*, tagte und beschloss die Festnahme aller anwesenden Personen. Die Operation (Deckname: »Weinlese«) lief an.

Seit dem 21. Juni befanden sich 37 Beamte der GSG 9 im Großraum Schwerin, um sich mit den Örtlichkeiten vertraut zu machen. Der Verfassungsschutz hatte mehrere getarnte Videokameras um den Bahnhof in Bad Kleinen postiert, um eine unauffällige, effektive und beweissichere Beobachtung zu ermöglichen.

Des Weiteren waren noch 38 Beamte des *Mobilen Einsatzkommandos des Bundeskriminalamtes (MEK BKA)* und zwei Einsatzgruppen des BKA (Terrorismusbekämpfung, Einsatzleitung, etc.) im Einsatz.

Am 24. Juni um 11.57 Uhr trafen Klaus Steinmetz, um 13.11 Uhr Birgit Hogefeld ein. Sie unterhielten sich kurz, fuhren gemeinsam nach Wismar an die Ostsee und mieteten sich dort eine Ferienwohnung.

Ein Großteil der Polizeikräfte verlegte nun zum neuen Einsatzort, darunter auch fünf *Spezialeinsatztrupps (SET)* der GSG 9. Durch Abhörmaßnahmen – VP Klaus Steinmetz trug u.a. in seinem *Laptop* eine Wanze mit Peilsender – wurde schnell klar, dass keine weiteren Personen kommen würden und die beiden zu zweit wieder abreisen wollten. Die Einsatzleitung des BKA wollte aus den Fehlern der Vergangenheit lernen und schnellstmöglich einen Zugriff durch die GSG 9 durchführen lassen.

Ein Rückblick: Im August 1978 observierten acht Beamte der BKA Abteilung TE 11 die Terroristen Adelheid Schulz, Christian Klar und Willy Peter Stoll in Michelstadt (Odenwald). Sie zögerten eine Festnahme zu lange hinaus und wurden sogar noch erkannt. Die Terroristen entkamen, da sich der Einsatzleiter nicht zur Festnahme entschließen konnte. Dies sollte sich hier auf keinen Fall wiederholen.

Am 27. Juni 1991 sollte die GSG 9 auf einem wenig frequentierten Weg die Festnahmeaktion durchführen. Doch Birgit Hogefeld sagte bei der Verabschiedung zur Vermieterin: »*Wir treffen noch ein paar Freunde*«, verließ die Wohnung und ging mit der VP zur Bushaltestelle. Dank der *Laptop*-Wanze bekam die Polizei den Sachverhalt mit. Die zuständigen Beamten machten sofort Meldung beim Einsatzleiter; dieser beschloss zu warten. In buchstäblich letzter Sekunde wurde die geänderte Lage den Zugriffskräften mitgeteilt.

Um 12.58 Uhr traf das Paar wieder im Bahnhof von Bad Kleinen ein. Erst versuchten sie die übliche Gegenobservation und als sie erkannten, dass »keine Polizei« zugegen war, betraten sie um 13.30 Uhr die Bahnhofskneipe »Billard-Cafe«. Gegen 14.00 Uhr traf Wolfgang Grams ein. Grams, Jahrgang 1953, studierte u.a. Jura und war in der so genannten RAF-Gefangenenbetreuung tätig gewesen. Später ging er selbst in den Untergrund und verübte mehrere Gewalttaten.

Jetzt waren zwei Terroristen unter Kontrolle. Hinweise, dass noch weitere kommen würden, lagen nicht vor und die anwesenden Terrorismusexperten glaubten dies auch. Einem sicheren Erfolg schien nichts mehr im Weg zu stehen. Die Anweisung: »*Zugriff freigegeben*« erfolgte. Um keine Unbeteiligten zu gefährden, durfte dies nicht in dem Billard-Cafe oder im Zug geschehen. Als geeignete Örtlichkeit wurde der Weg zu den Gleisen bestimmt. Das BKA stellte die äußere Absperrung und ließ als zusätzliche Sicherheitsmaßnahme alle einfahrenden Züge stoppen.

Gegen 15.13 Uhr verließ das Trio die Gaststätte und ging in Richtung Bahnsteig 3/4. Jetzt war die GSG 9 an der Reihe.

Die Schilderung des weiteren Verlaufs der Aktion wird nun dem Abschlussbericht der Bundesregierung entnommen, der von verschiedenen Gremien geprüft und für sachlich richtig befunden wurde:

Als Hogefeld, Grams und der V-Mann die Gaststätte in Richtung Unterführung, in der die Festnahme erfolgen sollte, verließen, wurde dies von dem auf dem Bahnsteig 3/4 eingesetzten Beamten über Funk den übrigen Zugriffskräften gemeldet. Hogefeld, Grams und der V-Mann wandten sich in der Unterführung in Richtung Bahnsteig 3/4 und Bahnhofsvorplatz.

Hogefeld verhielt einige Meter vor der Treppe zum Bahnsteig 3/4 an einem Ausgang, während Grams und der V-Mann bis zu dem Podest, von dem aus die Treppe zum Bahnsteig 3/4 führt, vorausgingen. In diesem Moment begab sich der auf Bahnsteig 3/4 positionierte Beamte – möglicherweise infolge eines missverstandenen Funkspruchs – die Treppe hinunter in die Unterführung. Am Fuß der Treppe begegnete er für ihn unerwartet Grams, der auf dem Podest stand. Er ging an Grams und dem V-Mann vorbei links in die Unterführung. Als er auf Höhe der Hogefeld angekommen war, löste ein anderer Beamter, der an der zum Bahnhofsvorplatz führenden Treppe im Tunnel als Beobachter postiert war, den Zugriff aus. Der ersterwähnte Beamte zog seine Dienstwaffe und nahm die direkt neben ihm stehende Hogefeld fest, die keinen Widerstand leistete. Die am Treppenaufgang zum Bahnhofsvorplatz bereitgestellten Polizeikräfte stürmten mit den Rufen »Halt, stehen bleiben, Polizei!« in die Unterführung in Richtung Grams und V-Mann. Letzterer hob sogleich die Hände und verharrte an Ort und Stelle. Grams hingegen lief ohne zu zögern die auf den Bahnsteig 3/4 in Richtung Wismar führende Treppe hinauf.

Ein Beamter lief über das Podest an der Treppe und an dem V-Mann vorbei zu Hogefeld und nahm dann, als er erkannte, dass Hogefeld unter der Kontrolle seines Kollegen war, auftragsgemäß den V-Mann ebenfalls fest.

Die übrigen Beamten stürmten, Grams verfolgend, die Treppe hinauf. Als der an der Spitze laufende GSG 9-Beamte PK (Polizeikommissar) M.N. die obersten Stufen erreicht hatte, ohne seine Dienstwaffe gezogen zu haben, wobei der Abstand zu Grams geringer geworden war, drehte sich Grams nach links um und eröffnete sogleich das Feuer aus seiner Pistole.

Er traf den Polizisten M.N. in die Brust, in beide Beine sowie mit einem Streifschuss an der linken Gesäßpartie. M.N. stürzte am oberen Ende der Treppe auf dem Bahnsteig tödlich getroffen zu Boden.

Den nachfolgenden Beamten traf Grams mit insgesamt 3 Schüssen in den Oberschenkel, auf die Magazintasche und in den linken Oberarm.

Grams bewegte sich auf dem Bahnsteig zwischen dem Geländer am Treppenschacht und der Kante des Bahnsteiges 4 seitwärts aus Sicht seiner Verfolger nach links (Richtung Schwerin) und schoss dabei weiter auf die die Treppe heraufstürmenden Polizeibeamten.

Bereits während der Schüsse auf den Polizisten M.N. begannen die verfolgenden Beamten, das Feuer auf Grams zu erwidern. Die Schüsse folgten so rasch aufeinander, dass Zeugen an den Feuerstoss einer Maschinenpistole erinnert wurden.

Der Schusswechsel dauerte wahrscheinlich zwischen 8 und 15 Sekunden. Grams erhielt dabei – möglicherweise nahezu zeitgleich – insgesamt fünf Treffer (Schuss auf die Magazintasche, streifender Durchschuss, Bauchsteckschuss, ein Geschoss perforierte nur Hose und Portemonnaie, ohne ihn zu verletzen). Er stürzte rückwärts auf das Gleis, wo er sich –

Der Bahnhof von Bad Kleinen.

möglicherweise noch während der Schüsse der Beamten – in Suizidabsicht einen Kopfdurchschuss versetzte.

Die rasche Schussfolge brach abrupt ab.

Etwa 30 bis 60 Sekunden nach Beendigung der Schussabgabe trat ein GSG 9 Mann zu Grams in das Gleis und sicherte mit der beidhändig auf dessen Kopf gerichteten Dienstwaffe. Wenig später trat auch ein zweiter Beamter der GSG 9 zu Grams ins Gleisbett.

Weitere Schüsse fielen nicht.

Daraufhin kam es in den nächsten Wochen zu einem riesigen Pressewirbel. Viele, sonst als seriös bezeichnete Magazine, überschlugen sich mit »Meldungen« und schadeten durch falsche Behauptungen dem Ansehen der GSG 9 erheblich. Eine Zeugin wertete vorsichtiges, der Situation angepasstes, mit der Schusswaffe sicherndes Vorgehen, vollkommen falsch, andere Aussagen wurden wahrscheinlich frei erfunden.

Die *Staatsanwaltschaft Schwerin* hat festgestellt, dass sich Grams, nachdem er rückwärts auf das Gleis gestürzt war, in Suizidabsicht selbst tötete.

Das *Institut für Rechtsmedizin der Universität Münster* kam zum gleichen Ergebnis. Der Direktor folgerte im Gutachten vom 19. September 1993, dass eine »Fremdbeibringung des Schusses« ausgeschlossen sei.

Zu klären bleibt nur die Verantwortlichkeit.

Im Vorfeld gab es großen Streit um die Kompetenzen. Dies und der unglückliche Ausgang führte dann auch zu einer Reihe von Strafversetzungen und Rücktritten. Vor allem das BKA, von einigen Zeitungen als »Bad-Kleinen-Amateure« verunglimpft, wurde erschüttert.

Der Funkspruch: »*Wenn Zugriff erfolgt, kontrolliert den Kadett*«, der falsch als: »*Zugriff erfolgt*« verstanden wurde, tat ein Übriges.

Verdeckte Hör- und Sprechgarnituren (»Knopf im Ohr«) hätten diesbezüglich Abhilfe schaffen können und leichte ballistische Unterzieh-Schutzwesten wahrscheinlich ein Leben gerettet. Allerdings wäre unter Umständen dabei die Tarnung, intern als *Legende* bezeichnet, verloren gegangen (»verbrannt«). Den Verbrechern, die jahrzehntelang Behörden und Gesellschaft narrten und auf Enttarnung trainiert sind, wären diesbezügliche Maßnahmen kaum verborgen geblieben.

Der heikelste Punkt war der Zugriff selbst. Fast immer bleibt bei der Festnahme eines Gewalttäters, von dem man nicht weiß, ob er bewaffnet ist oder nicht, ein unkalkulierbares Restrisiko. Der Polizist M.N. rannte dem gesuchten Terroristen Grams nach, um ihn einzuholen und durch einfache körperliche Gewalt zusammen mit anderen Beamten zu überwältigen. Seine Waffe hatte der Beamte dabei nicht in der Hand. Selbst dann hätte Grams nach dem Herumdrehen sofort auf ihn schießen und auch treffen können. Grams hätte dann aber keinen Polizeibeamten gesehen, der vermeintlich unbewaffnet ist, sondern womöglich eine aggressiv und entschlossen wirkende Person wahrgenommen, die gewillt wäre, ihn selber in Notwehr zu töten. Es bleibt eine Spekulation, aber die Wirkung auf Grams hätte eine andere sein können, so dass Grams gestockt oder in der für ihn größeren Gefahr vorbeigeschossen hätte.

Wie schon gesagt – dies bleibt eine Spekulation, im Nachhinein ist es immer einfach, richtig oder besser zu handeln. Die letzten Sätze des 46 Seiten umfassenden Abschlussberichtes bringen die Sache auf den Punkt:

Der Ablauf des Einsatzes in Bad Kleinen zeigt das hohe Risiko, das mit der polizeilichen Arbeit verbunden ist. Es darf nicht vergessen werden, dass bei diesem Einsatz durch die Hand von Wolfgang Grams ein Polizeibeamter getötet und ein weiterer schwer verletzt wurde.

Fast zehn Jahre später waren die Verfasser vor Ort, haben recherchiert und nachgestellt. An die damalige Tragödie erinnert nichts mehr. Aus Angst vor Schändung wurde keine Gedenktafel für den in Ausübung seiner Pflicht getöteten Beamten M. N. angebracht. Diese wurde jedoch im Eingangsbereich der GSG 9-Unterkunft montiert.

Deutsche Sondereinsatzkräfte

Grenzschutzgruppe 9 (GSG 9)

Aufgaben der GSG 9

Die Grenzschutzgruppe 9, weltweit bekannt unter der Abkürzung GSG 9, wird zur Erfüllung polizeilicher Aufgaben in Fällen von besonderer Bedeutung verwendet. Sie kann insbesondere dann eingesetzt werden, wenn die Lage ein geschlossenes Vorgehen – offen oder verdeckt – gegen besonders gefährliche Täter oder Tätergruppen erfordert. Vorrangiges Ziel ist die Rettung und der Schutz gefährdeten Menschenlebens. Die GSG 9 wird dabei zur Erfüllung der dem Bundesgrenzschutz obliegenden Aufgaben eingesetzt und unterstützt im Rahmen der gesetzlichen Bestimmungen des Bundesgrenzschutzgesetzes auf Anforderung das Bundeskriminalamt, das Auswärtige Amt, die Polizeien eines oder mehrerer Bundesländer sowie die Bundeszollverwaltung zur Verhinderung oder Beendigung von Straftaten besonderer Bedeutung. Die faktische Aufgabenwahrnehmung beinhaltet den Einsatz der GSG 9 bei der Verfolgung und Verhütung von Straftaten in den Bereichen des Terrorismus, der schweren Gewaltkriminalität sowie der organisierten Kriminalität in besonders schweren Fällen, wie z.B. der Rauschgift- und der Schleusungskriminalität sowie des illegalen Waffenhandels.

Neben ihren Einsatzaufträgen nimmt die GSG 9 noch eine Vielzahl anderer Aufgaben wahr, wie z.B. Ausbildungsunterstützung im In- und Ausland, Ausstattungsberatung im Auftrag des Bundesministeriums des Innern, Entwicklung und Erprobung spezieller Führungs- und Einsatzmittel von bundesweiter Bedeutung sowie Entwicklung neuer Einsatztaktiken in Spezialbereichen.

Spezialeinsatztrupp der GSG 9 beim taktischen Eindringen durch ein Fenster.

Abzeichen der GSG 9.

Organisation und Gliederung der GSG 9

Die GSG 9 mit Sitz in Sankt Augustin wurde am 26. September 1972 aufgestellt, ist ein Spezialverband des Bundesgrenzschutzes, gehört zum Grenzschutzpräsidium West und untersteht – als Teil der Polizei des Bundes – dem Bundesministerium des Innern. Die derzeitige Aufbauorganisation der GSG 9 wurde nach den Vorstellungen des Verbandes und nach einer Organisationsüberprüfung im Mai 2001 durch das Bundesministerium des Innern verfügt.

Die GSG 9 ist in *Einsatzeinheiten, Unterstützungseinheiten (Aufklärungs- und Kommunikationseinheit, Technische Einheit* und *Sanitätsdienst)* sowie einen *Führungsstab* mit drei *Stabsbereichen (Einsatz, Führungs- und Einsatzmittel und Verwaltung)* gegliedert. Grundsätzlich sind die *Polizeivollzugsbeamten für besondere Verwendung* austauschbar.

Alle Angehörigen der Einsatzeinheiten der GSG 9 müssen für die vielfältigsten Einsatzverfahren umfassend aus- und fortgebildet sein und ihren hohen Leistungsstand ständig erhalten. Daneben gibt es aber Bereiche, deren Anforderungen so komplex sind, dass sie einer zusätzlichen Spezialisierung bedürfen und nicht gleichermaßen von allen Polizeivollzugsbeamten bewältigt werden können.

Einsatzeinheit – Präzisionsschützeneinsatz als ergänzende Kompetenz

Eine Einsatzeinheit ist zusätzlich für den Präzisionsschützeneinsatz spezialisiert.

Nach Aufstellung der GSG 9 wurde zunächst das Konzept verfolgt, jeden Angehörigen der Einsatzeinheiten auch als Präzisionsschützen einsetzen zu können. Mit den zunehmenden Anforderungen in rechtlicher und taktischer Hinsicht wuchs jedoch die Erkenntnis, dass das Einsatzverfahren, welches als *ultima ratio* den finalen Rettungsschuss beinhaltet, ständig einer intensiven Schulung bedarf und auf besonders professionelle Grundlagen gestellt werden muss.

Jede Einsatzeinheit setzt sich aus mehrköpfigen Spezialeinsatztrupps (SET) zusammen. Man beachte die Kommunikationseinrichtungen sowie die Videokamera am Helm des hinteren Beamten.

Zur Ausbildung gehört zunächst die Teilnahme an einem mehrwöchigen Präzisionsschützenlehrgang, der bei der GSG 9 durchgeführt wird. Dass es sich hierbei um eine qualitativ hochwertige Maßnahme handelt, wird durch die vielen Teilnehmeranfragen aus dem In- und Ausland belegt. Während dieses Lehrganges werden alle wichtigen Komponenten des Präzisionsschützeneinsatzes einschließlich der rechtlichen und einsatztaktischen Aspekte vermittelt.

Im täglichen Dienst der Einheit werden die so erworbenen Grundqualifikationen weiter vertieft, insbesondere durch Schwerpunktwochen und die Nutzung der zur Verfügung stehenden Schießanlagen der GSG 9, wobei die so genannte *Koordinatenfahranlage* ein in Europa einmaliges System zur Fortbildung von Präzisionsschützen darstellt. Erfahrene Polizeivollzugsbeamte nehmen regelmäßig an Diskussionen und Vergleichsübungen im Ausland teil, u.a. in den Vereinigten Staaten von Amerika. Die hierbei gewonnenen Erfahrungen und Anregungen können nicht hoch genug bewertet werden, da es sich bei den übrigen Teilnehmern fast durchweg um Beamte handelt, die ausschließlich den Präzisionsschützeneinsatz durchführen. Für die einheitsinterne Fortbildung ergeben sich dadurch immer wieder neue Impulse, welche die gesamte Problematik dieses komplexen Einsatzfeldes abdecken.

Als Standardbewaffnung dient das *PSG 1* (Kal. .308 Win.) in Tag- und Nachtversion, die Mehrzweckpräzisionswaffe *G 37* (Kal. .223 Rem.) für die mittlere Distanz und die *MP 5 SD ZF* für die kurze Distanz. Auch schallgedämpfte Gewehre und eine leistungsstarke Waffe werden erprobt. Letztere soll auch die sichere Bekämpfung eines Täters, der sich z.B. hinter einer Panzerglasscheibe befindet, verbessern. Um einen koordinierten Schusswaffeneinsatz gegen mehrere Täter zu ermöglichen, wurde ein *Präzisionsschützen-Leitgerät* entwickelt und nach den Vorgaben der GSG 9 gebaut. Die der GSG 9 eigene hausinterne Verzahnung zwischen Einheiten und Sachgebieten ermöglichte die Verwirklichung einer Konzeption, welche in höchstem Maße bedarfsorientiert ist. Eine Vielzahl von Sonderbekleidung, Tarn- und Legendenmitteln ergänzt die Ausstattung. Die in Einsätzen benötigten Standard-Materialien sind kompakt auf einem Transporter untergebracht und ermöglichen den jederzeitigen schnellen Zugriff und eine hohe Mobilität.

Einsatzeinheit – Tauchen als zusätzliche Spezialisierung

Eine Einsatzeinheit steht für polizeiliche Einsätze von besonderer Bedeutung, die den Einsatz von Tauchern erfordern, zur Verfügung. Sie ist in ihrem Aufgabenspektrum und Leistungsvermögen in Deutschland einmalig.

Taucher im Einsatzboot »Ina«.

Geiselnahmen auf hoher See, Straftäter auf Schiffen oder anderen maritimen Objekten wie Bohrinseln, Hafenanlagen oder sonstigen Einrichtungen, die auf dem Wasserwege zu erreichen sind, fallen in die Einsatzvorbereitung dieser Einheit.

Anfang der 80er-Jahre begannen die ersten Überlegungen und Vorbereitungen der GSG 9 zum Aufbau einer maritimen Komponente. Fast zeitgleich verdeutlichte 1985 eine Geiselnahme durch palästinensische Terroristen auf dem italienischen Kreuzfahrtschiff *Achille Lauro* die Notwendigkeit dieser Entscheidung. International gab es bereits seit längerem Spezialeinheiten, die solche Lagen hätten lösen können. Sie unterstützten mit ihren Erfahrungen die GSG 9 beim Aufbau der maritimen Einheit. Dieser internationale Erfahrungsaustausch wird bis heute durch gegenseitige Einladungen zu maritimen Fortbildungswochen gepflegt. Hierzu befinden sich Angehörige der betreffenden Einsatzeinheit regelmäßig in Italien, Norwegen, Großbritannien oder in den Vereinigten Staaten von Amerika.

Gerade im Bereich des taktischen Tauchens hängen viele Einsatzkonzeptionen vom Geschick und der Kreativität der Beamten ab. Taktiken, die man von anderen Einheiten übernommen hat, wurden im eigenen Bereich fortentwickelt und wieder weitergegeben. Der Dienst in der Einheit ist mit manchen Entbehrungen und Belastungen verbunden. Die Tauchfortbildungen erfolgen oft weit weg von Zuhause und unter extremen Bedingungen. Nicht selten gehen die Männer bei Dunkelheit und Temperaturen von wenigen Grad über Null mit bis zu 30 kg an zusätzlicher Ausrüstung in unruhiges Gewässer, um ihren Leistungsstand zu verbessern.

Die Ausstattung der Beamten umfasst mehrere Komponenten. Neben einer für die besonderen Bedürfnisse der Einheit entwickelten Tauchausrüstung mit Sauerstoffkreislaufgerät und Trockentauchanzug führen die Beamten Waffen mit sich, die speziell für maritime Einsätze geeignet sind. Daneben gibt es noch eine Vielzahl von Hilfsmitteln aus dem Bereich des Kletterns, die gebraucht werden, um von der Wasseroberfläche auf das Deck eines großen Schiffes zu gelangen.

Wer sich nach Abschluss der Basis- und Spezialausbildung der GSG 9 für eine Verwendung in dieser Einheit entscheidet, muss etliche Zusatzausbildungen durchlaufen. Die Tauchausbildung der Beamten erfolgt zunächst einheitsintern, dann an der Schule des Bundesgrenzschutzes und auch bei der Kampfschwimmerkompanie der Bundeswehr.

Neben dem Tauchen mit Pressluft- und Sauerstoffkreislauftauchgeräten wird auch großer Wert auf das Tauschen ohne Atemluftversorgung gelegt. Es werden regelmäßig so genannte *Sicherheitsübungen* unter Wasser trainiert. Jeder erfüllt hier einen Wert von mindestens zwei Minuten Zeittauchen und 50 Meter Streckentauchen. Dies gibt dem Taucher die Sicherheit, bei Problemen mit dem Tauchgerät nicht in Panik zu geraten. An die Tauchausbildung schließen sich dann Bootsführerlehrgänge für See- und Binnengewässer und Kletterausbildungen an.

Einsatzeinheit – Fallschirmsprungeinsatz als Zusatzqualifikation

Mit dem Auftrag »Erreichen, bzw. Gewinnen von Einsatzorten zur Durchführung eines polizeilichen Auftrages mittels Fallschirmsprungeinsatz« betrat die GSG 9 im Jahre 1981 Neuland. Bis zum heutigen Tag wurden ca. 100 Beamte zum Fallschirmspringer ausgebildet, die in dieser Zeit ca. 30.000

Rechte Seite: Fallschirmspringer der GSG 9 in voller Einsatzausrüstung.

Sprünge absolvierten. Im Zeitraum zwischen 1981 und 1999 erfolgte diese Ausbildung bei der Luftlandeschule der Bundeswehr nach konventioneller Methode. Innerhalb des Lehrgangs wurde der Springer zuerst im Umgang mit automatisch auslösenden Rundkappenschirmen geschult und im Anschluss zum »Freifaller« ausgebildet. Seit dem Jahr 2000 erfolgt die Ausbildung – abweichend von der bisherigen Praxis – nach der sehr viel moderneren und nach Ausbildungsdauer erheblich kürzeren *Accelerated Freefall (AFF)*-Methode. Der wesentliche Unterschied zwischen den angesprochenen Ausbildungsmethoden besteht darin, dass der Sprungschüler bereits bei seinem ersten Sprung aus einer Höhe von mindestens 2700 m abgesetzt wird und in seiner Freifallphase von zwei Sprunglehrern begleitet wird.

Um den an einen Einsatzspringer der GSG 9 gestellten Anforderungen gerecht zu werden, bedarf es ständiger Fortbildung. Diese wird sowohl intern als auch in Kooperation mit national und international vergleichbaren Einheiten betrieben und umfasst mindestens 50 Sprünge im Jahr. Bei den für diesen Zweck benutzten Fallschirmen handelt es sich um Flächen- bzw. Gleitfallschirme modernster Konzeption. Haupt- und Reserveschirm sind baugleich und können mit einem Absprunggewicht von max. 160 kg belastet werden. Die Absprunghöhe, der Landeplatz und die Anzahl der Fallschirmspringer richtet sich nach dem konkreten polizeilichen Auftrag. In der Regel handelt es sich dabei um kleine, schwierige Landeflächen (z.B. flache Gebäudedächer), die bei Tag oder Nacht unter Mitführung von max. 30 kg Einsatzmitteln erreicht werden müssen. Hierfür werden, soweit keine Einwände aus taktischen Gründen bestehen, Hubschraubermuster des Bundesgrenzschutzes eingesetzt.

Die Transportkapazität beträgt bis zu 18 Springer. Die Absprunghöhe liegt ohne zusätzliche Atemluftversorgung zwischen 700 m als Mindestabsetzhöhe und ca. 4000 m als

Mit Ordner und Computer: Beamte des Sachgebietes Einsatz bei der Planungsarbeit.

oberste Grenze. Daraus ergeben sich Freifallzeiten zwischen drei und 70 Sekunden. Die im freien Fall zurückgelegte Strecke liegt zwischen 50 und 70 m in der Sekunde, was einer Geschwindigkeit von 200 bis 280 km/h entspricht. Im Falle einer Störung bei der Schirmöffnung hat der Springer die Möglichkeit, den Hauptschirm abzutrennen und den Reserveschirm zu aktivieren. Zusätzlich ist jedes Fallschirmsystem mit einem automatischen Notauslösegerät ausgestattet.

Stabsbereich Einsatz

Im Stabsbereich Einsatz der GSG 9 sind zwei wesentliche Bereiche zusammengefügt worden: Der Einsatz und der Aus- und Fortbildungsbereich. Seine Aufgaben umfassen – neben der Koordination von Einsätzen, der Entwicklung und Fortschreibung von Einsatzkonzeptionen – die Auswahl und Ausbildung von Bewerbern sowie die Fortbildung aller Angehöriger der GSG 9, unabhängig von Rang und Funktion.

Dem *Stabsbereichsleiter Einsatz* unterstehen unmittelbar die *Koordinierungsstelle (KOST)*, der *Bereich Sicherheit/ Geheimschutz* sowie der *Bereich Öffentlichkeits-/Pressearbeit /Auslandsangelegenheiten.*

Die *KOST* bildet das direkte Bindeglied zwischen externen Stellen und der GSG 9 in Einsatzanfragen und allgemein organisatorischen Angelegenheiten. Dabei berät sie Bedarfsträger, z.B. BGS-Behörden, das Bundeskriminalamt, die Länderpolizeien, die Bundeszollverwaltung oder das Auswärtige Amt in Fragen von Einsatzunterstützungsmöglichkeiten und Anforderungsverfahren. Der *Sachbearbeiter Sicherheit und Geheimschutz* ist für den personellen und materiellen Geheimschutz des Verbandes verantwortlich. Zusätzlich entwickelt und koordiniert er Maßnahmen für die äußere Sicherheit der Unterkunft.

Mit Zunahme der Informationstechnik und des anwachsenden Informationsbedarfes gewinnt die Presse- und Öffentlichkeitsarbeit immer mehr an Bedeutung. Durch gezielte Öffentlichkeitsarbeit soll die GSG 9 als Teil des BGS der Bevölkerung transparenter gemacht werden, ohne dabei die erforderlichen Sicherheitsbelange zu verletzen. Daneben findet hier die Auswertung der nationalen und internationalen Presse im Hinblick auf einsatzrelevante Ereignisse statt. Auch die Verbindungen zu Spezialeinheiten rund um die Welt werden hier geknüpft und intensiviert. Im Einsatzfall werden diese Kräfte in der Führungsgruppe des Verbandes eingesetzt, um den Leiter der GSG 9 taktisch zu beraten und die aufkommenden Informationen zu kanalisieren und aufzubereiten.

Das dem *Stabsbereich Einsatz* direkt angegliederte *Sachgebiet Einsatz* erstellt und verfeinert die Einsatzkonzeptionen des Verbandes. Es befasst sich u.a. mit den Fragen des taktischen Vorgehens in Gebäuden, Eisenbahnen, Schiffen sowie sonstigen erdenklichen Verkehrsmitteln.

Durch die enge Verzahnung mit den Einsatzeinheiten und dem *Sachgebiet Aus- und Fortbildung* werden die erstellten Konzeptionen auf »Herz und Nieren« geprüft, bevor sie Einsatzreife erlangen.

Sachgebiet Aus- und Fortbildung der GSG 9

Das *Sachgebiet Aus- und Fortbildung* ist zuständig für die Nachwuchsgewinnung im mittleren und gehobenen Polizeivollzugsdienst. Der Nachwuchs rekrutiert sich aus allen Polizeiorganisationen der Bundesrepublik; die Masse der Bewerber kommt jedoch aus den Reihen des Bundesgrenzschutzes. Zur Ermittlung qualifizierter Nachwuchskräfte werden umfassende Leistungspotentialanalysen nach neuesten wissenschaftlichen Erkenntnissen durchgeführt. Das Eignungsauswahlverfahren dauert vier Tage. Erfolgreiche Bewerber durchlaufen danach die neunmonatige Basis- und Spezialausbildung der GSG 9. Diese wird von erfahrenen Einsatzkräften geleitet. Im Durchschnitt sind 10-15 % der Bewerber für die Ausbildung bei der GSG 9 geeignet, ungefähr 30 % aller Lehrgangsteilnehmer beenden diese mit Erfolg.

Nach der Ausbildung für eine besondere Verwendung in den Einsatzeinheiten bzw. Unterstützungseinheiten werden die Beamten zur weiteren Spezialisierung in technischen und taktischen Spezialgebieten qualifiziert.

Dazu ermittelt das *Sachgebiet Aus- und Fortbildung* im Rahmen eines Bildungscontrollings den individuellen Aus- und Fortbildungsbedarf und gewährleistet eine systematische Qualifikationssteigerung für alle Angehörigen der GSG 9.

Weiterhin erfolgt im *Sachgebiet Aus- und Fortbildung* die polizeispezifische Fortbildung in Theorie und Praxis für alle Angehörigen der GSG 9. Der Hauptanteil in der Fortbildung liegt im täglichen Training von unterschiedlichsten Einsatzsituationen. Da diese in Gebäuden, Luftfahrzeugen, Schienenfahrzeugen, Wasserfahrzeugen, maritimen Objekten und öffentlichen Verkehrsmitteln entstehen können, wird das taktische Arbeiten auch in diesen Zielobjekten geübt. Dabei wird darauf geachtet, dass eine große Bandbreite an Einsatzsituationen mit hohem Risikograd für Einsätze zu bewältigen ist.

Bei der Entwicklung von Einsatzszenarien orientieren sich die Ausbilder an der globalen Entwicklung der Sicherheitslage.

Im Bereich der internationalen Zusammenarbeit zur Kriminalitätsbekämpfung koordiniert das Sachgebiet die Zusammenarbeit zwischen der GSG 9 und ausländischen Spezialeinheiten auf dem Aus- und Fortbildungssektor und ermöglicht damit einen gegenseitigen Wissenstransfer auf internationaler Ebene. Die hierdurch entstehenden Synergieeffekte tragen auch dazu bei, finanzielle Mittel einzusparen.

Einsatzsituation: Überholende Verfolgung mit Pkw.

Aufklärungs- und Kommunikationseinheit

Die *Aufklärungs- und Kommunikationseinheit* ist im Rahmen der Reorganisation der GSG 9 im Jahr 2001 aus der vormaligen *Informations- und Kommunikations-/Dokumentationseinheit* entstanden. Die Neugestaltung der Einheit und die Aufgabenerweiterung um technische Aufklärungskomponenten vollzog sich aufgrund der bereits verfügbaren und seit geraumer Zeit auch für Aufklärungszwecke eingesetzten Foto-/Video- sowie Peil- und Ortungstechnik schnell und unkompliziert. Die herkömmlichen Aufgaben, Herstellen und Aufrechterhalten unterschiedlichster Kommunikations- und Nachrichtenwege (weltweit) sowie Beweissicherung und Dokumentation, wurden beibehalten.

Die GSG 9 ist mit dieser neu etablierten (technischen) Aufklärungskomponente noch besser in der Lage, Einsätze vom Beginn erster Aufklärungsmaßnahmen bis zur gerichtsfesten Beweissicherung und Übergabe von Straftätern an die sachbearbeitenden Dienststellen bzw. Behörden ohne Unterstützung von außen durchzuführen. Missverständnisse und Informationsverluste werden dadurch von vornherein vermieden. Intern wird die Leistungsfähigkeit des Verbandes noch durch das so genannte *integrative Training* mit den Einsatzeinheiten gesteigert; die GSG 9 legt dabei besonderen Wert auf standardisierte Verfahren und *Teamwork* in allen Phasen des Einsatzes, was insbesondere die Befehls- und Informationsweitergabe bei komplexen und schwierigen Einsatzlagen erheblich erleichtert. Zur Erfüllung der beschriebenen Aufgaben verfügt die Einheit über ein Führungselement, *Spezialeinsatztrupps für optische Aufklärung und Beweissicherung/Dokumentation, Information und Kommunikation/Aufklärung* (Peilung – Ortung und technische Überwachung) sowie für die Betreuung der umfangreichen Informationstechnik des Verbandes im Tagesdienst und Einsatz. Die Spezialeinsatztrupps setzen sich mehrheitlich aus einsatzerfahrenen Angehörigen der Einsatzeinheiten zusammen, die im Laufe ihrer Dienstzeit den Weg in die zusätzliche Spezialisierung gewählt haben. Aufgrund ihrer ehemaligen Zugehörigkeit zu einer der drei Einsatzeinheiten sind sie jederzeit in die Observations- und Zugriffsteams der Einsatzeinheiten integrierbar.

Technisch verfügt die Einheit, wie im Übrigen alle anderen Bereiche der GSG 9 auch, über die modernste Technik, die der Markt aktuell anbietet; darüber hinaus setzt die Einheit in Zusammenarbeit mit dem *Sachgebiet Koordination/ Qualitätsmanagement* der GSG 9, mit Kommunikations- und Aufklärungsspezialisten der Industrie sowie befreundeten Spezialeinheiten auf der ganzen Welt Einsatzerfahrungen und daraus resultierende Verbesserungswünsche unmittelbar in die Anwendung neuester Technologien um.

Linke Seite: Schnelles Abgleiten am Tau *(Fast roping)* vom Hubschrauber auf ein maritimes Zielobjekt.

Technische Einheit

Eine sichere, schnelle und überraschende Zugangstechnik zum Eindringen in Einsatzobjekte ist die Voraussetzung für einen erfolgreichen Einsatz der GSG 9. Die Durchführung dieser Zugangstechniken ist eine der Hauptaufgaben der Angehörigen der *Technischen Einheit.* Neben den Techniken für Standardobjekte, wie Wohnungen und Häuser, beherrschen die »Techniker« auch sämtliche Verfahren zum Eindringen in besondere Objekte wie beispielsweise Flugzeuge, Schiffe, Busse und Züge. Dies geschieht unter Zuhilfenahme von einfachen mechanischen Hilfsmitteln, bis hin zu extrem aufwändiger Sprengtechnik. Aufgrund dieser Kompetenz nimmt die *Technische Einheit* der GSG 9 eine führende Position im internationalen Vergleich der Spezialeinheiten ein. Durch umfangreiche aufwändige Erprobung neuer geeigneter technischer Einsatzmittel und Taktiken ist es auch den Einsatzkräften der *Technischen Einheit* in den letzten Jahren gelungen, der fortschreitenden Entwicklung organisierter krimineller Strukturen in der Bundesrepublik Stand zu halten und den Anforderungen der Bedarfsträger im Einsatz zu entsprechen. Dieser Erfolg ist u.a. auf die Pflege umfangreicher nationaler und internationaler Kontakte zu führenden Spezialeinheiten und den damit verbundenen Erfahrungsaustausch zurückzuführen.

Eine weitere Hauptaufgabe ist die Entschärfung von *unkonventionellen Spreng- und Brandvorrichtungen* (Abk.: *USBV).* Die GSG 9 verfügt als einzige polizeiliche Spezialeinheit über ausgebildete Entschärfer als integrierten Bestandteil der Einsatzkräfte. Im Rahmen eines Einsatzes der GSG 9 kann somit durch die *Technische Einheit* die Suche und Beseitigung eventueller Sprengfallen sowie möglicher *USBV* ohne externe Spezialisten gewährleistet werden.

In der Gerätekammer: Beamte der Technischen Einheit überprüfen einen Fernlenkmanipulator.

Um der Vielseitigkeit und Komplexität des besonderen Aufgabenbereiches entsprechen zu können, rekrutieren sich die Angehörigen der *Technischen Einheit* aus erfahrenen Mitgliedern der Einsatzeinheiten, die in der Regel über eine handwerkliche Berufsausbildung verfügen. Nach dem Wechsel von einer Einsatzeinheit der GSG 9 zur *Technischen Einheit* schließt sich für die Beamten eine umfangreiche langjährige Spezialausbildung an.

Diese umfasst die Ausbildung zum *USBV–Entschärfer,* die Berechtigung zum Umgang mit pyrotechnischen Mitteln, eine Tauch- bzw. Fallschirmspringer-Freifallausbildung sowie eine umfangreiche, fachbezogene, technische Spezialausbildung. Um die anderen Einheiten jederzeit im Einsatz unterstützen zu können, müssen auch hier ständige Fortbildungen und gemeinsame Übungen absolviert werden.

Aufgrund der außerordentlich hohen Fachkompetenz in den Aufgabenbereichen von technischen Spezialeinheiten werden für die unterschiedlichsten Bedarfsträger Schulungen und Fortbildungen durchgeführt.

Nicht zuletzt ist die hohe Kompetenz im nationalen und internationalen Vergleich der Spezialeinheiten das Resultat der innovativen Bewältigung der Aufgaben und der besonderen Motivation der Angehörigen der *Technischen Einheit* zu verdanken.

Der folgende authentische Fall macht deutlich, dass die Entscheidung richtig war, innerhalb der GSG 9 Entschärfer für ein integriertes Zusammenwirken vorzuhalten.

Am Mittwoch, dem 22. Dezember 1999, spitzte sich eine mehrere Tage dauernde Geiselnahme zu.

Der Täter hatte sich mit drei Geiseln in einer Bank verschanzt. Da er ein »geübter« Verbrecher war, kannte er viele Tricks und verhandelte stundenlang.

In der Nacht zuvor hatte er sogar eine Geisel, einen Wachmann, durch drei Schüsse mit seiner Tokarew-Pistole, 7,62 mm, schwer verletzt und zusätzlich eine Handgranate gezündet.

Ein Beamter fuhr auf seine Forderung einen Fluchtwagen vor die Tür, mit dem der Geiselnehmer auch flüchten wollte. Die Vorgabe des Einsatzleiters war, dass auf keinen Fall eine »mobile Lage« eintreten dürfte, er hatte sogar den finalen Rettungsschuss freigegeben.

Ein Techniker/Sprengmeister der GSG 9:

»Als der finale Rettungsschuss ausgeführt wurde, sind mein Kollege (auch ein Entschärfer) und ich sofort mit Zugriffskräften zu den Geiseln geeilt. Obwohl ich es nicht gleich sehen konnte, war mir klar, dass der tote Geiselnehmer noch eine Handgranate in der Hand hielt und dabei eine männliche Geisel umklammerte, wodurch eine sehr gefährliche Situation entstand. Die Geisel hielt ihrerseits die Hände des Toten fest umklammert. Damit macht sie instinktiv das richtige; nicht auszudenken, wenn die Granate explodiert wäre.

Zuerst schickte ich dann die ganzen Polizeikräfte weg, die nun ebenfalls am Tatort waren. Nur den Aufenthalt von ei-

Entschärfer der GSG 9 mit ihrem Arbeitsgerät. Im Vordergrund ein so genannter Fernlenkmanipulator.

nem Trupp, der meinen Kollegen und mich sichern sollte, konnte ich verantworten. Diese Beamten waren auch alle mit einem Titan-Helm und schusssicheren Schilden ausgestattet, hinter die sie sich knien konnten.

Jetzt sprach ich mit der Geisel und zog dabei meine Sturmhaube ab. Das hat einen großen psychologischen Wert, da ich so als Mensch, Partner und Freund angesehen werde und nicht mehr anonym bin. Ich redete beruhigend auf ihn ein und gab ihm durch einige Worte zu verstehen, dass ich versuchen werde, die Situation zu meistern.

Mein Partner trennte die Verbindungskette zwischen der Handgranate und der Geisel, die der rücksichtslose Verbrecher zusätzlich installiert hatte. Ich öffnete das Hemd der Geisel und entfernte seine Hände und hatte plötzlich eine dritte Hand in meinen Händen: Die Hand des toten Geiselnehmers.

Jetzt schickte ich meinen Partner weg, da ich nur noch alleine arbeiten konnte und das Risiko für ihn zu groß wurde. Dies ist ein Entschärfergrundsatz.

Erst mit einem größeren Kraftaufwand und nach mehreren Versuchen gelang es mir, die Hände des Getöteten zu öffnen. Sofort nach dem Aufbiegen der Hand sicherte ich mit einem Griff den Spannhebel der Handgrante. Jetzt sah ich auch erst richtig den genauen Typ. Es handelte sich um eine M 52-Handgranate, die bei einer Explosion in Tausende von kleinen Teilen zerfetzt und eine Splitterwirkung von ca. 35 m hat.

Ich rief jetzt wieder meinen Partner, der den Sperrhebel der Granate mit Klebeband am eiförmigen Körper fixierte. Nun war die Granate wieder einigermaßen sicher.

Hätte der Geiselnehmer die Granate losgelassen, die Geisel sich ungeschickt bewegt oder ich falsch gegriffen, wäre die Granate innerhalb von drei Sekunden explodiert.«

Sachgebiet Technik/Sondereinsatzmittel

Aus dem Anspruch heraus, eine der leistungsfähigsten und modernsten Spezialeinheiten der Welt zu sein, folgt die Verpflichtung der GSG 9, sich auch im Hinblick auf die zur Verfügung stehenden technischen Führungs- und Einsatzmittel ständig den Veränderungen der Zeit anzupassen. Dies ist Grundlage einer professionellen Aufgabenbewältigung des Verbandes und wird durch das *Sachgebiet Technik/ Sondereinsatzmittel* wahrgenommen.

Dieses Sachgebiet ist für die Bereitstellung, Verwaltung und Wartung der technischen Führungs- und Einsatzmittel verantwortlich und organisiert die Entwicklung und Beschaffung polizeispezifischer Ausstattung. Hierzu zählen insbesondere überaus aufwändige Führungs- und Einsatzmittel der Einsatzkräfte im Bereich des maritimen Einsatzes und der Luftlandeeinheit mit leistungsfähigen Fallschirmsystemen. Ein weiteres typisches Aufgabenfeld ist die Ausstattung der *Technischen Einheit* mit den für die Zugangstechnik, Ablenkung und den Entschärfereinsatz erforderlichen besonderen Einsatzmitteln.

Da es sich bei diesen Ausstattungen um hochmoderne, technisch aufwändige sowie lebensrettende Einsatzmittel handelt, ergibt sich die Notwendigkeit regelmäßiger und umfangreicher Sicherheitsüberprüfungen, die einen erheblichen Zeit- und Kostenaufwand erfordern.

Die hohen Anforderungen an das *Sachgebiet Technik/ Sondereinsatzmittel* als »Dienstleister« innerhalb der GSG 9 verlangen von den Mitarbeitern fachlich umfangreiche und vielschichtige Qualifikationen. Darüber hinaus ist ein ständiger Kontakt und eine intensive Zusammenarbeit mit den Einsatzeinheiten zur kontinuierlichen Verbesserung und Weiterentwicklung der Ausstattung zwingend erforderlich.

Sanitätsdienst - Retter und Helfer im Einsatz

Seit Bestehen verfügt die GSG 9 über einen eigenen *Sanitätsdienst.* Bereits bei der Befreiungsaktion der Geiseln in Mogadischu waren Sanitätsbeamte der GSG 9 im Einsatz, um eine Erstversorgung zu gewährleisten. Die Verwendung eines eigenen Arztes innerhalb des Verbandes der GSG 9 wurde von nun an als notwendig erachtet. Mit den über die Jahre zunehmenden Aufgaben der GSG 9 wuchsen auch die Anforderungen, die an den Sanitätsdienst gestellt werden, so dass sich heute das Sachgebiet aus einem Arzt und Rettungssanitätern/Rettungsassistenten zusammensetzt. Selbstverständlich ist auch im Sanitätsdienst des Verbandes eine gesundheitliche Eignung für eine Verwendung bei der GSG 9 Voraussetzung. Weiterhin ist eine erfolgreiche Teilnahme am Auswahlverfahren sowie die Absolvierung der Basis- und

Rettungssanitäter als Teil eines Spezialeinsatztrupps (SET) in Ausgangsstellung.

Spezialausbildung erforderlich. Danach erfolgt die Ausbildung zum Sanitätsbeamten mit anschließender Qualifizierung zum Rettungssanitäter/Rettungsassistenten. Um permanent einen hohen Ausbildungsstand zu gewährleisten, werden regelmäßig theoretische und praktische Fortbildungsmaßnahmen in Krankenhäusern und im Rettungsdienst durchgeführt, z.B. beim Zentralkrankenhaus der Bundeswehr in Koblenz, wo die Teilnahme am Luftrettungsdienst ermöglicht wird.

Da alle Einsätze der GSG 9 von mindestens einem Sanitätsbeamten begleitet werden, ist es erforderlich, dass auch diese Beamten Lehrgänge zum Polizeitaucher/Fallschirmspringer oder im Bereich der Observation absolvieren, um neben einer medizinischen Betreuung auch eine sinnvolle taktische Einbindung zu gewährleisten. Eine Teilnahme der Sanitätsbeamten der GSG 9 an der ständigen Alarmbereitschaft ist obligatorisch.

Da es aus einsatztaktischen Gesichtspunkten oftmals nicht möglich oder nicht geboten ist, örtliche Rettungsdienste vorab in den Einsatz zu integrieren, verfügt der Sanitätsdienst der GSG 9 unter anderem über ein eigenes Notarzteinsatzfahrzeug sowie über einen eigenen Rettungswagen mit modernstem medizinischen Gerät.

Sachgebiet Koordination/ Qualitätsmanagement

Innerhalb der Organisationsstruktur der GSG 9 ist das *Sachgebiet Koordination/Qualitätsmanagement* ein Teil des *Stabsbereichs 2,* der sich insbesondere mit speziellen, auf den polizeilichen Spezialverband zugeschnittenen Führungs- und Einsatzmitteln befasst. Für die Einrichtung eines eigenen Sachgebietes mit koordinierender und qualitätssichernder Funktion gab und gibt es eine Vielzahl wichtiger Aspekte. Ein Grund war u. a. die Erkenntnis, dass die GSG 9 ein Instrument benötigt, das sich losgelöst von allen anderen Aufgaben der Einsatzeinheiten oder Sachgebiete entfalten kann. Hier zeigt sich Innovationskraft für zukunftsweisende Verbesserungsmöglichkeiten in allen Bereichen der GSG 9.

Ergänzend dazu obliegt dem Sachgebiet die Sammlung, Analyse und Auswertung aller Erkenntnisse aus Übungen, Ausbildungen und Einsätzen über besondere Führungs- und Einsatzmittel. Nach Abstimmung mit den Bedarfsträgern wird jeweils ergebnis- und bedarfsorientiert ein Anforderungsprofil auf der Grundlage taktischer Erfordernisse erstellt. Diese schriftlich fixierten, technisch/taktischen Anforderungen haben u.a. den Vorteil, dass die Notwendigkeit der Beschaffung und Einführung von Einsatzmitteln nachvollziehbar ist und die Beschaffungsvorgänge somit erheblich beschleunigt werden.

Dreh- und Angelpunkt der Tätigkeit ist die Koordination der Einsatzeinheiten (Taktik) mit den Sachgebieten (Technik). Als unabhängige Koordinationsstelle befasst sich das Sachgebiet mit sämtlichen Belangen eines zukunftsorientierten Qualitätsmanagements. Es zeichnet verantwortlich für alle Maßnahmen zur Qualitätssicherung, wie Feststellung von Defiziten im Bereich Ausstattung, Definition von taktischen Forderungen, Festlegung der erforderlichen Qualitätsparameter, Erprobungsrichtlinien usw.. Das Sachgebiet wird von einem Sachgebietsleiter mit mehrjähriger Erfahrung als Führer einer Einsatzeinheit geleitet. Zu seinen Mitarbeitern zählen sowohl Mitarbeiter, die ebenfalls über langjährige Einsatzerfahrung als Spezialeinsatztruppführer verfügen, als auch solche, die zeitlich befristet für drei bis fünf Jahre ihren Dienst in diesem Sachgebiet leisten.

Durch diese innere Struktur wird dem Qualitätssicherungsgedanken in Form von Erfahrung, Kompetenz und stetigem dynamischen Wechsel im Hinblick auf Einsatztaktiken und -techniken zukunftsweisend Rechnung getragen. Beispielhaft ist die Einführung des Präzisionsschützenleitgerätes, welches praxisorientiert allen Erfordernissen eines Präzisionsschützeneinsatzes gerecht wird.

Das Sachgebiet Koordination/Qualitätsmanagement stimmt Technik und Taktik aufeinander ab.

Sachgebiet Waffen- und ABC-Wesen

Dieses Sachgebiet ist verantwortlich für die Einsatzmittel der GSG 9 in den Bereichen Waffentechnik, Optik/Optronik, ballistische Schutzausstattung und ABC-Schutz. Darüber hinaus werden vom <ka<Sachgebiet Waffen- und ABC-Wesen<ke< die Schießanlagen der GSG 9 organisatorisch betreut.

Zur Bewältigung der Tagesaufgaben ist das Sachgebiet in drei Bereiche gegliedert:

- Logistik
- Instandhaltung und
- Schießbetrieb

Dem Teilbereich *Logistik* obliegt im Wesentlichen die Beschaffung, die Bevorratung, die Nachweisführung und die Ausgabe von Waffen und Munition, ballistischer Schutzausstattung, optischen Gerätes und von Verbrauchsmitteln.

Im Teilbereich *Instandhaltung* liegt der Schwerpunkt der Aufgaben auf der technischen Erprobung von potentiellen neuen Einsatzmitteln und der technischen Entwicklung bzw. Anpassung von speziellem Gerät für die GSG 9. Darüber hinaus werden hier die entsprechenden Einsatzmittel untersucht, geprüft und instand gesetzt. Wegen der in diesem Bereich vorhandenen Spezialkenntnisse ergibt sich auch ein fachbezogener Aus- und Fortbildungsauftrag. Geschult werden sowohl die Einsatzkräfte als auch die Teilnehmer an der Basis- und Spezialausbildung der Dienststelle.

Der Teilbereich *Schießbetrieb* ist verantwortlich für die Betreuung zahlreicher Raum- und offener Schießanlagen unterschiedlicher Ausführung und Zielrichtung zur ausschließlichen Nutzung durch die GSG 9, den BGS und vergleichbare Spezialeinheiten des In- und Auslandes.

Daneben nehmen die Polizeivollzugsbeamten des *Sachgebietes Waffen- und ABC-Wesen* auch direkte einsatzunterstützende und beratende Funktionen wahr.

Sachgebiet Kraftfahr- und Verkehrswesen

Das *Sachgebiet Kraftfahr- und Verkehrswesen* ist im Wesentlichen für folgende Aufgabenbereiche verantwortlich:

- Koordination und Disposition des gesamten Kfz-Einsatzes
- Gewährleistung der ständigen Einsatzbereitschaft des Fuhrparks
- Unterstützung des Beschaffungsamtes des Bundesministeriums des Inneren im Rahmen von Beschaffungsmaßnahmen für die GSG 9
- Schulung und Fortbildung der Angehörigen des Verbandes im kraftfahrtechnischen Bereich, insbesondere durch ein Fahr- und Sicherheitstraining, bei welchem alle möglichen polizeilichen Maßnahmen (z.B. Verfolgen und Stellen von Tätern/Tatfahrzeugen) geschult werden.

Besonders interessant ist die Vielzahl der unterschiedlichen, aber unauffälligen Fahrzeugarten, die speziell für die Einsatzaufgaben der GSG 9 mit der notwendigen polizeispezifischen konspirativen Ausstattung ausgerüstet sind. Der Fuhrpark umfasst vom leistungsstarken Motorrad bis zum Sonderwagen (z.B. teilgeschütztes Offensiv-Kfz) eine breit gefächerte Fahrzeugpalette.

Verwendungsvoraussetzung für die Angehörigen des Sachgebietes Kraftfahr- und Verkehrswesen ist der Besitz aller Fahrerlaubnisklassen. Bei Einsätzen und Übungen unterstützen sie die anderen Einsatzkräfte, z.B. durch das Führen von Spezialfahrzeugen.

Linke Seite: Ein Waffentechniker beim Überprüfen einer Glock 17.

POLIZ

Spezialeinsatzkommandos (SEK)

München wurde innerhalb von einem Jahr Schauplatz zweier spektakulärer Ereignisse, aus denen sich noch heute die beiden Hauptaufgabenfelder der Spezialeinsatzkommandos ergeben. Dies war zum einen der Fall »Rammelmayer«, eine räuberische Erpressung mit Tötung einer Geisel (siehe dazu die Seiten 10 bis 13), und zum andern die Geiselnahme und Ermordung der israelischen Sportler, die an den Olympischen Spielen 1972 in München teilnahmen (siehe Seiten 13 bis 16).

Der Bankraub der beiden Straftäter Rammelmayer und Todorov zeigten der Polizei Grenzen ihres Handels auf. Es mangelte nicht nur an entsprechender Ausrüstung, insbesondere notwendigen Kommunikationsmöglichkeiten, sondern es fehlte auch an Polizeibeamten, die für solche Situationen vorbereitet und ausgebildet waren. Bislang sahen es Politik und Polizei als nicht dringlich an, auf derartige Fälle vorbereitet zu sein, denn diese ereigneten sich äußerst selten und gingen bis dato für die Polizei als auch für die Allgemeinheit eher glimpflich aus. Der Fall Rammelmayer zeigte jedoch eine neue Dimension des Verbrechens auf. Erstmals ließen sich die Täter von vornherein auf eine Geiselnahme ein. Nach dem Vorfall übernahmen die Zuständigen – der damalige Bayerische Ministerpräsident Alfons Goppel, sein Innenminister Dr. Bruno Merk sowie der Münchener Polizeipräsident Dr. Manfred Schreiber – die politische Verantwortung und stärkten der Polizei den Rücken. In folgenden Konferenzen beschlossen die Innenminister der Länder die Aufstellung polizeilicher Sondereinheiten. Noch ehe diese gegründet wurden, wurde die Öffentlichkeit ein weiteres Mal überrascht. Diesmal waren es keine aus Habgier handelnden Kriminellen, sondern radikale, politisch motivierte Gewalttäter, die mit Terroranschlägen ihre Ziele durchsetzen wollten. Zur Bekämpfung des Terrorismus standen ebenfalls keine Spezialeinheiten zur Verfügung, sie wurden jedoch nach dem Anschlag bei den Olympischen Spielen nahezu aus dem Boden gestampft.

Ein SEK-Einsatztrupp aus Nordrhein-Westfalen nutzt den Kufenflug als Transporttechnik.

POLIZEI
Bremen
POLIZEI
Saarland
POLIZEI
Berlin
POLIZEI
Rheinland-Pfalz
POLIZEI
Bayern
POLIZEI
Thüringen
BUNDESGRENZSCHUTZ
POLIZEI
Sachsen
POLIZEI
Niedersachsen
POLIZEI
Mecklenburg-Vorpommern
POLIZEI
Hamburg
POLIZEI
Baden-Württemberg
POLIZEI
Sachsen-Anhalt
POLIZEI
Hessen
POLIZEI
Nordrhein-Westfalen
POLIZEI
Brandenburg
POLIZEI
Schleswig-Holstein

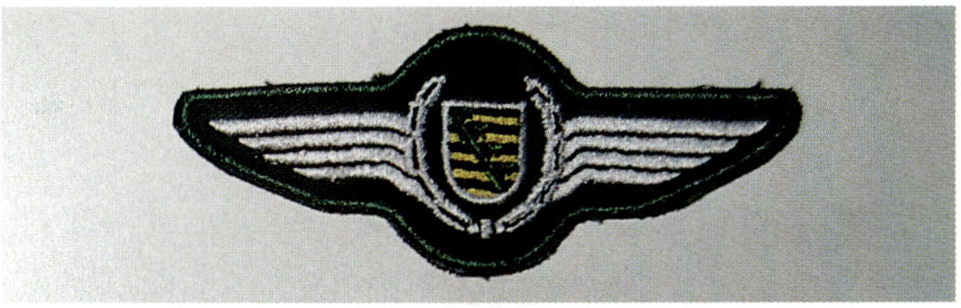

Sachsen

Bayern

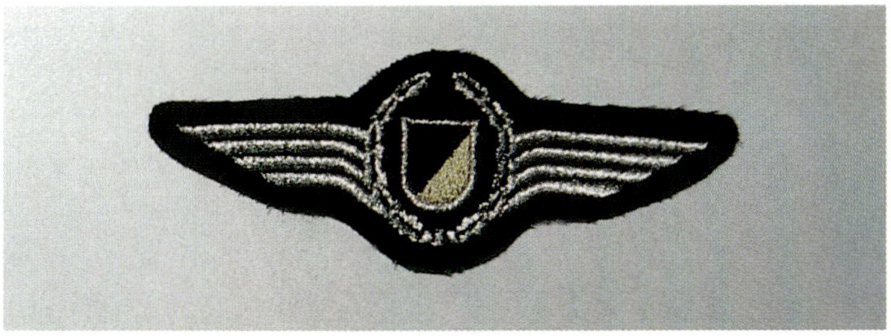

Baden-Württemberg

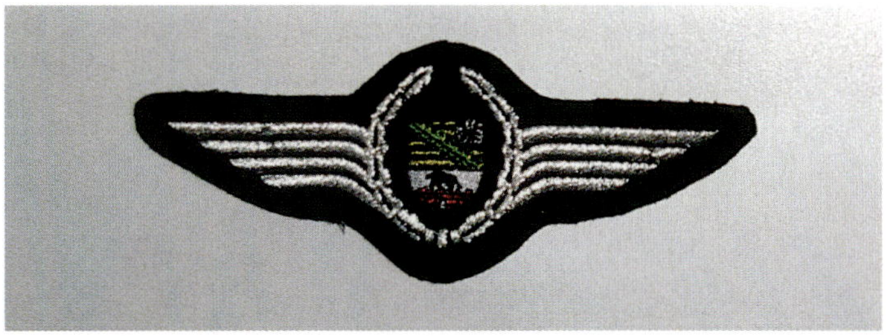

Sachsen-Anhalt

Rheinland-Pfalz

Mecklenburg-Vorpommern

Offizielle Tätigkeitsabzeichen verschiedener deutscher SEK.

Die Polizei war nun vor die Aufgabe gestellt, eine Spezialeinheit zu kreieren. Jedoch gab es kaum Polizeibeamte, die über das entsprechende Wissen geschweige denn die Erfahrung verfügten, eine solche Einheit aufzustellen. Zunächst einmal galt es, ein Ausbildungskonzept zu erstellen und Anforderungsprofile für die Auswahl geeigneter Beamten zu erarbeiten. Ferner mussten auch die ausrüstungs- und waffentechnischen Voraussetzungen geschaffen werden, bevor überhaupt an eine Ausbildung zu denken war. Vielfach orientierten sich die Organisatoren dabei an ausländischen Einheiten, die bereits über Spezialeinheiten verfügten. Da es in Europa noch nicht mal eine Handvoll davon gab, holte man sich die Informationen aus Übersee – den USA. Dortige SWAT-Teams hatten bereits Erfahrung bei der Bekämpfung von Amokschützen und Bombenlegern sammeln können. Sie verfügten über modernste Ausrüstung und Technik. Vor allem war in den Vereinigten Staaten das so genannte *Polizeiliche Gegenüber* »fortschrittlicher« als im eigenen Land. Viele Kriminologen prognostizierten ohnehin, dass die Verhältnisse in den USA auch Europa mit Verzug von mehreren Jahren heimsuchen würden. Aber auch Bundeswehr-Ausbilder wurden um ihren Rat gebeten. Ob dies nun die Schieß- oder die Kletterausbildung war, die Polizei betrat völliges Neuland, das ein Umdenken erforderlich machte, um die gesetzten Ziele und Maßstäbe für eine Spezialeinheit zu erreichen. Startschwierigkeiten traten aber nicht nur im Bereich der Organisation, Logistik und der Taktik auf, sondern auch auf politischer Ebene. Die Ereignisse bei den Olympischen Spielen hatte man zwar nicht vergessen, aber die Kosten für die Gründung solcher Einheiten überforderten so manches Länderbudget. Um auf die miserable und desolate Technik hinzuweisen, schlugen die Spezialeinheiten-Pioniere unterschiedliche Wege ein. Während sich der erste Kommandeur der GSG 9, Ulrich Wegener, bei manchem Politiker unbeliebt

Linke Seite: Die Wappen des Bundesgrenzschutzes und der Länderpolizeien.

Wimpel des SEK Rheinland-Pfalz.

Einige inoffizielle SEK-Abzeichen.

Angehörige des SEK Nordrhein-Westfalen bei einer Übungslage. Zur Ablenkung des Täters in der Telefonzelle wird Benzin entzündet. Die SEK-Beamten nähern sich von links.

Zugriff des SEK Thüringen auf ein Kfz mittels Irritationsladung »Phönix«.

Einsatztrupp des SEK Schleswig-Holstein nach Verlassen des Hubschraubers.

MEK Hamburg beim schnellen Abgleiten am Tau *(Fast roping)*. Hiermit ist ein blitzschnelles Abseilen vom Hubschrauber zum Einsatzort möglich.

machte, als er seine Ideen und Vorstellungen darlegte, schob ein Länder-SEK nach einem Einsatz vor Reportern ihren völlig veralteten und reparaturbedürftigen Ford-Transit an, um so in die Schlagzeilen zu kommen. Ein neuer Fahrzeugpark ließ prompt nicht lange auf sich warten. Dies ist nur einer von vielen ungewöhnlichen Beschaffungswegen, welche die jungen Einheiten einschlugen, um mit List und krassen Demonstrationen die dringend erforderlichen Voraussetzungen für ihre anspruchsvolle Arbeit zu schaffen.

Es gibt unterschiedliche Ansichten darüber, welches SEK nun als erstes entstand. Viele SEK hatten Vorläufer, die als *Sondergruppe (SG), Anti-Terror-Kommandos (ATT)* oder sonstigen Bezeichnungen ins Leben gerufen worden waren. Die noch im Entstehen begriffenen Einheiten wollten sich in der Regel nicht gleich mit der Bezeichnung *Sondereinsatzkommando* oder *Spezialeinsatzkommando* schmücken, da aus naheliegenden Gründen noch vieles im Argen lag. Fest steht, dass die ersten bereits im April 1973 unter SEK firmierten; parallel zur Aufstellung der GSG 9.

Vor der Wiedervereinigung hatte Berlin aufgrund seines Viermächtestatus nicht die Möglichkeit, die Hilfe der Polizei des Bundes in Anspruch nehmen zu können (siehe dazu das Interview mit *Klaus Hübner* ab Seite 16). Die GSG 9 hätte in Berlin niemals eingesetzt werden oder Unterstützung leisten können. Ein ehemaliger Berliner SEK-Beamter teilte in diesem Zusammenhang mit, dass man in Berlin selbst gelernt hatte, den Täter erst nach seiner Festnahme zu begrüßen. Ebenso habe man in Berlin meist den Täter bereits schon festgenommen, während die Einsatzleiter noch mit dem Aufstellen der Kaffeemaschinen beschäftigt waren. Dies sollte allerdings nicht bedeuten, dass man unverhältnismäßig oder voreilig gehandelt habe.

Eine Ausnahme stellt das MEK Hamburg dar: Es nimmt als einziges deutsches MEK auch die Aufgabe eines SEK wahr, wobei die SEK-Aufgaben überwiegen. Ob diese Doppelstruktur letztlich organisatorische oder personelle Vorteile mit sich bringt, steht auf einem anderen Blatt – der Qualität des MEK Hamburg scheint sie jedoch nicht geschadet zu haben.

Die Anfänge gestalteten sich für sämtliche SEK äußerst schwierig, heute haben sie ihre Fähigkeiten in zahllosen Einsätzen verschiedenster Art längst unter Beweis gestellt. Die Qualität ihrer Ausrüstung entspricht zum größten Teil einem hohen Standard. Dennoch ist auch die beste Ausrüstung nur so gut, wie der Mensch, der sie einsetzt. Und von SEK-Angehörigen wird gerade in einer Hochstress-Situation perfektes Handeln erwartet. Aber auch diese hoch spezialisierten Polizeibeamten sind keine Maschinen.

Beamte des SEK Rheinland-Pfalz beim Abseilen vom Hubschrauber, eine sicherere Methode als das *Fast roping*.

Hoffe das Beste, erwarte das Schlimmste

***Bernd Pokojewski,* Jahrgang 1943, gilt als einer der führenden Kenner internationaler Polizeispezialeinheiten. Er trat 1961 in die hessische Polizei ein und hatte seit 1968 durchweg Führungspositionen inne. Sein Engagement und seine Überlegungen zur modernen Eigensicherung ließ er 1972 beim Aufbau eines Sonderkommandos einfließen. Dabei ging es in erster Linie um die Bekämpfung der Straßenkriminalität im Frankfurter Bahnhofsviertel. Gleichzeitig war er Präzisionsschütze und Gruppenführer in der SEK-Vorläufereinheit *SG (Sondergruppe).* Ab 1974 beteiligte er sich am Aufbau des SEK Frankfurt als Ausbildungs- und Einsatzleiter. Nach vielen gefährlichen Einsätzen (deren Schilderung mehrere Bände füllen würde), übernahm er 1985 die *PSG (Personenschutzgruppe) Frankfurt.* Als EPHK (Erster Polizeihauptkommissar) trat er 2001 in Ruhestand. Seitdem widmet er sich Themen wie der Weiterentwicklung der Eigensicherung, dem Entscheidungstraining und der Wundballistik. Außerdem engagiert er sich ehrenamtlich im Verein Polizeitrainer in Deutschland e. V.**

Wie kam es zur Aufstellung des SEK Frankfurt/M?

Wie bei allen Sondereinheiten dieser Zeit, standen nach dem Olympiamassaker Terrorismusbekämpfung und Geiselnahmen ohne politischen Hintergrund an erster Stelle. Auf Grund zahlreicher Flugzeugentführungen in aller Welt waren Taktik und Ausrüstung bei uns überwiegend auf Einsätze innerhalb des Rhein-Main Flughafens ausgelegt. So bestimmte von Anfang an das Agieren in Zivil unsere Überlegungen (»low profile«). Bei den Präzisionsschützen folgten wir nicht dem Trend der Länderpolizeien, sie in einer weiteren Einheit, dem Präzisionsschützenkommando (PSK), zusammenzufassen. Bei uns war jeder Spezialist an der Langwaffe, aber auch im Nahkampf. Anfang der 80er-Jahre integrierten die Länderpolizeien – bis auf Berlin – die PSK dann auch in die Spezialeinsatzkommandos (SEK).

■ **Bernd Pokojewski (links) sichert mit MP 5 bei der Festnahme eines Geiselnehmers im Mai 1973 mit der MP 5. Der Finger ist lang und nicht am Abzug.**

Worin bestand die Qualifikation der Bewerber?

Hier betraten wir Neuland. Schon damals standen physische Belastung und Verhalten in der Gruppe (»Teamverhalten«) im Vordergrund. Die körperlichen Anforderungen in der Grundausbildung waren hoch. Wir schauten uns die Bedingungen militärischer Spezialeinheiten an. Sie waren für uns richtungweisend, vor allem im Bereich des Ausdauertrainings. Bedeutsam war und ist der körperliche Leistungsstand nach der Grundausbildung. Erfahrungsgemäß lässt bei manchen die Einstellung zur SEK-spezifischen Fitness deutlich nach. Oft bekommt die Hobbysportart Priorität. Sie ist jedoch kein Ersatz für den objektiv nachprüfbaren breit gefächerten Leistungsstand. Hier ist Selbstdisziplin gefordert; nicht nur das machen wollen, was »Spaß« macht.
In den 80er-Jahren kamen differenzierte psychologische Tests hinzu. Die Eignung lässt sich – nach meiner Auffassung – letztlich nur durch die Bewährung in Einsätzen erkennen.

Welche Ausbildungskonzeption galt für die ersten Jahre?

Das war zunächst einmal ein »Stochern im Nebel«. Eifrig studierte ich einschlägige internationale Militärliteratur und Ausbildungsbroschüren. Die Erfahrungen der Bundeswehr bei der Ausbildung ihrer Scharfschützen konnten wir beispielsweise nahezu in vollem Umfang übernehmen. In der Kampftruppenschule Hammelburg wurden wir bei unseren Trainingsaufenthalten hervorragend unterstützt. Vor allem mit den Einzelkämpfern hatten wir eine lange und sehr positive Zusammenarbeit. Wir entwickelten eigene taktische Konzepte; auch auf Grund unserer zwischenzeitlich wachsenden Zahl SEK-typischer Einsätze und Erfahrungen im täglichen Einsatz als Zivilstreifenkommando. Unsere Grundkonzeption des wöchentlichen Wechsels von Ausbildung und Verbrechensbekämpfung vor Ort hat sich im Prinzip bis heute bewährt.
SEK-typische Lagen der damaligen Zeit waren das Ausheben konspirativer Wohnungen (KW) der RAF, der Aufbau von »Polizeifallen«, Bekämpfung von Heckenschützen und Zielfahndung. Wir standen mit beiden Beinen fest in der Praxis. Das SEK Frankfurt/Main sollte keine Einheit werden, die irgendwo in der »Etappe« einer Bereitschaftspolizei-Unterkunft Dienst versah und sich teilweise praxisfremden Ausbildungsinhalten widmete. Die sich einstellenden Erfolge in der Verbrechensbekämpfung erfreute auch die Bosse in den Führungsetagen. Bei schwierigen Situationen sahen sie uns als »Kreuz-Ass im Ärmel«. Wenn nichts mehr ging, sollten wir die Lage lösen und dabei möglichst Wunder

vollbringen. Manche waren unbedarft, naiv und entschlusslos. Oft ging wegen des fehlenden Überraschungsmomentes beim Zugriff die Erfolgschance gegen Null. Andere höhere Chargen entwickelten eine unerschöpfliche Fantasie, wenn es um die Einsatzverwendung eines SEK ging. So musste das SEK Frankfurt in voller Montur den Transport von Betonteilen für den Zaun um die Startbahn West begleiten. Solche und ähnliche Jobs wurden mit stoischem Gleichmut und Kopfschütteln »abgearbeitet«. Glücklicherweise waren sie, gemessen an der Gesamtzahl, gering.

Wie entwickelte sich die Zusammenarbeit mit der GSG 9 und anderen SEK?

Mein erster Kontakt mit der GSG 9 bestand in der Teilnahme an einer eintägigen Infoveranstaltung über das Kommandounternehmen der Israelis in Entebbe 1976. Der Kommandeur W. leitete sie in St. Augustin. Generell wurde ihm nachgesagt, dass er an einer Zusammenarbeit mit den deutschen SEK wenig Interesse hatte. Sein militärisch geprägter Führungsstil ließ einen lockeren Umgang der »Dienstgrade« untereinander nicht zu.

Er wollte die jungen Leute in seinem Sinne formen. So sehr ich ihn schätze – damals spürten wir als SEK-Verantwortliche, dass wir nach seiner Meinung niemals auf Augenhöhe mit der GSG 9 kommen konnten und sollten. Wenn es um taktische oder schießtechnische Details ging, merkten wird sehr bald, dass bei der GSG 9 auch nur mit Wasser gekocht wurde. Die GSG 9 hatte zu dieser Zeit wenig Erfahrung mit Einsätzen in Zivil. Die Zusammenarbeit entwickelte sich erst in den 80er-Jahren positiv. GSG-9-Kräfte in Teamstärke hospitierten zunächst in NRW, dann in anderen Bundesländern. Die Jungs kamen und kommen auch gern zum Frankfurter SEK. Es war ein Geben und Nehmen von Informationen und Erfahrungen.

Bei einigen deutschen und ausländischen SEK mit innovativer Führung bildeten sich besonders spezialisierte Einheiten heraus. Beispielsweise war das SEK Baden-Württemberg im Bereich der Klettertechniken aller Art eindeutig führend. Wir hingegen entwickelten erstmals Taktiken, die nicht im »Lehrbuch« standen; beispielsweise das Ausheben konspirativer Wohnungen, den Aufbau von »Polizeifallen«, das Bekämpfen von Amokschützen, Evakuieren von Verletzten oder den synchronen Zugriff in mehrstöckigen Objekten.

Stichwort Schusswaffengebrauch.

Mit den Jahren gewannen wir einen professionellen Umgang. Jährlich mussten wir im Durchschnitt lediglich zwei Mal die Schusswaffe anwenden. Anfangs bedurfte es großer Anstrengungen und Überzeugungskraft, bis ein Schusswaffengebrauch professionell in der Behörde und der Justiz »abgearbeitet« werden konnte. Hierzu gehörte die Problematik des Identitätsschutzes für SEK-Beamte. Es mussten »dicke Bretter« mit der Politik und Justiz gebohrt werden. Seit einigen Jahren sind die Prozeduren akzeptiert und festgeschrieben. Es muss nicht jedes Mal erneut bei Null begonnen werden. Bedauerlicherweise kommt es immer wieder vor, dass unerfahrene und überforderte StaatsanwälteInnen am Ort des Geschehens zu absurden Überlegungen und Anweisungen kommen. Oberstes Ziel bleibt der Zugriff, ohne dass von der Schusswaffe Gebrauch gemacht werden muss. Diese Aktionen nannten wir »60-Sekunden-Einsätze«. Mein Motto für die Vorbereitungsphase lautete: »Hoffe das Beste, erwarte das Schlimmste und sei taktisch vorbereitet!«

Einer der ersten größeren Einsätze des SEK Frankfurt/Main Mitte der 70er-Jahre. Ein liebeskranker Täter gab Schüsse aus seiner Wohnung ab – sogar noch auf den Psychologen, der ihn beruhigen wollte. SEK-Beamte kurz vor dem Zugriff.

Nach dem Einsatz von Reizgas, das Beamte zeitgleich durch ein Loch in der Tür und durchs Fenster geworfen hatten, wurde der Mann überwältigt und festgenommen.

Selbstverständlich bleibt das Schießen auf Menschen immer ein herausragendes und einschneidendes Ereignis, auch bei einer Spezialeinheit. Professionalität oder amateurhafter Aktionismus einer ganzen Behörde offenbart sich besonders in solchen Fällen. Leider präsentieren sich in den Medien nach Geiselnahmen und Schusswaffengebrauch immer wieder laienhaft agierende Führungskräfte und Pressesprecher.

Welche herausragenden Einsätze sind Ihnen besonders in Erinnerung geblieben?
Die beiden ersten SEK-Einsätze endeten mit dem finalen Rettungsschuss unter Verwendung speziell geeigneter Munition. Es waren dies eine Flugzeugentführung und eine Geiselnahme nach Banküberfall. Als Angehöriger eines Zugriffstrupps bist du auf alles gefasst. Für getötete oder verletzte Geiselnehmer verspürte ich dabei keinerlei Mitleid. Nach besonders kritischen Lagen fällt die extreme Anspannung langsam ab. Man hat es überstanden und gewonnen. Es dauert Stunden, bis der Adrenalinspiegel sich wieder einigermaßen eingependelt hat. Wir nannten das »Nachbrennen«.
Ein Einsatz bei einem Rauschgift-Scheingeschäft verlief tragisch. Einer von uns wurde von einem übernervösen amerikanischen Undercover-Agenten (UCA) angeschossen. Er starb auf dem Operationstisch. Eine psychologische Betreuung gab es nicht. Jeder musste selbst damit fertig werden.
Besonders motiviert waren wir im Kampf gegen die RAF. Wir hoben eine Reihe konspirativer Wohnungen aus. Es war beruhigend zu wissen, dass die Gegenseite auch Fehler machte. Die deutschen Linksterroristen waren in der Regel nicht so tapfer, wie sie sich selbst und ihr vielschichtiger Anhang gerne sahen und heute noch sehen. Wie sie eine ganze Republik durcheinander bringen konnten, ist mir noch heute unverständlich.

Wie sehen Sie die Zukunft der Spezialeinheiten?
Der Mangel an geeigneten Bewerbern und die Regulierungswut von oben für Training und Einsatz werden sich verschärfen. Auch der Glaube an die Technik ist meines Erachtens überzogen. Beim Zugriff sind nach wie vor Entschlossenheit und psychische Stärke gefragt. Dies erreicht man nur durch realistisches Training, das gibt das notwendige Selbstvertrauen, ohne sich gleichzeitig als Einzelner und als Einheit zu überschätzen. Die neuesten Erkenntnisse der Stressforschung, insbesondere über das Verhalten unter lebensbedrohenden Bedingungen, sind eindeutig und weisen den Weg. Die Wiederholung wichtiger Einsatztaktiken ist die Mutter des Erfolges.
Das Leben in einer Spezialeinheit ist, wie es viele junge Bewerber heute glauben, kein »TV-event«. Dort dargestellte, überwiegend unrealistische Abläufe (»Action«) werden – mindestens unterschwellig – als Wirklichkeit wahrgenommen. Ausbilder bestätigen dies immer wieder. Beispielsweise wird der Schusswaffengebrauch als alltägliches und »cooles« Ereignis dargestellt. Filmemacher arbeiten schließlich nach dem Grundsatz: Wirkung v o r Realität! Im Alltag einer Spezialeinheit ist eine andere Einstellung gefragt: Hart trainieren und mit gesundem Selbstvertrauen anstehende Lagen lösen, aber auch auf Rückschläge eingestellt sein. Der Faktor Glück darf nicht überstrapaziert werden, es winkt bekanntlich nur dem Tüchtigen.

Was möchten Sie den Lesern des Buches noch mitteilen?
Die Darstellung der Spezialeinheiten in den Medien als perfekt arbeitende, alle Lagen optimal lösende Institutionen ist gefährlich. Dies kann zur Selbstüberschätzung und in der Öffentlichkeit zu einer unrealistischen Erwartungshaltung führen. Etwas mehr »Respekt« vor dem oft unberechenbaren Gegner täte manchem ganz gut.
Der Leser sollte Polizisten in Spezialeinheiten so nehmen, wie sie sind: Menschen, die für einen besonderen Job vorbereitet wurden – sie sind keine Roboter.
Im Übrigen bin ich der Auffassung, dass das Motto für eine Spezialeinheit nur lauten kann: »The only easy day was yesterday!«, oder auf gut Deutsch: »Der nächste Einsatz ist immer der schwerste«.

Aufgaben

Während die GSG 9 nach ihrer Gründung zunächst überwiegend mit der Terrorismusbekämpfung beauftragt wurde, erhielten die SEK die zusätzliche Aufgabe, gefährliche Gewaltverbrecher dingfest zu machen und Geisellagen zu bereinigen. Daran hat sich bis heute vom Grundsatz her nichts geändert.

Anhand des Aufgabengebietes ist klar, dass neben einer guten Ausrüstung und körperlicher Fitness bestimmte taktische Fertigkeiten eine tragende Rolle spielen. SEK-Beamte müssen auch bei Extremlagen kühlen Kopf bewahren, um handlungsfähig zu bleiben. Nur wenn jeder Einzelne die ihm zugewiesene Aufgabe in eigener Verantwortung gewissenhaft ausführt, kann ein Vertrauensverhältnis entstehen. Gesundheit oder Leben des Kollegen hängen davon ab. SEK-Angehörige müssen eben ständig einen hohen Leistungsstand halten. Zum einen sind gute körperlichen Voraussetzungen erforderlich. Diese werden in Sportprogrammen entwickelt und verbessert. Grundlage ist eine gute allgemeinsportliche Konstitution, insbesondere Kraft, Ausdauer und Geschicklichkeit. Das »Spiel mit dem eigenen Körpergewicht« muss so ausgewogen sein, dass Reserven für die erforderliche Ausrüstung vorhanden sind. Beispielsweise wird des Öfteren verlangt, Hindernisse mit Schutzweste, Helm und der üblichen

Einsatzausrüstung zu überwinden. Und dies lässt sich nur mit einer überdurchschnittlichen Kondition bewerkstelligen. Der Beamte muss längeren Belastungen ausgesetzt werden können, ohne dass seine Einsatzfähigkeit gravierend darunter leidet. Neben den sportlichen Voraussetzungen, müssen taktische Fertigkeiten erprobt, beherrscht und verbessert werden. Szenarien aller Art sind hier vorstellbar, angefangen vom Einschreiten bei Familienstreitigkeiten, über die Festnahme von Gewalttätern bis zur Erstürmung von Räumen. Hier läuft die Ausbildung parallel zur Schießausbildung. Der Beamte muss schnell, zuverlässig und konsequent handeln können. Der Schusswaffengebrauch kann über Leben und Tod entscheiden, nicht nur über das eines Straftäters, auch das eigener Kollegen, der Geiseln und Unbeteiligten. Die Übungen sind daher vielseitig und anspruchsvoll, in der Regel nicht von jedem Streifenbeamten lösbar.

Zugriff des SEK Thüringen auf zwei Täter-Kfz nach Geldübergabe.

SEK Nordbayern beim Sturm auf einen Linienbus. Der Lastwagen fährt auf gleiche Höhe mit dem Bus, mittels Seilzug wird die Plane hochgezogen, der Zugriff kann beginnen.

Angehörige des SEK Nordbayern üben die Sicherungsposition an einem Flugzeug.

Ballistische Schilde aus schusshemmendem Glas (Klasse II) bieten Deckung.

Verzicht auf Schusswaffengebrauch

Für SEK-Beamte ist der Schusswaffengebrauch das letzte Zwangsmittel. In der Regel finden Zugriffe ohne tödlichen Ausgang und meist ohne jeden Waffengebrauch statt. Ein ehemaliger Ausbilder des SEK Frankfurt berichtet:

Wir wurden damals alarmiert, weil sich ein Rentner in seiner Wohnung verbarrikadiert hatte und bewaffnet war. Er war im Besitz einer schussbereiten Waffe. Seine Nachbarn wurden wegen der von ihnen erzeugten Lärmbelästigung – sie drehten ihre HiFi-Anlage fast bis zum Anschlag auf – von ihm angesprochen. Die Nachbarn ignorierten die Bitte jedoch völlig. Darauf ging der etwa 80-jährige zurück in seine Wohnung, holte eine Pistole und klingelte erneut bei den Störenfrieden/Nachbarn. Das Gelächter auf seine Drohung, die Stereoanlage zu zerschießen, quittierte der Rentner mit einem Schuss in die Nachbarwohnung. Wir standen im Treppenhaus und nutzten die Deckung unseres ballistischen Schutzschildes. Mein Partner und ich waren fest zum Schusswaffengebrauch entschlossen, falls der Rentner auf uns schießen würde. Er wurde über Durchsage eines Megaphons aufgefordert, die Wohnung unbewaffnet und mit erhobenen Händen zu verlassen. Als die Tür aufging und der Rentner erneut mit seiner Pistole drohte, nutzten wir sofort eine Unaufmerksamkeit aus. Der Mann senkte die waffenführende Hand, worauf wir uns auf ihn stürzten und ihn überwältigen konnten. Er kam mit einigen blauen Flecken davon. Wir waren ebenfalls froh, dass die Situation so ausging. Der Rentner war grundsätzlich ein friedfertiger Mensch, der, wie sich erst später herausstellte, sein Hörgerät ausgeschaltet hatte. Nach seiner Festnahme erkannten wir, dass es sich bei der Waffe um einen Schreckschussrevolver handelte. Obwohl die Situation den Schusswaffengebrauch gerechtfertigt hätte, entschlossen wir uns zu dem von einem höheren Risiko geprägten Zugriff mit körperlichen Mitteln.

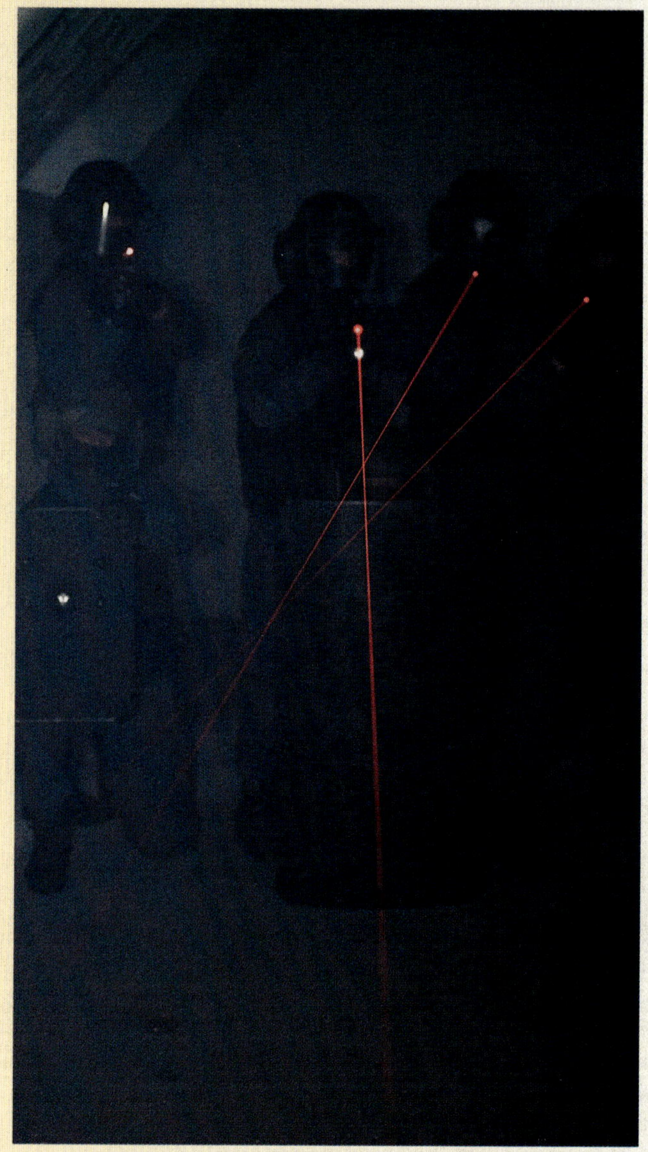

Beamte des SEK Sachsen demonstrieren ihre Laser-Zielhilfen.

Legende und Tarnung

Um ihre wahre Absicht, zum Beispiel die Überwältigung eines Straftäters, zu verschleiern, treten die in ziviler Kleidung eingesetzten Beamten so auf, dass man sie kaum wahrnimmt. Um ihrer Rolle beispielsweise als LKW-Fahrer gerecht werden zu können, ist ein gewisses Maß an schauspielerischem Verhalten Voraussetzung. Andererseits kann es erforderlich sein, dass der Beamte einen Tarnanzug trägt, um von der Gegenseite nicht erkannt zu werden. Häufig halten sich die Beamten an Örtlichkeiten auf, an denen man sie nicht wahrnimmt oder nicht bemerken kann. Aber selbst die beste Tarnung und Legende nützen nichts, wenn dem Beamten die notwendige psychische Stabilität fehlt. Hat er einmal seinen Auftrag erhalten, kann es grundsätzlich kein zurück mehr geben. Dies würde nicht nur den Erfolg gefährden, sondern er könnte zu einem unkalkulierbaren Risiko für seine Kameraden werden.

Razzia in Zivil gegen Rauschgifthändler – auch eine Aufgabe des SEK.

Verdeckt gegen Rauschgifthändler

H.K., mehrfacher Dan-Träger und ehemaliges SEK- und PSG-Mitglied, gibt heute seine reiche Einsatzerfahrung als Ausbilder für Einsatztaktik und Selbstverteidigung weiter. Hier schildert er seinen gefährlichsten Einsatz:

Es war um das Jahr 1980. Wir hatten schon lange einen Marokkaner im Visier, der in großem Umfang mit Drogen (hauptsächlich Heroin) handelte. Mit den üblichen polizeilichen Standardmaßnahmen kamen wir bei ihm zu keinem Erfolg, er war zu gerissen. Wochen vorher hatten wir einen Waffenhändler hochgenommen, indem wir mit einem Straftäter zusammenarbeiteten, der sich einen Bonus vor Gericht erarbeiten wollte. Das wollten wir hier auch versuchen. Aus der U-Haft war ein anderer marokkanischer Straftäter bereit, eine Aussage zu machen und der Justiz zu helfen. Er hat dann den Kontakt hergestellt. Am Karlsplatz haben wir uns getroffen. Der Rauschgift-Verkäufer kam nicht allein, er brachte noch einen »Bodyguard« mit, das ist im Milieu so üblich. Zuerst begrüßte er mich und versuchte mich zu mustern. Durch meine Erfahrungen im Rotlichtbereich kannte ich alle Tricks und es gelang mir, meine wahre Identität zu verschleiern. Trotzdem wollte er es genau wissen und durchsuchte mich nach Waffen etc., fand aber nichts.

Dann bestiegen wir ein Taxi. Der Typ brachte es fertig, den Taxifahrer über eine Stunde durch die Innenstadt zu jagen. Er sagte nur links, rechts, geradeaus, jetzt warten und wenden und den Weg wieder zurück. Er wollte wohl Verfolger (Polizei oder meine »Freunde«) abschütteln. Mich wundert noch heute, dass der Taxifahrer alles mitmachte, er sagte keinen Ton. Dann kamen wir endlich am Zielort an. Es war ein älteres Hotel, in dem fast ausschließlich die Unterwelt verkehrte. Meine VP und sein Bodyguard mussten unten warten, wir sind in den zweiten Stock hoch. Dort musste ich auf dem Gang warten, er ging in ein Zimmer. Mir kam das alles komisch vor. Ich versteckte vorsichtshalber das Geld unter einem Tisch. Ich hatte 3000 DM dabei, das wir privat von den Kollegen sammeln mussten, da das offizielle Vorzeigegeld schon bei einer anderen Einheit war. Ich durfte mir also auf keinen Fall das Geld abnehmen (»abrippen«) lassen. Mir dauerte die Sache nun zu lange und begann an der Tür zu lauschen. Dabei vernahm ich, dass ein Möbelstück verrückt wurde. Dort musste also das Versteck sein.

Dann holte er mich in das Zimmer. Kaum war ich drinnen, zog er den Schlüssel ab und steckte ihn ein. Jetzt sah ich auch, dass wir nicht alleine waren. Drei weitere Männer befanden sich im Raum. Dann sah ich noch etwas, was ich nie vergessen werde: Auf dem Nachttisch lag die neueste Ausgabe der Beck'schen Strafprozessordnung!

Nun wurde verhandelt. Ich bekam 15 Gr Heroin angeboten und ging zum Schein darauf ein. Er machte die Briefchen fertig und zeigte sie mir. Dabei wandte ich den alten TV-Trick an, einen Finger reinstecken und den anderen ablecken. In Erwartung seines Geldes warnte er mich noch vor der Polizei und beschrieb mir genau meine Kollegen, die mit mir unterwegs waren. Seiner Meinung nach waren die sehr schlau und auch gefährlich. Ich beugte mich zum linken Stiefel, um das Rauschgift hineinzustecken, und zog aus dem rechten blitzschnell meine Walther PP, die ich dort mit Gummibändern festgemacht hatte.

Ich gab mich als Polizeibeamter zu erkennen und forderte alle auf, die Hände hoch zu nehmen. Ich konnte nicht alle gleichzeitig im Augenwinkel behalten, da das Zimmer zu groß war. Der Haupttäter kam auf mich zu, ließ die Arme fallen und sagte: »Dieser Rauschgift-Verkauf ist ein Vergehen und kein Verbrechen, Du darfst eh nicht schießen ».

Was sollte ich nun machen? Auf der einen Seite hatte er nicht unrecht, außerdem konnte ich mich auf mein jahrelanges Kampfsporttraining verlassen, ich war gut trainiert und selbstbewusst. Einen Warnschuss konnte ich auch nicht abgebeben, da die Zimmerwände aus dünnem Gips waren, ich wollte keine Unbeteiligten verletzten.

Zusätzlich sah ich, wie die anderen sich langsam in Richtung des Schrankes vorarbeiteten. Später wusste ich auch warum, auf dem Schrank lag eine Machete, ein langes Buschmesser, das wollten sie wohl holen.

Jetzt musste ich handeln. Ich steckte die Waffe in den Hosenbund und versetzte dem Haupttäter, der auf mich zukam, einen geraden Fußstoß. Von der Wucht getroffen, wurde er in den Schrank geschleudert, der mit ihm zusammenbrach. Unter diesem Gerümpel verschwand auch die Machete. Er war noch kampfbereit, deswegen musste er noch eine Ellebogenkombination einstecken. Die anderen griffen gleichzeitig an, einer schaffte es sogar, mich zu umklammern. Mit allen erdenklichen Techniken kämpfte ich nun um meine Gesundheit und um mein Leben. Ich hatte nur Angst, dass einer der Kerle eine Waffe aus der Tasche ziehen könnte. Aber das passierte nicht. Der Kampf dauerte rund vier 4 Minuten. Dann waren sie alle am Boden. Einen, der nicht k.o. war, habe ich mit einem Gardinenseil gefesselt. Die restlichen stellten keine Gefahr mehr da.

Ich rief über Funk die Kollegen. Komischerweise fanden wir den Zimmerschlüssel beim Haupttäter nicht. Auch später tauchte er nicht mehr auf. Bei einem geselligen Abend machten wir dann unsere Witze, ob er ihn vielleicht verschluckt hatte?

Die Kollegen brachen die Tür auf und nahmen die Bande fest. Auch ich bekam Handschellen angelegt und wurde abgeführt, um meine wahre Identität vor den anderen Bewohnern, die nun alle zuschauten, zu verschleiern. Unten gelang mir dann »die Flucht«. Der Prozess fand nur vier Wochen später statt. Dabei stellte sich heraus, dass der Haupttäter Jurastudent war und mehrere Sprachen sprach, also hochintelligent war. Aber das schloss ich schon aus seiner Handlungsweise. Vor der Staatsanwaltschaft versuchten sie nun zu lügen. Vermutlich wollten Sie ihre Ehre im Milieu wiederherstellen, jedenfalls gaben sie an, dass sie ihre nicht zu übersehenden Verletzungen (Kopfverbände, eingegipste Arme) nach der Festnahme von einem »Rollkommando« erhalten hätten. Dies konnte ich aber widerlegen. Der Haupttäter wurde zu sieben Jahren verurteilt, da er auch schon andere Delikte auf dem Kerbholz hatte. In einer Verhandlungspause drohte mir einer der Straftäter Prügel an. Ich blieb gelassen, das war nur Show. Dazu kam es natürlich nie. H. K. (3. Dan) hätte sich seiner Haut schon zu wehren gewusst.

EAV (Eignungsauswahlverfahren)

Nicht immer sind sich SEK-Bewerber über die möglichen Konsequenzen ihres Handelns und ihre Verantwortung von vornherein im Klaren. Um bereits vorher eine mögliche Sondierung zu treffen, werden die Bewerber, die alle Angehörige der jeweiligen Länderpolizeien sind, einem psychologischen Test unterzogen, den es zu bestehen gilt. Hier soll geprüft werden, ob der Bewerber grundsätzlich geeignet erscheint. Neben dem psychologischen Test, bei dem bestimmte mentale Fähigkeiten und das kognitive Leistungspotential überprüft

Einsatztrupp des SEK Sachsen in der Annäherungsphase.

werden, muss sich jeder Bewerber noch einem sportlichen Test unterziehen. Hier werden Kondition, Kraft und Geschicklichkeit getestet, die Grundlage eines jeden SEK-Beamten sein müssen. In der Ausbildungszeit gilt es, dies zu verbessern und später auf hohem Niveau zu halten. Es gibt keine offiziell geforderte Leistungen, jedoch bestimmte Richtwerte, die sich von Einheit zu Einheit unterscheiden können:

10	Klimmzüge
10	Mal hintereinander 75% des eigenen Körpergewichtes beim Bankdrücken stemmen
50	Mal Aufrichten aus der Rückenlage (»Sit-ups«)
25	Kniebeugen (»Dips«)
3000 m	in höchstens 12 Minuten
800 m	in höchstens 2 Minuten 20 Sekunden

Das SEK Bremen demonstriert Phasen der Annäherung an ein Haus.

SEK-Angehörige müssen möglichst vielseitig sein, da jeder kurzfristig für eine beliebige Aufgabe eingesetzt werden kann. Bei einer *ad hoc*-Lage ergibt sich nur selten die Gelegenheit, dem Spezialisten die auf ihn zugeschnittene, optimale Aufgabe zuzuordnen. Daher wird von jedem ein Mindestmass an Können in den wichtigsten taktischen Bereichen verlangt.

Die rechtliche Seite

Die Polizei ist für die innere Sicherheit zuständig, sie hat diese aufrecht zu erhalten oder wieder herzustellen. Außerdem sind polizeiliche Aufgaben in Deutschland Ländersache. Nur in wenigen Ausnahmefällen hat der Bund das Recht, hier direkt einzugreifen. Die Polizei ist verpflichtet, unter rechtsstaatlichen Bestimmungen zu handeln. Das Handeln der Polizei kann durch die Gerichte jederzeit kontrolliert werden. Für SEK gibt es keinerlei Sondergesetze geschweige denn rechtliche Freiräume, sie sind an die geltenden Polizeigesetze gebunden. Bei bestimmten militärischen Sonderverbänden, wie z.B. dem britischen SAS, liegen die Dinge anders; sie haben in bestimmten Fällen andere Möglichkeiten. SEK-Beamte sind auch keine Spezialisten für den militärischen Häuserkampf; sie sind aber Fachleute für das überraschende Eindringen in Wohnungen bzw. Gebäude.

Ein SEK-Abseil-Einsatz

»Verschwindet, oder ich lasse das Kind fallen!« schreit der Mann, der auf dem Balkon im fünften Stock eines Hauses in Berlin steht. Den Schaulustigen auf der Straße stockt der Atem, als der Exil-Russe seine einjährige Tochter über die Balkonbrüstung hält. Kurz darauf tritt er mit dem Kind einen Moment zurück in sein Wohnzimmer. J.T. war an der Lösung des fünfstündigen Dramas unmittelbar beteiligt:

»Der Mann fühlte sich wohl politisch unverstanden und glaubte, seine Forderungen durch Gewalt durchsetzten zu können. Erst zerschlug er das gesamte Mobiliar seiner Wohnung und verbarrikadierte dann seine Wohnungstür mit den Trümmern. Uns war klar, dass wir mit Worten alleine nichts ausrichten konnten. Die Zeit lief klar gegen uns. Der Russe wurde immer unberechenbarer. Über allem stand das Schicksal des bedrohten Kindes, seine unverletzte Rettung war der Mittelpunkt aller Überlegungen.

Vor der verbarrikadierten Wohnungstür des Täters stand ein Beamter der Verhandlungsgruppe. Der Kollege redete ständig beruhigend auf den Täter ein und appellierte an seine Vernunft. Doch alles war vergeblich.

In dieser Situation wurde auch an einen finalen Rettungsschuss durch die Präzisionsschützen gedacht, die im gegenüberliegenden Haus Stellung bezogen hatten.

Auch ein Abseilen auf den Balkon des Täters wurde in Erwägung gezogen. Mit dem herkömmlichen Gerät hätte es aber zu lange gedauert, sich daraus zu lösen und einzugreifen. Der Überraschungseffekt wäre vertan.

Ein schnelles Abseilen vom sechsten in den fünften Stock war uns nur möglich, wenn auf die üblichen Hilfsmittel verzichtet und eine so genannte Beinschlaufe benutzt wurde. Das war keine leichte Entscheidung, da jede Sicherheit außer Acht gelassen werden musste, denn bei dieser Methode gab es weder Fang- noch Sicherheitsleinen. Eine einzige Unachtsamkeit hätte hierbei unweigerlich zu einem Absturz aus etwa 18 Metern Höhe geführt. Doch ein Kollege und ich waren bereit, dieses Risiko auf uns zu nehmen. Wir waren beide schwindelfrei und die mögliche Rettung des Kindes wog unsere Angst auf. Wir bereiteten nun ein dickes Seil mit Schlaufen vor. Das Seil wurde am Balkongitter befestigt und durch einen Kollegen geführt. Mit Fernglas und Funkgerät wurde vom gegenüberliegenden Haus der Zeitpunkt des gleichzeitigen Handelns bestimmt. Von Geräuschen an der Tür abgelenkt, verließ der Mann mit dem Kind den Balkon. Genau das war unsere Chance. Schnell sprangen wir ins Seil und schon waren wir einen Stock tiefer. Dort überwanden wir das Balkongitter und stürzten uns auf den völlig überraschten Täter. Zur gleichen Zeit drangen meine Teamkollegen gewaltsam durch die Eingangstür der Wohnung ein und evakuierten das Kind. Der Vater konnte erst nach heftiger Gegenwehr überwältigt werden.«

Die Frau des Täters gab später zu Protokoll, dass er seine furchtbare Drohung, das Kind aus dem Fenster zu werfen, sicher wahr gemacht hätte.

Zulagen und dienstliche Vorteile

Hartnäckig hält sich das Gerücht, SEK-Angehörige seien finanziell besser gestellt als andere Polizeibeamte. Sie erhalten eine so genannte Gefahrenzulage, die aber niedriger ist als die Zulage für den Schichtdienst. Der Dienstbetrieb bei einem SEK bringt eher Nach- als Vorteile mit sich – ob es sich nun um den Tagesdienst an sich handelt, um Zusatzdienste am Wochenende, Bereitschaftsdienste usw. Ein SEK-Beamter hat nach dem Ausscheiden ebenso wenig, wie andere Polizeibeamte, die sich spezialisiert haben, einen Anspruch auf eine bestimmte »Wunschdienststelle«. Worin liegt also der Reiz, sich zum SEK zu melden und dort Dienst zu tun? Begründet werden kann dies nur mit Idealismus.

Unterstellung

Die SEK sind den unterschiedlichsten Polizeibehörden angegliedert. Es kann sich dabei um die Bereitschafts-, die Schutz- oder die Kriminalpolizei handeln. Manche SEK sind dem Innenministerium des jeweiligen Bundeslandes bzw. der obersten Landespolizeibehörde direkt unterstellt.

Einige SEK legen ganz besonderen Wert auf Aus- und Fortbildung, eine hervorragende Ausrüstung und versehen überwiegend Bereitschaftsdienste. Andere sehen den Vorteil mehr in der praxisorientierten Tätigkeit; hierbei kann es sich um Abordnungen zu anderen Dienststellen, eine Integration in den Schichtdienst oder um Wechseldienst von Fortbildung und Einsätzen handeln. Meist wird eine Aus- und Fortbildung gekoppelt mit der praktischen Tätigkeit im Einzeldienst der Polizei. Hinzu kommen Einsatzanforderungen von anderen Dienststellen, welche die Festnahme von einem oder mehreren gefährlichen Tätern nicht selbst durchführen können oder nicht über die technischen Mittel verfügen.

Interne Zusammenarbeit

Der internen Zusammenarbeit messen die SEK große Bedeutung bei, allein schon aus Gründen der gegenseitigen

Einsatzboot des SEK Niedersachsen.

Anfahrt zum Notzugriff auf ein Schiff.

Enter auf!

Unterstützung. Bei langen Einsätzen mit hohem Personalaufwand stößt ein SEK schon Mal an seine Grenzen und ist auf die Unterstützung anderer SEK angewiesen. Ein klassisches Beispiel war im Juli 1994 die Gefängnismeuterei in Kassel. Nachdem die Beamten des SEK Hessen den psychischen und physischen Belastungen länger als zwölf Stunden standgehalten hatten, trafen zur Ablösung Einsatztrupps der GSG 9 ein, um den Auftrag zu übernehmen.

Beamter des SEK Schleswig-Holstein vor dem Wappen der Einheit.

Auch das SEK Mecklenburg-Vorpommern verfügt über maritime Einsatzmittel.

Präzisionsschützen-kommandos (PSK)

Zusätzlich zu den SEK, teilweise schon vorher, wurden die *Präzisionsschützenkommandos (PSK)* aufgestellt. Einige Innenministerien der Länder integrierten sie von Anfang an in die SEK, andere stellten sie parallel dazu auf oder gründeten sogar eigene, unabhängige Dienststellen. Ende der 70er-Jahre wurde z.B. in Wiesbaden ein Präzisionsschützenkommando aufgestellt, da im hessischen Innenministerium die Meinung vorherrschte, dass in der Landeshauptstadt eine solche Gruppe benötigt würde. Der heutige Polizeihauptkommissar H.R., ein Gründungsmitglied, erinnert sich:

1971 bin ich in die hessische Polizei eingetreten, da ich einen Beruf suchte, der Körper und Geist gleichermaßen förderte. 1978 wurde ich dann in meiner dienstfreien Zeit Zuhause angerufen. Ich sollte mich bei den Schießausbildern in Wiesbaden melden, da es eine neue und interessante Tätigkeit gäbe. Nach dem Gespräch wusste ich, worum es ging: Vermutlich um die aufkeimenden terroristischen Gewalttätigkeiten einzudämmen, sollte in Wiesbaden ein PSK aufgestellt werden. Die Schießausbilder hatten wohl die Listen mit den Ergebnissen durchgesehen und die erfolgreichsten Schützen angesprochen. Unter uns wurde dann nochmals ein Schießen veranstaltet, die erfolgreichsten Schützen (ca. 7) und ich begannen dann im November 1978 die Ausbildung. Diese dauerte sechs Wochen und wurde in Wiesbaden durchgeführt. Ausbildungsleiter war der bekannte Trainer Hafemeyer, der in seiner Freizeit im Schützenverein als Trainer aktiv war und viele erfolgreiche Schützen, bis hin zum Weltmeister, ausgebildet hat. Er legte viel Wert auf die Grundtechniken und die Sicherheit im Umgang mit der Waffe.

Wir hatten zwei Trupps. Sie setzten sich aus je drei Schützen und einem Beobachter zusammen. Unsere Bewaffnung bestand aus ausgesuchten Heckler & Koch MP 5 und G3 mit Zielfernrohr. Für den Nahkampf und die Eigensicherung hatten wir noch die Walther P1.

Gegen Ende der Ausbildung hatten wir unsere Schießleistung erheblich verbessert. Kleine Ziele, etwa in Größe einer Streichholzschachtel oder Abklebemarke, auf 100 Meter sicher zu treffen, stellten kein Problem mehr dar. Da dies auch in etwa die Entfernung war, auf die wir maximal eingesetzt werden sollten, waren auch unsere Vorgesetzten mit uns zufrieden. Die Ausbildung bewerteten wir alle als sehr gut, jedoch muss ich im Nachhinein sagen, dass die psychologische Seite viel zu kurz kam. Nie wurde ein eventueller Einsatz und vor allem die gezielte Tötung eines Menschen besprochen. Später habe ich dann erfahren, dass aus diesem Grund ein anderer Polizist aus Wiesbaden, er war Deutscher Meister im Gewehrschießen, die Aufnahme in die Gruppe verweigerte.

Ich wusste aus meiner Dienstzeit beim 6. Polizeirevier wie Tote aussehen. Ich erinnere mich besonders an die Selbstmörder, die den Freitod auf den Eisenbahnschienen suchten. Diese Bilder habe ich immer noch im Hinterkopf. Diejenigen, die sich auf die Schienen legten, wurden in der Regel zerquetscht. Es gab aber auch andere, die sich vor den Zug stellten. Sie wurden zerfetzt und wir mussten die Leichenteile dann auf einer Strecke von ca. 200 Meter einsammeln.

Am Ende der Ausbildung sind wir dann alle zu unseren Stammdienststellen zurückgekehrt. Die Einheit sollte im Bedarfsfall zusammen gezogen werden. Dies ist aber nur zum weiteren Training geschehen. Zum Einsatz kamen wir nie. In den 80er-Jahren wurde die Einheit aufgelöst. Unser Einsatzgebiet haben wir an die Präzisionsschützen, die im SEK Frankfurt/Main Dienst versehen, übergeben.

PSK Berlin

Das PSK Berlin ist das einzige reine Präzisionsschützenkommando in Deutschland, vermutlich sogar in Europa, geblieben. Während in den späten 70er-Jahren allerorten die PSK in die SEK integriert wurden, hielt die Berliner Polizei an einem eigenständigen PSK fest. Der derzeitige Leiter erklärte sich bereit, nachfolgend einige grundlegenden Fragen zu beantworten. K.G. ist seit Mitte der 70er-Jahre Polizist und seit 1986 beim PSK tätig. Er war Schütze, dann Trupp- oder Teamführer und seit 1999 Einheitsführer.

Bei Staatsbesuchen beziehen PSK offen Stellung, um präventiv zu wirken und um im Anschlagsfall sofort handeln zu können. Die Aufnahme zeigt Angehörige des PSK Berlin mit ihren SIG SG 550-SWAT vor dem Brandenburger Tor.

Logo des PSK Berlin.

Erinnern Sie sich an die Aufbauphase des Berliner PSK?
Am 17.11.1972 hatten 18 von 212 Polizisten die Einstellungstest erfolgreich absolviert. Noch Anfang Dezember 1972 konnte mit dem Training begonnen werden. Dabei stellte sich schnell heraus, dass das Berliner Polizeigewehr (G3, Kaliber 7,62 x 51 mm) keine Präzisionswaffe war. Die französische Schutzmacht verlieh einige ihrer Gewehre (Mehrlade-Scharfschützengewehr FR F1, Kaliber 7,5 x 54 mm) und es konnte weiter trainiert werden. Gleichzeitig wurde Marktschau betrieben und nach langen Überlegungen das Steyr SSG 69 (Kaliber .308) gekauft. Im Laufe der Zeit erhöhte sich die Einsatzstärke von 18 auf 43 Beamte. Aber erst zum 2.1.1978 wurde das PSK Berlin eine eigene Dienststelle, vorher wurden die Beamten regelmäßig von ihren Stammdienststellen zusammengezogen. Dies führte auf beiden Seiten immer wieder zu »Verdrückungen«. Die Leiter der originären Dienststellen wollten die Kollegen nicht zum Training schicken, weil andere sonst deren Dienste übernehmen mussten und die Schützen fühlten sich in ihrem großen Engagement nicht bestärkt.

Wie stellt sich die Personalsituation heute dar?
Wir haben eine Sollstärke von 42 Beamten (Leiter PSK, Teamführer, vier Gruppen zu je zehn Beamten). Die aktuelle Iststärke beträgt 29 Beamte (Leiter PSK, Teamführer, zwei Gruppen). Wir haben Nachwuchssorgen wie in fast allen Spezialeinheiten weltweit. Vor allem die Verwendungszeit von 27 bis 40 Jahren für Einsatzbeamte bereitet uns Probleme, aber auch die Anschlussverwendung.

Wie läuft der Dienst ab?
Wir machen hier bedarfsorientierten Dienst, was nichts anders heißt, als dass wir ohne Zustimmung des Personalrates Überstunden und Dienstzeitverlagerungen anordnen können. Die Dienstinhalte sind zu 25% Training und zu 75% Einsätze. Bei den Einsätze werden wir zu spezifischen Lagen (Geiselnahmen und Staatsbesuchen), Unterstützung anderer Dienststellen (Rauschgift, etc.), zur Personenfahndung und neuerdings auch zu Observationen herangezogen.

Wie gestaltet sich das PSK-Training?
Im Vordergrund steht natürlich das Schießen mit allen Waffen. Außerdem noch Sport, Tarnen, Erkennen von Situationen und Gefahrenlagen, Sicherheitsfahrtraining, Observationslehrgänge, aber auch Grundkenntnisse des SEK.

Welche Anforderungen muss ein PSK-Mann im Schießen erfüllen?
Wir haben keine festen Standards. Die Truppführer sehen beim Trainingsschießen die Ergebnisse und können bei eventuellen Schwächen sofort Maßnahmen ergreifen. Dies ist allerdings noch nie vorgekommen.

Die Treffergenauigkeit ist wesentlicher Bestandteil. Bei Vorführungen schießen wir aus 100 Meter Entfernung auf Hülsen im Kaliber .308 und auf brennende Haushaltskerzen, wobei wir den Docht bzw. die Flamme treffen wollen.

Wieso trennt die Berliner Polizei SEK und PSK?
Wir hatten von Anfang an ein eigenständiges PSK, jedoch in einer Inspektion mit dem SEK. Alle waren in einem Haus untergebracht, so dass die Nähe immer vorhanden war. Die Einsätze und das Training werden oft gemeinsam ausgeführt. Um die bestehende Qualität zu halten, haben wir uns jedoch für ein eigenständiges PSK ausgesprochen. Unsere Ansicht ist: »Je mehr Aufgaben ein Spezialist bekommt, um so größer wird die Wahrscheinlichkeit, dass er nicht mehr das Optimum leisten kann.«

Ich möchte hier nicht falsch verstanden werden und auf keinen Fall behaupten, das PSK Berlin hätte deshalb die besten Schützen. Aber sie können sich auf den PS-Part konzentrieren und trauern nicht dem direkten Zugriff am Täter nach.

Welche Waffen führt das PSK?
Das SSG 69 wird teilweise immer noch verwendet, obwohl es nun bald 30 Jahre alt ist. Ab 1984 wurde das PSG 1 von Heckler & Koch eingeführt. Wir haben noch das SIG-Sturmgewehr und die MP 5 in allen Variationen. Für spezielle Einsätze können wir noch auf schallgedämpfte Präzisionsgewehre zurückgreifen sowie auf weitere Waffen, die aber der Geheimhaltung unterliegen. Wir betreiben auch ständig Marktschau, um auf dem neuesten Stand zu bleiben.

Schildern Sie Ihre wichtigsten Einsätze.
Deren gab es viele. Einen Fall möchte ich exemplarisch erzählen, der einen Schusswaffengebrauch in Erwägung hätte ziehen können. Am Montag, den 26. Oktober 1998, nahm der Algerier Messaoud C. einen dreijährigen Berliner Jungen als Geisel. Er hatte diesen willkürlich aus dem Fußgängerstrom des U-Bahnhofes Kottbusser Tor seiner Mutter entrissen. In den folgenden sechs Stunden erweckte C. durch seine

Über den Dächern von Berlin.

Forderungen den Eindruck, dass er der algerisch-islamischen Heilsfront zumindest nahe steht. Die Verhandlungen gestalteten sich auch für die Dolmetscher äußerst schwierig, da der Geiselnehmer glaubte, stark religiös zu sein und sich auch so gebärdete. Erst als ein weiterer Dolmetscher diesen Umstand erkannte, konnten erste Gespräche mit ihm geführt werden. Die Beamten des SEK nutzten jede Möglichkeit, sich dem Algerier C. zu nähern, jedoch war kein direkter Zugriff möglich, da er dem kleinen Kind ständig ein ca. 30 cm langes Messer an den Hals hielt. Die Befreiung des Kindes durch einen gezielten Schusswaffengebrauch des ebenfalls eingesetzten PSK war nicht mehr auszuschließen. Durch eine zündende Idee der Verhandlungsgruppe konnte jedoch die Situation wieder stabilisiert werden. Gleichzeitig hatte ein einzelner Beamter den gewünschten Abstand von einem Meter gewonnen. Einem erfahrenen Nahkämpfer ist auf dieser Distanz ein ansatzloser Angriff möglich, der kaum noch abzuwehren ist. So auch in diesem Fall. Ein weiterer Truppkamerad unterstützte ihn, der Junge blieb nahezu unverletzt.

Worin besteht die rechtliche Absicherung im Einsatzfall?

In Berlin ist der »finale Rettungsschuss« nicht im Polizeigesetz verankert. Auch die Einschränkung des Lebens ist dort nicht zitiert. Kurzum, die Beamten schießen nach dem Jedermannsrecht §32 StGB (Notwehr/Nothilfe). Trotzdem werden die Justizsenatoren und andere Politiker nicht müde zu versichern, dass die Beamten, obwohl sie das Jedermannsrecht in Anspruch nehmen, trotzdem hoheitlich tätig werden und somit den Schutz des Staates genießen, sofern sie nicht grob fahrlässig handeln. Die Beamten hätten natürlich gerne eine gesetzliche Verankerung. Deren Nichtvorhandensein ist auch angesichts der Tatsache nur schwer zu verstehen, dass selbst geringste Ordnungswidrigkeiten genauestens geregelt sind, aber dieser schwerste Eingriff nicht.

Mobile Einsatzkommandos (MEK)

Das MEK Frankfurt/M. bei der Festnahme von Tätern aus dem Bereich der organisierten Kriminalität, 1981. Man beachte den Smith & Wesson-Vierzöller im Kaliber .357 Magnum im Holster des MEK-Mannes rechts. Die damals verwendete Art des Holsters wird heute nicht mehr getragen.

Die *Mobilen Einsatzkommandos* gehören zu jenen polizeilichen Einheiten, die das Licht der Öffentlichkeit am meisten scheuen. Nicht, dass sie niemals in der Öffentlichkeit auftreten, das Gegenteil ist der Fall, sie suchen die Öffentlichkeit – täglich. Sie werden nur nicht wahrgenommen. Daher verweigern MEK normalerweise jeglichen Medienkontakt. Der Grund liegt auf der Hand. MEK-Männer verrichten eine gefährliche Arbeit, bei der sie sich häufig unerkannt in nächster Nähe gefährlicher Gewaltverbrecher bewegen. Ihre Aufgabe besteht in der Ermittlung von Sachverhalten und der Observation. Um nicht zu *verbrennen,* wie es in ihrem Jargon heißt, werden sie zu den Meistern der Tarnung. Sie legen sich perfekte Legenden zu, so dass sie für ihr Gegenüber undurchschaubar bleiben. Freilich gibt es deutliche Unterschiede zu so genannten *verdeckten Ermittlern (VE),* den amerikanischen *UCA (Under Cover Agents),* jedoch bewegen sie sich in einem Milieu, das sich gegen die Polizei generell abschottet. Dieses Klientel ist äußerst skeptisch, empfindsam und sehr sensibel. Auf Grund ihrer kriminellen Erfahrungen »riechen« mache von ihnen förmlich einen Polizeibeamten. Damit nun ein Erfolg der Maßnahme oder gar Gesundheit bzw. Leben eines in diesem Bereich eingesetzten Polizeibeamten in keinster Weise gefährdet wird, verzichten diese Dienststellen auf jegliche Außenwirkung. Selbst bei Zugriffen üben MEK äußerste Zurückhaltung, um weiterhin in der Szene wirken zu können. In der Vergangenheit versuchten Rechtsanwälte mehrfach, das Prinzip der »Unmittelbarkeit vor Gericht« anzuwenden, so dass auch MEK-Beamte gezwungen wurden, persönlich vor Gericht zu erscheinen. Ihre Legendenbildung wurde damit enttarnt und in Folge ganze MEK-Teams lahmgelegt. Allerdings reagierten auch die Beamten darauf, indem sie ihr Aussehen veränderten. Verschiedene – aber längst nicht alle – Richter erkannten das Dilemma und ließen die MEK-Beamten hinter einer Papierwand oder unter Ausschluss der Öffentlichkeit aussagen.

Um die Gefahr eines »Verbrennens« schon im Vorfeld zu verringern, war ursprünglich geplant, MEK ausschließlich zu Observationen heranzuziehen. Festnahmen sollten nur im absoluten Notfall vorgenommen werden, etwa bei der unmittelbaren Gefährdung von Menschenleben, bei Gefahr des Untertauchens oder bei Straftätern, deren Festnahme durch eine andere Einheit nicht möglich war. Das MEK sollte observieren und dem SEK den Zugriff überlassen. Dieses noble Ansinnen funktionierte in der Theorie zwar reibungslos, brachte aber in der Praxis umso größere organisatorische Schwierigkeiten mit sich. Man hätte »fremde« Zugriffseinheiten über mehrere Stunden oder Tage in Bereitschaft legen müssen, um dann im richtigen Augenblick *ad hoc* zuschlagen zu können. Dieses organisatorische, taktische und logistische Problem wurde durch die Eigenständigkeit der MEK aus der Welt geschafft. Die MEK entschieden fortan selbst, ob sie Festnahmen in eigener Regie durchführen oder einem SEK überlassen wollten. Im letzteren Fall entschied – oder entscheidet – das SEK über den weiteren Ablauf, wobei es sich selbstverständlich auf die Informationen der observierenden Kollegen stützt.

Abzeichen des Mobilen Einsatzkommandos des Bundeskriminalamtes (MEK/BKA).

Oftmals verfügen MEK über eigene Zugriffstrupps aus jüngeren Beamten, die auch eine entsprechende Körperschutzausstattung erhalten. Im Bedarfsfalle werden sie an die Täter herangeführt. Das MEK des Bundeskriminalamtes (BKA) übt beispielsweise auch Zugangssprengungen, um Beamte, die sich in Gefahr befinden, unterstützen oder befreien zu können.

Ein erfahrener MEK-Mann zum Thema Festnahme:
»Es ist ein Grundsatz, dass der Observant nur im Notfall selber eine Festnahme durchführen soll. Er muss seine Legende behalten. Außerdem ist er auch oftmals alleine oder unbewaffnet. In Einzelfällen haben wir uns auch schon mit den Drecksäcken zusammen verhaften lassen und wurden erst später wieder, meist unter großem Gelächter der lieben Kameraden, in der JVA freigelassen. Meine Kollegen im europäischen Ausland gehen dabei noch viel weiter. Oftmals ist das nur der Einstieg. Jetzt haben sie die nötige Glaubwürdigkeit und gelten als anerkannt. Eine der größten Aktionen gegen das organisierte Verbrechen wurde so in den Vereinigten Staaten ausgeführt. Auf ähnliche Weise wurde ein Bundesagent an die Rockergruppe Hell's Angels herangeführt. Er konnte bis in die Führungsgruppe vordringen und belegte, was seit Jahren vermutet wurde. Nur so konnte vor Gericht bewiesen werden, dass die Rockergang als Drogenkuriere für italienische Verbrechersyndikate fungierte, Schutzgeld erpresste, mit Waffen handelte und Morde beging.«

Im Allgemeinen hat das Training der MEK-Beamten andere Schwerpunkte als beim SEK. MEK-spezifische Aufgaben, wie Observation, Fahr- und Sicherheitstraining (mit Pkw) oder technischer Einsatz der zur Verfügung stehenden Mittel, stehen im Vordergrund. Selbstverständlich übt man beim MEK

Ein hessischer MEK-Beamter in »kleiner« Zugriffsausrüstung.

auch die verschiedenen Zugriffstechniken. Insbesondere dem Notzugriff kommt eine erhöhte Bedeutung zu, wenn beispielsweise sich Kollegen in akuter Gefahr befinden. In solchen Fällen kann auch ein MEK nicht länger auf das SEK warten. MEK-Beamte müssen freilich nicht unbedingt so durchtrainiert sein wie die Kameraden der SEK. Auch die Altersgrenze liegt meist höher als die 45 Jahre bei den SEK. Durchaus ein Vorteil, denn ältere Kollegen sind meist erfahrener als jüngere und fallen weniger auf.

Zum Einmaleins eines MEK-Beamten gehört auch die Kunst, durch eine Legendenbildung seine wahren Absichten zu verbergen, denn dadurch wird Erfolg oder Misserfolg bestimmt. Viele Straftäter unterhalten so Kontakt zu Polizeibeamten, ohne zu wissen, mit wem sie es in Wahrheit zu tun haben. Später wundern sich nicht nur darüber, wie schnell sie festgenommen wurden, sondern auch, dass die Polizei aus heiterem Himmel kam.

MEK sind zwar keine reinen Observationseinheiten, doch Beschattungs- und Beobachtungsaufgaben stehen eindeutig im Vordergrund. Der technische Fortschritt erleichtert ihre Arbeit zunehmend, allerdings werden in bestimmten Bereichen auch immer mehr Menschen gebraucht. So muss das Gerät zur Observation so angebracht werden, dass es dem Straftäter nicht auffällt, er erst gar nicht vermuten kann, wo es sich befindet. Die technischen Möglichkeiten der MEK können hier – selbst ansatzweise – nicht veröffentlicht werden. Die meisten MEK verfügen über eigene Techniker, von denen nicht nur Improvisationstalent und Ideenreichtum verlangt wird, sondern auch die Fähigkeit, sich in Straftäter hineinversetzen zu können. Dazu ein »alter Hase«:

»Im Bereich Technik haben wir so manches. Wir haben schon mit Parabolspiegeln Gespräche auf bis zu 1500 Meter mitgehört, wir haben Drogenübergaben auf bis zu 500 Meter beweisgesichert fotografiert und im Nahbereich unmittelbar vor dem Täter gefilmt. Ab und zu waren wir so nahe dran, dass wir seinen Atem auf dem Videoband als Geräusch aufgenommen hatten. Ein Fall ist mir besonders in Erinnerung geblieben:

Eine der ersten Ortungswanzen, die einen ständigen Standpunkt des Objektes vermitteln, haben wir unter dem Mercedes eines stadtbekannten Verbrechers befestigt. Damals, in »grauer Vorzeit«, hatten wir noch keine eigenen und liehen uns eine vom LKA. Nur über sehr gute Beziehungen und viel Papierkram kamen wir an das Gerät ran. Nach einigen Tagen der Observation merkten wir, dass etwas nicht stimmte. Der Kerl hatte die Wanze entweder entdeckt oder sie war bei einer Routineinspektion aufgefallen, jedenfalls wurde sie von einer Fachwerkstatt abmontiert. Was sollten wir jetzt sagen oder machen? Da kam einem Kollege eine gute Idee. Mit seinem Talent hätte er glatt Schauspieler werden können. Wir zogen uns Uniformen der Post an und klingelten an der Wohnung des Übeltäters: »Guten Tag, wir sind

Abzeichen des MEK Mecklenburg-Vorpommern.

Zugriffsübung des MEK Mecklenburg-Vorpommern.

Der Täter wird mittels Armstreckhebel aus dem Pkw befördert.

von der Post. Sie standen im Verdacht, Ihr Autoradio nicht angemeldet zu haben. Das mussten wir technisch überprüfen. Bitte geben Sie unser Gerät heraus.« Und er tat es, ohne mit der Wimper zu zucken.«

Ein holländischer Kriminalist, der bei einer niederländischen Observationseinheit (ähnlich den deutschen MEK) Dienst versieht:

»Im Bereich Technik sind wir gut ausgerüstet. Ich wundere mich immer wieder, was gerade mit der Ortungstechnik möglich ist. Mit einer normalen Glocke (umringende Position) ist auf größeren Fahrstrecken nichts zu machen. Unsere Gegenüber merken das schnell, die haben sogar eigene Strategien, um den polizeilichen Erfolg zu vermeiden. Sogar eine Art Buch gibt es darüber. Mit der Ortung sieht das aber anders aus. Wir können im weiten Abstand fahren und auch abwechseln, die merken dabei nie was. Dazu nutzen wir die Peiltechnik. Wir heften einfach einen Sender unter das Fahrzeug, so können wir immer den Standort lokalisieren. Allerdings ist die dazu benötigte Technik, die ein Auswerten der Peilung erfordert, schwer zu bedienen. Auf einer Art Radarbildschirm wird nur die grobe Richtung angezeigt, der Rest ist Erfahrungssache. Mit GPS geht das viel besser. Allerdings muss die Wanze ausgerichtet werden, was mitunter Zeit kostet und nicht immer möglich ist. Dafür haben wir dann aber eine genaue Karte im Bildschirm, auf der wir sogar Straßennamen ablesen können.«

Die MEK sind der Kriminalpolizei angegliedert. Sie haben in der Regel keine feste Einteilung in bestimmte Trupps, wie es bei den SEK üblich ist. Die Beamten fungieren je nach Anlass und Zweck. Sie treten einzeln oder mit mehreren Kollegen auf, je nach dem, wie es ihr Auftrag erfordert.

Schon vor vielen Jahren »Meister der Tarnung«: Beamte des LFK-Hamburg als Angehörige der Autobahnmeisterei.

Observationen können von den unmöglichsten Standpunkten aus durchgeführt werden. Die sich aus einer Observation ergebende Komplexität fordert und bindet in der Regel starke Kräfte. Der Observationsleiter kennt nicht immer das Ziel der Person, die es zu beobachten gilt. Man ist aus diesem Grund gezwungen, sich den Reisewegen und Zielen mit den entsprechenden Verkehrsmitteln der Zielperson anzupassen. Vom Prinzip wird hierbei zwischen Fuß- und Fahrobservation unterschieden. Beide Observationsmöglichkeiten werden in Spezialseminaren erlernt und verbessert.

Die Fahrobservation erfordert die obligatorische Teilnahme am Fahr- und Sicherheitstraining. Sehr häufig sind die Gefahren im Straßenverkehr erheblich größer als bei der Observation selbst. In prekären Situationen, insbesondere beim schnellen Fahren auf Autobahnen oder anderen »Schnellstrecken«, verschafft das Fahr- und Sicherheitstraining die notwendige Flexibilität. Manche MEK können sogar auf Flugzeuge der Feuerwehr und Privatpersonen zurückgreifen, die von MEK-Beamten mit Fluglizenz geflogen werden.

Die Ausrüstung mit und die Ausbildung an Schusswaffen ist nicht so umfangreich wie bei den SEK. Manchmal müssen MEK-Beamte sogar vollständig auf Bewaffnung verzichten, um nicht aufzufallen (z.B. im Schwimmbad). Der Beamte B.: *»Dies stellt aber immer ein Risiko dar. Kollegen sollten bereitstehen, um im Notfall zu unterstützen.«*

MEK werden bei Erpressung, Geiselnahme, Entführungen, Geld- oder Rauschgiftübergabe, Observation von gefährlichen Gewaltverbrechern oder Straftätern mit komplexem Personenkreis eingesetzt. Sehr häufig werden sie auch zu Strafverfolgungen im Bereich der organisierten Kriminalität herangezogen.

Teilweise dauern Observationen Tage und Wochen. Selbst bei schlechter Sicht und nach Stunden des Wartens darf die Konzentration nicht nachlassen, da sonst der Erfolg gefährdet ist. Ein MEK-Beamter, der später einer der ersten deutschen *VE (Verdeckte Ermittler)* wurde, plaudert aus der Schule:

»Wir bekamen einen Tipp auf ein Waffenlager. In einem Futtersilo bei einem einsamen Bauernhof hatten RAF-Sympathisanten Waffen und Sprengstoff versteckt. Es war die heiße Terroristenphase Anfang der 70er-Jahre. Ulrike Meinhof, wie habe ich die gehasst, formulierte die Ideologie: »Alle Bullen sind Schweine. Es ist falsch, überhaupt mit diesen Leuten zu reden, natürlich kann auf die geschossen werden.«

Tagelang, ich glaube es waren Wochen, haben wir aus ca. 350 Meter Entfernung aus dem Bauernhof heraus das Silo observiert. Es war stinklangweilig. Gott sei Dank waren die Bauersleute sehr freundlich, wir wurden bestens verpflegt und versorgt. Nach – ich glaube es waren 14 – Tagen des Wartens (immer in zwei Schichten, schlafen und observieren), nahm ich mir einen Tag frei, um auf eine Hochzeit zu fahren. Da kamen die Kerle, wollten die Waffen abholen und wurden von meinem Kollegen festgenommen. Obwohl das polizeiliche Ziel erreicht war, war ich – gelinde gesagt – dennoch etwas unzufrieden.«

Training in den USA

Da es gerade im Bereich der Verhandlungsführung, Observation und Verfolgung in Verbindung mit Geisellagen in Deutschland an Erfahrungswerten mangelte, erlernten Angehörige deutscher MEK und anderer polizeilicher Einheiten die taktischen Grundzüge in den USA. Dortige Dienststellen und Einrichtungen wie das FBI inszenierten schon in den 60er- und 70er-Jahren Vollübungen unter Einbeziehung aller Hilfsdienste (Feuerwehr, Ambulanz etc.) an Original-Schauplätzen. Diese Übung fand in einer Stadt im Bundesstaat Georgia statt.

■ Der Täter, gespielt von einem deutschen MEK-Beamten, »bedroht« die Geiseln. Obwohl es alle Freiwillige waren, steht ihnen die Angst ins Gesicht geschrieben. Eine Geisel steigerte sich so sehr in ihr vermeintliches Schicksal, dass sie zusammenbrach und aus der laufenden Übung genommen werden musste.

■ Der Polizeichef kommt zur Verhandlung mit den Tätern vor die Bank. Um zu zeigen, dass er unbewaffnet ist, hat er sein Hemd ausgezogen und die Hosen hochgekrempelt. Diese kleine, durchaus realistische Einlage sorgte noch Wochen später für Erheiterung bei seinen Mitarbeitern.

■ Die Täter verlassen die Bank.

■ Der Zugriff am Pkw.

■ Die letzte Phase der Übung.

Personenschutzgruppen (PSG)

Der staatliche Personenschutz ist in der Bundesrepublik dem *Bundeskriminalamt (BKA)* übertragen, wobei auf Länderebene die *Personenschutzabteilungen* der jeweils zuständigen Landespolizei zuständig sind.

Nachdem Bundeskanzler Adenauer aufgrund mehrere Vorkommnisse (siehe Kasten) im September 1950 die Aufstellung eines *Schutz- und Begleitkommandos* angeregt hatte, nahm dieses im Mai 1951 als *Sicherungsgruppe Bonn* seine Arbeit auf. Seine Aufgaben definierte das Bundesministerium des Innern – die dem BKA vorgesetzte Behörde – am 30. August 1951 wie folgt:

Auf Anordnung des Herrn Bundeskanzlers ist im Bundesministerium des Innern eine Sicherungsgruppe mit einer vorläufigen Sollstärke von 30 Kriminal- und 1 Verwaltungsbeamten geschaffen worden; die Gruppe hat ihre Tätigkeit aufgenommen. Sie ist dem Bundeskriminalamt angegliedert. Ihr Aufgaben sind:

1. *Der persönliche Schutz des Herrn Bundespräsidenten und der Mitglieder der Bundesregierung am Dienstsitz und auf Reisen;*
2. *die Sicherung der im Bereich der Enklave Bonn gelegenen Dienstgebäude der obersten Bundesbehörden, soweit dies gewünscht wird;*
3. *die Sicherung der Dienstgebäude ausländischer Missionen auf besonderen Antrag;*
4. *Benachrichtigung der für den Schutz durchreisender höchstgestellter Personen zuständigen Dienststellen; erforderlichenfalls deren Unterstützung;*
5. *der erste Angriff bei Straftaten, die in unmittelbarem Zusammenhang mit den Aufgabengebieten zu Ziffer 1 – 4 stehen, erforderlichenfalls auch die weitere Bearbeitung*

Einer der ersten großen Personenschutzeinsätze fand anlässlich des Staatsbesuchs von US-Präsident John F. Kennedy 1962 in der Bundesrepublik statt. Die Aufnahme zeigt den Präsidentenkorso auf dem Römerberg in Frankfurt/Main. Man beachte die *Secret Service*-Beamten auf den Trittbrettern des Fahrzeugs hinter der Staatslimousine.

Bundespräsident Heinrich Lübke in Begleitung der Hanauer Polizei und Personenschützern, geleitet vom Großvater des Autoren Metzner (2.v.l.), beim Truppenbesuch einer US-Einheit.

dieser Strafsachen in Verbindung mit den örtlich zuständigen Polizei- und Justizbehörden.

Am 1. August 1997 wurden die Aufgaben der nunmehrigen *Sicherungsgruppe Berlin* in §5 des BKA wie folgt festgeschrieben:

Unbeschadet der Rechte des Präsidenten des Deutschen Bundestages [der dort nach Art. 40, Satz 2 des Grundgesetzes auch die Polizeigewalt innehat] und der Zuständigkeit des Bundesgrenzschutzes [zuständig für den Objektschutz] und der Polizeien der Länder obliegt dem Bundeskriminalamt

(1) der erforderliche Personenschutz für die Mitglieder der Verfassungsorgane des Bundes sowie in besonders festzulegenden Fällen der Gäste dieser Verfassungsorgane aus anderen Staaten;

(2) der innere Schutz der Dienst- und der Wohnsitze sowie der jeweiligen Aufenthaltsräume des Bundespräsidenten, der Mitglieder der Bundesregierung und in besonders festzulegenden Fällen ihrer Gäste aus anderen Staaten.

Sollen Beamte des Bundeskriminalamtes und der Polizei eines Landes in den Fällen des Absatzes 1 zugleich eingesetzt werden, so entscheidet darüber das Bundesministerium des Innern im Einvernehmen mit der obersten Landesbehörde.

Unten: Personenschutz (im Fachjargon: *Protokollaufrag)* mit Motorradeskorte bei einem Staatsbesuch 1987. Protokoll und Eskorte werden von den zuständigen Ministerien bestimmt.

»Großer Bahnhof« beim Besuch eines ausländischen Staatsgastes.

Anschlag auf Adenauer

Die *Sicherungsgruppe Bonn* wurde am 16. September 1950 gegründet und meldete am 15. Mai 1951 Einsatzbereitschaft. Die Fahrzeug-Grundausstattung bestand aus einem Mercedes 170S, einem Citroen und zwei Motorrädern, die von 26 Kriminal- und einem Verwaltungsbeamten genutzt wurden. Zwei Schäferhunde, ausgebildet als Schutz- und Sprengstoff-Spürhunde, gehörten auch noch dazu.
Auch wenn der moderne Personenschutz noch in den Kinderschuhen steckte, gab es nichtsdestoweniger mehrere Beispiele für seine Notwendigkeit. Dass schon in den frühen Jahren der Bundesrepublik Anschläge auf Politiker möglich waren, zeigt das versuchte Sprengstoffattentat auf den damaligen Bundeskanzler Dr. Konrad Adenauer.
Am 27. März 1952 sprach in München ein – bis zum heutigen Tag – unbekannter Mann den 12-jährigen W.B. und den 13-jährigen B.P. an, ob sie ihm nicht einen Gefallen erfüllen könnten. Die beiden Knaben willigten ein und bekamen ein Päckchen ausgehändigt, das an Bundeskanzler Adenauer adressiert war, und dazu drei Mark fürs Porto. Das Päckchen sollten sie zum Postamt in der Leopoldstrasse bringen. Zuerst freuten sie sich des leicht verdienten Geldes, dann bemerkten sie, dass ihnen der Mann folgte. Es wurde ihnen nun doch etwas mulmig und sie gaben das Päckchen einem Straßenbahnschaffner, der es an die Polizei weitergab. Der zuständige Brandmeister im Münchner Polizeipräsidium versuchte es zu öffnen, wobei sich eine Detonation ereignete. Der Brandmeister kam dabei ums Leben, drei seiner Helfer wurden schwer verletzt.
Genaue Fakten waren nie zu ermitteln. Vermutlich ging der Anschlag auf das Konto einer jüdischen Terrororganisation.
Dies blieb bei Leibe nicht der einzige Anschlag auf den ersten Bundeskanzler der Bundesrepublik, der 1961 zur Zielscheibe weiterer Sprengstoffattentate und eines Messer-Angriffs wurde. Eine Auflistung sämtlicher Attentatsversuche und Anschläge auf die Kanzler der BRD, staatlicher Repräsentanten sowie spektakulärer Entführungen und Anschläge findet sich im bei *Reinhard Scholzen: Personenschutz. Geschichte, Ausbildung, Ausrüstung.* Dieses 2001 im Motorbuch Verlag erschienene Werk beleuchtet den staatlichen wie privaten Personenschutz in Deutschland und geht ausführlich auf die *Sicherungsgruppe* des BKA ein, die anlässlich ihres 50-jährigen Bestehens 2001 dem Verfasser einmalige Einblicke gewährte. Es gibt kein anderes Werk, das diese sensible Thematik so gründlich abhandelt, weshalb sich das vorliegende Buch – allein schon, um Wiederholungen zu vermeiden – auf einige wesentliche Punkte beschränkt.

Der Attentäter

Der Attentäter kann einzeln, in Gruppen und gesteuert von einer im Untergrund agierenden Organisation handeln. Der Täter kann eigene Ideale vertreten oder schließt sich bewusst oder durch Beeinflussung fremden an – oft versucht er diese in fanatischer Weise durchzusetzen. Skrupellosen Tätern ist jedes Mittel Recht, um herrschende Ordnungen zu zerstören.

Daneben gibt es noch den Typ des geisteskranken oder -gestörten Attentäters. Diese Spezies tritt fast ausschließlich als Einzelperson auf, wobei deren irrationales Verhalten nicht zwangsläufig auffallen muss. Insbesondere in Menschenmengen stellt sie eine erhebliche Gefahr dar, da sie sich im »Meer der Ahnunglosen« leicht verbergen kann.

Der Personenschützer

Die Aufgabe des Personenschützers ist im Grunde das sichere Verbringen der Schutzperson zu dem gewünschten Ort. Von der Aufmerksamkeit des Personenschützers hängt das (Über-) Leben der Schutzperson ab. Befindet sich die Schutzperson in einem unübersichtlichen Bereich, beispielsweise einer Menschenmenge, ist höchste Aufmerksamkeit angesagt. Wer der Schutzperson zu nahe kommt, wird von den Leibwächtern genauestens beobachtet. Dabei können sie sich auf das Zusammenspiel mit den anderen Beamten verlassen. Den Tagesablauf hat der Personenschützer mit seiner Gruppe genau einstudiert, er weiß was er zu tun hat und kennt die Aufgabe

Der Albtraum jedes Personenschützers: Das »Bad in der Menge«. Hier demonstriert der damalige Bundesaußenminister Hans-Dietrich Genscher Bürgernähe im Wahlkampf.

seiner Kollegen genau. Während seiner Ausbildung muss er die so genannte *Teamfähigkeit* – also das Verhalten in der Gruppe – andauernd unter Beweis stellen. Ein Personenschützer muss in und mit der Gruppe arbeiten können, da er alleine die Gesamtlage weder völlig überblicken noch lösen kann. Nur gemeinsam lässt sich die Sicherheit einer oder mehrerer Schutzpersonen gewährleisten.

Von ihm wird eine hohe Konzentrationsfähigkeit verlangt. Er ist in der Lage, Wichtiges von Unwichtigem zu unterscheiden. Für ihn gibt es nichts, was ihn aus persönlichen Gründen ablenken würde. Er hat seinen Auftrag und wird alles dafür tun, dass seine Schutzperson wieder sicher nach Hause kommt.

Es geht aber nicht nur um Leben und Unversehrtheit der Schutzperson, sondern auch um die Sicherheit der eingesetzten Beamten. Logisch – denn sollte es einem oder mehreren Attentätern gelingen, den Begleitschutz auszuschalten, ist ihnen die Zielperson nahezu schutzlos ausgeliefert. Ein Beispiel ist die Entführung des später ermordeten Arbeitgeberpräsidenten Hanns-Martin Schleyer (siehe Seite 26ff.). Erst nachdem es den RAF-Terroristen gelungen war, die Personenschützer zu töten, konnte sie sich Herrn Schleyers bemächtigen.

Auch im Sitzen allzeit bereit. Personenschützer des BKA sorgen beim Gespräch zwischen Bundesaußenminister und dem Dalai Lama für Sicherheit.

Personenschutz einmal anders

Bei Einsätzen im Schutz hochrangiger Personen erleben die Beamten zuweilen auch lustige und skurrile Situationen. Dabei ist guter Rat oft teuer, wie folgendes Geschehen belegt, an das sich Personenschützer M., Angehöriger der *PSG in F.*, erinnert:

Mein Kollege und ich sollten den König von Malaysia als ortskundige Personenschützer, im Rahmen eines Sonderauftrages, zur Verfügung stehen. Er war sehr freundlich zu uns und wir waren von seinem Auftreten beeindruckt. Er traf mit einem riesigen Gefolge von ca. 20 Personen ein; darunter einer seiner Söhne, seine siebte Frau, der Oberbefehlshaber der malaysischen Streitkräfte, ein Arzt, Leibwächter, usw.. Sie kamen von London und besuchten spontan die Internationale Automobilausstellung (IAA) in Frankfurt. Für sich und sein Gefolge mietete der König ein komplettes Stockwerk des Intercontinental Hotels, was ein kleines Vermögen pro Tag gekostet hat. Im Verlauf des mehrtägigen Einsatzes fragte er uns nach guten deutschen Lederwaren und wir empfahlen ein Geschäft in der Haupteinkaufsstraße. Dort angekommen schaute er sich kurz um und kaufte dann für ca. 5000 Euro ein. Nach ca. zehn Minuten verließ er das Geschäft. Draußen stand die ganze Kolonne mit Motorrädern, Streifenwagen und gepanzerten Limousinen, was einen kleinen Menschenauflauf verursachte. Er ging geradewegs zu den Autos und wollte einsteigen. Ich machte ihn darauf aufmerksam, dass seine Frau noch im Laden war. Er meinte nur, er habe ihr Bescheid gesagt, das muss genügen. Dann stieg er ein. Während die Wagen anrollten, sagte ich noch schnell dem Dolmetscher Bescheid, aber auch er war hilflos. Wenn der König geht, dann geht er. Ich überlegte kurz: Wir hatten nur den Schutzauftrag für den König, nicht für die Frau. Ich wägte schnell ab und hielt mich an meinen Auftrag. Im Fahrzeug verständigte ich aber das zuständige Revier, das wiederum zwei Polizisten entsandte, die nach der Frau suchten. Sie war auch nicht schwer zu finden, da sie nur die edelsten Stoffe und Schmuck von Cartier im Wert von ca. 300.000 Euro trug. Glücklicherweise wurde sie schnell entdeckt und mit dem Streifenwagen in das Hotel nachgefahren. Nicht auszudenken, wenn ihr etwas passiert wäre, da sich gerade an der Stelle ein berüchtigter Drogenumschlagplatz befindet.

Ein Anschlag kann nur unter Gewaltanwendung und aus dem Hinterhalt heraus durchgeführt werden, wobei auch der oder die Attentäter je nach Bildung, Geschick und Mut bestimmte Taktiken anwenden, um sich bestimmte Vorteile zu verschaffen. Dazu gehört etwa die Anwendung technischer Mittel, die ihnen die Durchführung ihres Zieles erleichtern sollen. Es ist daher aus Sicht der Polizei wichtig zu wissen, über welche Technik, Logistik und sonstige Möglichkeiten Attentäter verfügen. Somit kann bereits im Vorfeld ein Attentat auf die Schutzperson verhindert werden. Der Personenschützer lernt in der Ausbildung wie ein Attentäter zu denken. Er sucht sich im Vorfeld die für einen Anschlag günstige Örtlichkeit aus und überwacht diese vor Ort gewissenhaft.

Ein Anschlag auf die Schutzperson lässt sich nur durch permanente Wachsamkeit und den Willen zur sofortigen Gewaltanwendung vereiteln. Dazu müssen die Personenschützer ausgewählte und sehr wirklichkeitsnahe Übungsszenarien durchlaufen. Dieses Training versetzt sie in die Lage, auf ein ganzes Spektrum unterschiedlichster Angriffstaktiken und -techniken zu reagieren. Je nach Erfordernis kann die körperliche Gewalt mit und ohne bestimmte Hilfsmittel oder durch Schusswaffengebrauch erfolgen. Personenschützer lernen waffenlosen Nahkampf ebenso wie den Umgang mit unterschiedlichen Handfeuerwaffen. Gerade die Abwehr körperlicher Angriffe spielt eine wichtige Rolle. Angehörige der *Sicherungsgruppe* des BKA und der *Personenschutzabteilungen* der Länderpolizeien müssen deshalb ähnliche sportliche und körperliche Leistungen wie SEK-Beamte erbringen. Denn nicht alle Angriffe finden unter Anwendung von Schusswaffen statt. So kassierte Altbundespräsident Richard von Weizsäcker einmal von einem Mann aus dem St. Pauli-Milieu einen Schlag ins Gesicht.

Sehr viel spektakulärer aber auch bedrohlicher ist ein Attentat, das mit Waffengewalt durchgeführt wird. Hier ist die Zielrichtung eine Entführung, schwere Verletzung oder die Tötung der Schutzperson. Die Abwehr dieser Angriffsvarianten muss daher umso intensiver geübt werden. Dazu gehört eine praxisorientierte Schießausbildung, die auf die Maßgaben des Personenschutzes zugeschnitten ist. Hierbei steht das Evakuieren der Schutzperson an erster Stelle.

Bundeskanzler Schröder und der israelische Ministerpräsident Scharon auf dem Weg zur Hubschrauberverlastung.

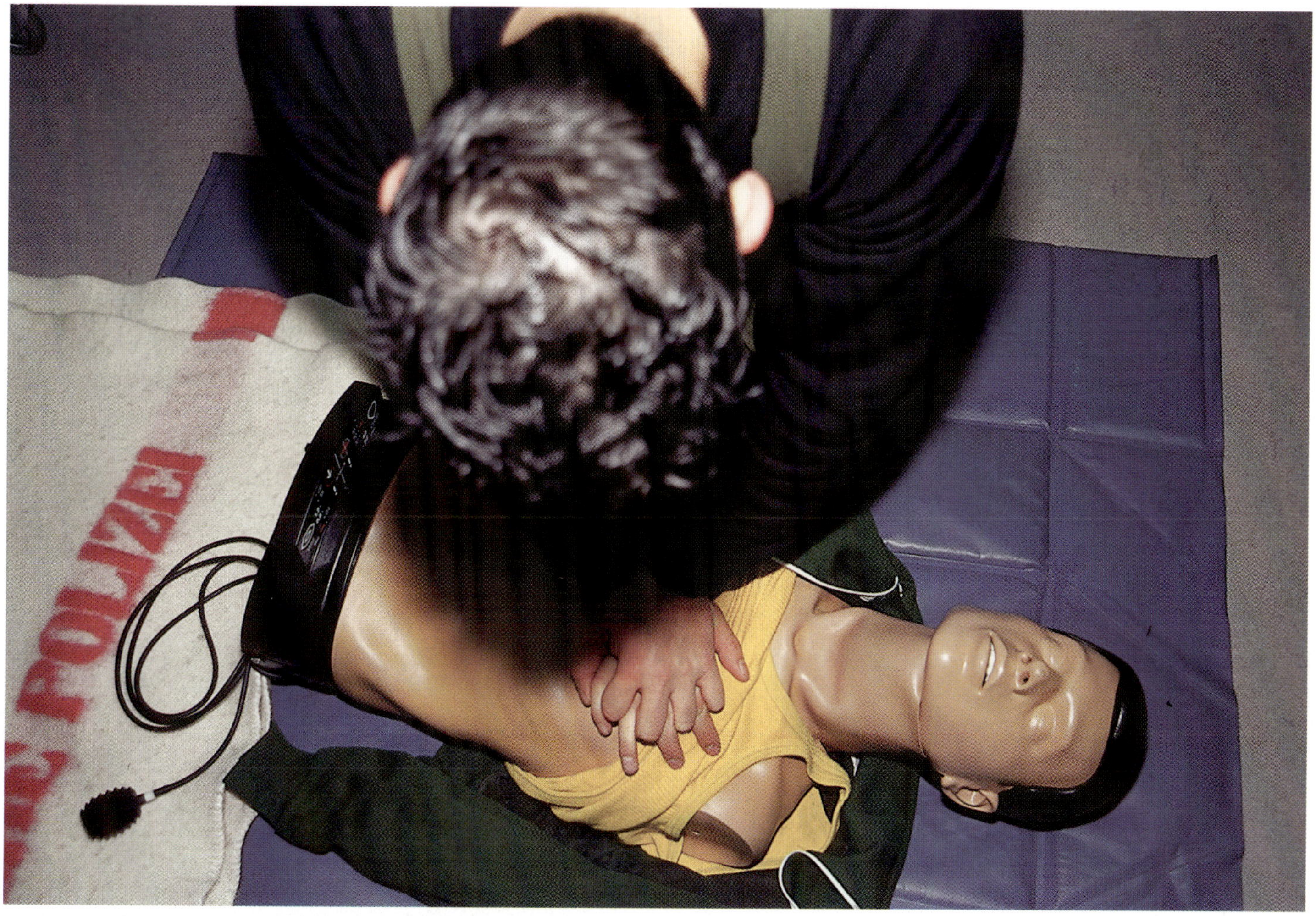

Personenschützer beim Üben lebensrettende Maßnahmen, hier die externe Herzmassage.

Zur Ausbildung eines Personenschützers gehört auch eine Schulung in lebensrettenden Maßnahmen. Der Leibwächter soll in der Lage sein, einer verletzten Person Erste Hilfe leisten zu können. Bei größeren Einsätzen werden zur Erstversorgung Rettungsdienste bereitgestellt, die unmittelbar am Einsatzort positioniert sind.

Beweissicherungs- und Festnahmeeinheiten (BFE/BFH/USK)

Beweissicherungs- und Festnahmeeinheiten (BFE)

Die *Beweissicherungs- und Festnahmeeinheiten (BFE)* entstanden 1985 als Reaktion auf die zunehmende Gewaltbereitschaft militanter Demonstranten bei Großveranstaltungen. Erfahrungen in Brokdorf, Gorleben, Kalkar, Startbahn 18 West und Wackersdorf haben zu einem Umdenken geführt. Während früher schlecht ausgerüstete und ausgebildete Polizisten oftmals äußerst aggressiven Demonstranten gegenüberstanden, änderte sich das mit der Aufstellung der BFE. Diese sind überwiegend bei den Bereitschaftspolizeien der Länder oder bei den Polizeibehörden größerer Städte (z.B. Frankfurt/M.) angesiedelt. Zu ihren Einsatzmitteln zählen u.a. digitale und analoge Foto- und Videotechnik, ein zweckmäßiger Fuhrpark und eine auf die Aufgaben zugeschnittene persönliche Mannausstattung (Funk, Körperschutz, Bewaffnung).

BFE-Angehörige durchlaufen eine mehrwöchige Grundausbildung, die sich in einen theoretischen Teil (Psychologie, Polizei- und Versammlungsrecht) und einen praktischen (Sport, Selbstverteidigung, Eigensicherung, Taktik) unterteilt. Einen hohen Stellenwert nimmt die so genannte *Deeskalation* ein. So sollen die Beamten auf die körperlichen und verbalen Angriffe gewalttätiger Demonstranten (z.B. »schwarzer Block«) vorbereitet werden (Spruch: »SEK und BFE tun den Demonstranten weh«).

USK-Zug beim Üben des schnellen Zugriffs. Das rasche Überwinden von Distanzen ist Voraussetzung für einen polizeilichen Erfolg.

Abzeichen der BFE Mecklenburg Vorpommern.

Abzeichen der BFE Hessen.

Hierbei hat sich einer der Grundsätze des BFE-Konzeptes, die *geschlossene Beweiskette,* besonders bewährt. Diese umfasst folgende Phasen:

1.) Begehung einer strafbaren Handlung durch Straftäter.
2.) Erkennen und Wahrnehmen der Straftat durch polizeiliche Einsatzkräfte.
3.) Sichern dieser Wahrnehmungen durch Foto- und Videoaufnahmen.
4.) Koordinieren des Festnahmeeinsatzes unter Berücksichtigung der Gesamtlage und unter Einbeziehung des Einsatzleiters.
5.) Durchführen der Festnahme mit BFE internen Taktiken.
6.) Beweissichernde Bearbeitung (z.B. Bericht, Zeugenaussagen)
7.) Übergabe des Festgenommenen und der Asservate an das Transportkommando.
8.) Transport des Festgenommenen (z.B. Polizeirevier oder Gefangenensammelstelle).
9.) Übergabe an die Kriminalpolizei.
10.) Weitere Strafverfolgung.

Nur so ist es möglich, erkannte Täter der Justiz zuzuführen. Eine weitere wichtige Taktik ist das arbeitsteilige Vorgehen im *Greiftrupp* (fünf Beamte). Der *Greiftruppführer (GTF)* führt den Trupp und ist zugleich wichtiger Zeuge in strafprozessualen Verfahren. Der *sichernde Beamte (SB)* schützt seine Kollegen beim Zugriff, achtet auf vorhandene Beweismittel und gibt wichtige Informationen über Funk weiter. Die beiden *Zugriffsbeamten (ZB)* ergreifen nach bewährten Taktiken die *Zielperson (ZP)* und führen die Festnahme durch. Der zuletzt genannte, aber nicht weniger wichtige Mann ist der *Fahrer.* Er sorgt für die schnelle Verlastung des Trupps und informiert den Truppführer über

Den Schwerpunkt der BFE-Arbeit bildet die beweisgesicherte Festnahme von Straftätern bei Großeinsätzen, Veranstaltungen aller Art, Demonstrationen, Fußballspielen, etc., wobei auch immer wieder die Polizeien anderer Länder unterstützt werden. In diesem Bereich demonstrieren die BFE deutlich, dass sie in der Lage sind, Festnahmen unter erschwerten Bedingungen vorzunehmen und deeskalierend auf erkannte Störer einzuwirken.

Gesichertes schnelles Vorgehen eines Greiftrupps der BFE Mecklenburg Vorpommern mit »Türanklopfgerät«.

Räumung einer Straßenblockade während einer Demonstration mit gewalttätigen Ausschreitungen.

die aktuelle Lage, da er im Fahrzeug mehrere Funkkanäle mithören kann.

Dies sind nur einige Voraussetzungen für den erfolgreichen Einsatz, den die BF-Einheiten auch bei anderen polizeilichen Lagen mit erhöhtem Gefährdungspotential (z.B. Festnahme von Drogenhändlern, Razzien, Bekämpfung der Straßenkriminalität, Observationseinsätzen und Notzugriffen) vorweisen können.

Startbahn 18 West

Am 12. April 1984 um 09.00 Uhr morgens wurde eines der umstrittensten Projekte in der Bundesrepublik Deutschland in Betrieb gesetzt – die Startbahn 18 West des Frankfurter Flughafens. Diese Erweiterung des Großflughafens diskutierte die Bevölkerung kontrovers. Bürgerinitiativen gründeten sich, die umliegenden Gemeinden versuchten durch Einlegen von Rechtsmitteln sowie den Antrag auf Zulassung eines Volksbegehrens (»Arbeitsgemeinschaft Volksbegehren«) den Bau der ungeliebten Starbahn zu verhindern. Nach Ausschöpfung aller Verfahrens- und Prozessmöglichkeiten unterlagen die Gegner doch den einflussreichen »Machern« und Befürwortern der Startbahn. In den bisher meist friedlich verlaufenen Demonstrationen gewannen militante, gewalttätige Linksradikale nun zunehmend an Einfluss. Ende Oktober 1980 begannen Rodungsarbeiten. Startbahngegner errichteten ein Hüttendorf, das zunächst Symbolcharakter hatte, später aber Gewalttätern als Logistikzentrum diente. Daher entschloss sich die Polizeiführung, das Hüttendorf in den Morgenstunden des 2. November 1981 durch SEK-Kräfte räumen zu lassen. Dies geschah auf beiden Seiten zunächst ohne Gewaltanwendung. Im Verlaufe des Tages kam es in Frankfurt und in den Wäldern am Flughafen zu schweren Ausschreitungen. Zu jedem Jahrestag der Hüttendorfräumung wiederholten sich demonstrative Aktionen. Am 2. November 1987 kamen bei den wiederholten Ausschreitungen anlässlich der Räumung dieses Hüttendorfes die beiden Polizeibeamten T.S. und K.E. ums Leben. Sie wurden aus einer Entfernung von 70 bis ca. 500 m von militanten Startbahngegnern erschossen, zwei weitere Polizeibeamte erlitten schwerste Schussverletzungen. Nach dieser hinterhältigen Tat konnte die Polizei die linke Startbahn-Szene zerschlagen. Hinzu kam ein Streit innerhalb der Szene, da ein großer Teil der Startbahngegner die Tat missbilligte und sich von den Tätern distanzierte. Auch die Bevölkerung war von der Brutalität des Geschehens betroffen und verurteilte es. Die beiden Täter wurden ermittelt und wegen Totschlags verurteilt, sind jedoch längst wieder auf freiem Fuß.

■ Hierbei handelt es sich keinesfalls um ein Szenario aus dem Kinofilm »Braveheart«, sondern um Barrikaden gewaltbereiter Gegner der Startbahn 18 West.

■ Vermummte Straftäter aus der linksradikalen Szene (»Autonome«), die häufig fälschlicher Weise als Demonstranten bewertet werden, vor der Startbahn 18 West.

■ Ein Autonomer wirft einen Molotow-Cocktail auf die Polizei. Durch die mit einem Gemisch aus Benzin und Öl gefüllten Brandflaschen erlitten mehrere Polizisten schwerste Verletzungen.

■ Unten: Einsatzkräfte mit einem Gerät zum Versprühen von Reizgas.

■ SEK-Räumung eines Aussichtsturmes im Oktober 1981.

■ An dieser Stelle der Startbahn 18 West wurden die beiden Polizeibeamten am 2. November 1987 erschossen.

■ Ganze SEK-Hundertschaften mussten mit Hubschraubern im Bereich des Frankfurter Flughafens verlastet werden, um andere Polizeieinheiten zu unterstützen.

Greiftrupp der BFE Thüringen bei der Festnahme eines Straftäters.

Die BFE Thüringen bei der Seitenbegleitung einer friedlichen Demonstration des rechten Spektrums.

Lassen wir einen erfahrenen BFE-Ausbilder und einen Einsatzbeamten abschließend zu Wort kommen. Der Ausbilder:

Wir hatten schon viele Einsätze. Zu den gewalttätigsten gehörten mit Sicherheit die Einsätze in den neuen Bundesländern Anfang der 90er-Jahre. Die Kämpfe mit den sehr gewaltbereiten Skinheads und ihren Sympathisanten waren schlimm, teilweise erinnerte das an bürgerkriegsähnliche Unruhen. Obwohl wir von NRW zur Unterstützung fuhren, mussten wir quasi die gesamte Polizeiarbeit alleine machen. Die dortigen Kollegen waren alle verunsichert, da nicht klar war, ob und wie sie in den Polizeidienst übernommen werden. Auch in Berlin wurden wir eingesetzt. Bei der Räumung der Mainzer Strasse hatten wir es mit einem sehr gewalttätigen Gegenüber zu tun.

Ein Beamter der *Beweissicherungs und Festnahmeeinheit (BFE)* aus Frankfurt am Main berichtet über einen Einsatz anlässlich der Festnahme des Kurden-Führers Abdullah Öcalan im Februar 1999:

Ich lag noch im Bett, als ich telefonisch mit dem Hinweis alarmiert wurde, die Kurden hätten das griechische Konsulat in Frankfurt besetzt. Von der überraschenden Festnahme

Öcalans in Kenia am Nachmittag des Vortages hatte ich nichts erfahren (Öcalan hatte in Griechenland Asyl gesucht, was ihm jedoch nicht gewährt worden war. Er setzte sich darauf nach Kenia ab, wo er einige Tage später von einem türkischen Kommando festgenommen und in die Türkei geflogen wurde). Auf der Dienststelle erhielten wir um 10.00 Uhr den Auftrag, das kenianische Fremdenverkehrsamt anzufahren, da die Kurden dort eine Besetzung vorbereiten könnten. Dort sollten wir zusammen mit einem anderen Trupp das 4. Stockwerk des Gebäudes, wo sich das Amt befand, räumen. Beim Betreten des Treppenhauses rannten einige Kurden sofort nach oben. Einige andere wollten uns am Weitergehen hindern. Durch einen Handflächenstoß stieß ich einen Kurden zu Boden und rannte mit den anderen Kollegen nach oben. Als wir ins 4. Stockwerk gelangten, hatten die Kurden die Tür gerade verschlossen. Da es sich um eine Glastür handelte, wollte ich die Scheibe mit meinem Tonfa einschlagen. Ein Kurde riss daraufhin unvermittelt das Fenster auf und drohte aus dem Fenster zu springen. Er konnte von anderen Kurden gerade noch daran gehindert werden. Im Flur hinter der Glastür befanden sich rund 20 Personen. Da die ganze Situation zu eskalieren drohte, entschloss ich mich über meinen Zugführer Verstärkung anzufordern.

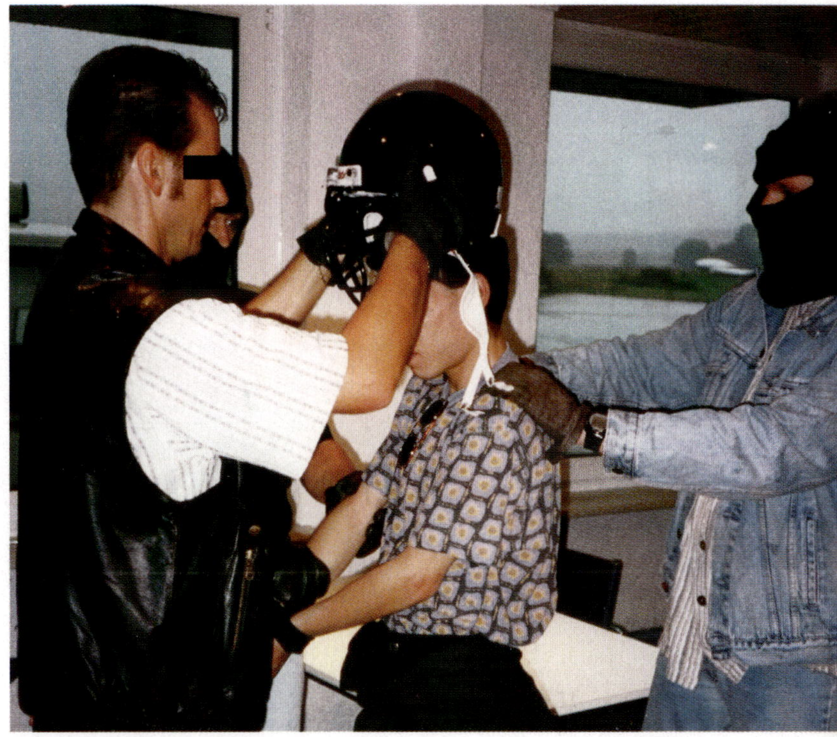

BFE-Beamte versehen einen unberechenbaren Abschiebehäftling mit einem Beißschutz-Helm.

Was das den Steuerzahler wieder kostet… Das Abschiebeteam mit einem Arzt und den Piloten des Transportflugzeugs auf dem marokkanischen Flughafen Tanger.

Gleichzeitig teilten uns die Besetzter mit, sie würden über »Mollis« (Molotowcocktails) verfügen. Falls wir den Raum betreten würden, wollten sie das ganze Stockwerk schlagartig in Brand setzen. Ferner deuteten sie uns an, dass sich mehrere Geiseln in den Büros befänden.

Erst in den Mittagsstunden erfuhren wir, dass Angehörige der in Deutschland verbotenen »Kurdischen Arbeiterpartei« PKK verschiedene Konsulate in Europa besetzt hielten. Dies erschwerte die Situation vor Ort, da unser Handeln vielleicht Einfluss auf das Verhalten der Kurden in den übrigen besetzten Konsulaten hätte haben können. In den Mittagsstunden ließen die Kurden drei schwedische Geiseln frei. Einige Stunden später drohten sie, ihre vier kenianischen Geiseln aus dem 4. Stock zu stoßen. Für die Geiseln hätte dies tödlich oder zu-

BFE-Beamter bei der Festnahme eines gewalttätigen »Demonstranten«.

mindest mit schwersten Verletzungen enden können. Außerdem befanden sich im Nahbereich des Fremdenverkehrsamtes weitere Kurden. Dieser Bereich wurde erst am frühen Nachmittag geräumt, wobei die Randalierer die Polizeibeamten mit Glasflaschen eines in der Nähe befindlichen Recyclingcontainers bewarfen.

In den Abendstunden verhandelte ein aus der alten »Spontiszene« bekannter Europaabgeordneter mit den Geiselnehmern. Er sicherte ihnen freien Abzug zu. Die Kurden ließen sich auf diesen Vorschlag ein. Ein Teil der Kurden konnte im Nachgang ermittelt werden. Sie wurden wegen dieser Geiselnahmen zu Gefängnisstrafen verurteilt. Für uns verlief der Einsatz unbefriedigend, denn wir konnten den freien Abzug zunächst nicht verstehen. In Hinsicht der europaweiten Gesamtlage, die wir natürlich vor Ort selbst nicht erfahren konnten, war ein anderes polizeiliches und politisches Handeln nicht möglich.

Das komplexe Aufgabengebiet einer BFE erfordert eine ständige Aus- und Fortbildung. Sie beinhaltet u.a. den Zugriff im geschlossenen Verband aber auch im Bereich des praxisbezogenen Polizeidienstes, eine einsatzorientierte Selbstverteidigung, Schießen und Observation. Auch das Fesseln ist wichtiger Bestandteil des Trainings. Hierbei muss immer auf der Grundlage eines Gesetzes und taktisch sinnvoll vorgegangen werden. Geübte Polizisten ergreifen die Fessel in der Mitte und legen sie dem Straftäter an, ohne umgreifen zu müssen. Dabei sollten immer beide Hände auf dem Rücken und mit den Handflächen zueinander gefesselt werden. Danach werden die Fesseln arretiert, um eine Verletzung (Quetschung der Handgelenke) aber auch ein Öffnen durch den Festgelegten (mit Büroklammer, Geldschein oder Nachschlüssel) zu verhindern.

Geöffnet werden die Fesseln immer erst in einem gesicherten Raum (z.B. Polizeiwache, Gefängniszelle) und unter Beachtung bestimmter polizeilicher Sicherheitsregeln. Dass dies durchaus seinen Sinn hat, belegt auch folgender Fall, den der Beamte M. erlebte:

Ich war mit einem Kollegen auf Streife, der nicht zu unserer Sondereinheit gehörte. Gegen Nachmittag wurden wir zu unserem Polizeigewahrsam gerufen, wo die Festgenommen in Zellen untergebracht wurden und auf den Transport zum Richter, Haftanstalten usw. warten. Dort wurden wir vom Dienstgruppenleiter in unsere Aufgabe eingewiesen. In Zelle XI lag ein Ausländer, den Zivilkräfte beim Drogenverkauf in der Innenstadt beobachtet hatten. Während der Festnahme gelang es ihm, das Rauschgift – vermutlich »Crack« – zu verschlucken. Im Revier angekommen, klagte er über starke Bauchschmerzen und Übelkeit. Er schrie und jammerte pausenlos. Ein herbeigerufener Notarzt diagnostizierte den Verdacht auf einen Magendurchbruch. Zu einer weiteren Untersuchung musste eine Einlieferung in das M.-Krankenhaus erfolgen. Da der Notarzt aber um die Gefährlichkeit des Täters wusste (zig-fach vorbestraft wegen Körperverletzungs- und Rauschgiftdelikten), wollte er ihn nicht transportieren. Deswegen fuhr er voraus und wir mit dem Streifenwagen hinterher. Im Krankenhaus erfolgte die Untersuchung, die allerdings nicht viel brachte, da der Mann ständig jammerte und sich »vor Schmerzen« krümmte. Da kam der Chefarzt auf die Idee, ihm die Handfesseln zu lösen, um so gesicherte Kenntnisse zu gewinnen. Dies war vom medizinischen Standpunkt aus sicher richtig, nur von mir nicht zu verantworten. Ich sagte das auch in aller Deutlichkeit, aber ich wurde harsch darauf hingewiesen, dass dem Patienten geholfen werden müsse und es nicht anders ginge. Unter besonderer Vorsicht löste ich ihm die Fesseln. Das ging soweit noch gut. Kaum war aber der Arzt wieder an ihm, um den Bauch abzutasten, sprang er auf, schrie und lief in das benachbarte Behandlungszimmer. Mein Kollege, eine Krankenschwester und ich hinterher, der Arzt flüchtete. Im Behandlungszimmer griff sich der Marokkaner eine Schere und begann in blinder Wut, sich damit den Bauch

Der A+F Zug Hannover, der BFE-Aufgaben wahrnimmt, sitzt bei einer gewalttätigen Demonstration in Gorleben vom Hubschrauber ab.

aufzuschlitzen. Mein Kollege fiel in Ohnmacht und rutschte – wie bei Tom & Jerry – an der Wand nach hinten runter. Ich habe das weder vor- noch hinterher jemals wieder gesehen. Ich packte eine Operationsbahre und fixierte den »Scherenmann« in einer Ecke. Die Schere hielt er immer noch in der Hand und stellte damit eine große Gefahr für sich und für alle Anwesenden dar. Die Schwester, die sehr mutig war, brachte auf meine Bitte einen großen Schrubber, von dem ich den Stil entfernte. Mit zwei Techniken (»Number one and two strike« aus dem Escrima) entwaffnete ich den Täter. Dieser kletterte nun flugs über die Bahre, um zu fliehen. Ich hätte ihn zwar schon da überwältigen können, war mir aber nicht sicher ob er nicht noch weitere Waffen hatte. Ich ließ den Stiel fallen und rannte hinterher. Hierbei bewahrte ich einen Abstand von rund vier Metern, um nicht in eine eventuelle Waffe« zu laufen, wenn er sich plötzlich rumdrehen sollte. Es war nicht schwer, ihm zu folgen. Er trug Plateauschuhe (so genannte Komplexlatschen) mit ca. 10 cm Sohlenhöhe. Einen Schuh hatte er beim Übersteigen der Bahre verloren, so dass er sich nur hinkend fortbewegen konnte. Glück im Unglück! Am Haupteingang angekommen – er wollte gerade durchlaufen – sah ich in der spiegelnden Glasscheibe die Vorderseite seines Körpers. Jetzt war ich mir sicher, dass er keine Waffe hatte. Ich riss ihn zu Boden und fesselte ihn wieder. Zur erhöhten Sicherheit zog ich noch seinen Gürtel durch das Mittelteil der »Acht«. Er wurde in die psychiatrische Abteilung eingeliefert, mein Kollege erhielt eine Traubenzuckerinfusion und erholte sich wieder. Von dem Arzt habe ich nie wieder etwas gehört.

Beweissicherungs- und Festnahmehundertschaften (BFH) des BGS

Auch der Bundesgrenzschutz verfügt seit Ende der 80er-Jahre über Festnahmeeinheiten. 1987/88 fasste eine Innenminister-Konferenz den Beschluss und bis 1993 stellte der BGS insgesamt acht *Zugriffseinheiten (ZE)* auf. In den 90er-Jahren nahm zwar die Zahl der Demo-Einsätze ab, aber

BFH-Männer in den alten Einsatzanzügen (»Panzerkombis«) stellen sich mit MP 5, P 225 und Tonfa dem Fotografen.

der Unterstützungsbedarf im originären Bereich (Bekämpfung der Raub- und Rauschgiftkriminalität, etc.) wuchs ständig. Die Neuorganisation des BGS zum 1.1.1998 (Reform II) erforderte auch eine Veränderung bei der Dislozijerung der *Zugriffseinheiten.* Diese wurden nun in Uelzen (Nord), Blumberg (Ost), Hünfeld (Mitte), Bayreuth (Süd) und Sankt Augustin (West) angesiedelt. Mit Erlass vom 21.8.2000 wurden sie in *Beweissicherungs- und Festnahmeeinheiten (BFE)* bzw. in *Beweissicherungs- und Festnahmehundertschaften (BFH)* umbenannt. Die Sollstärke einer BFH beträgt 117 Mann (BFE: 46); im Einsatz wird jeder Einheit zusätzlich ein Rettungssanitäter unterstellt. Derzeit verfügt der BGS über fünf BFH, die regional unterschiedliche Schwerpunkte und Aufgabenfelder, aber einheitliche Strukturen, Verfahrensweisen und insbesondere ein einheitliches Bearbeitungsverfahren haben und damit voll kompatibel sind. Bei der

BFH bei der Räumung eines Gleisbettes. Polizisten vom USK Bayern, rechts im Bild, schützen die Kollegen vom BGS. Ein Fernsehteam dokumentiert den Ablauf.

Beweissicherungs- und Festnahmehundertschaft

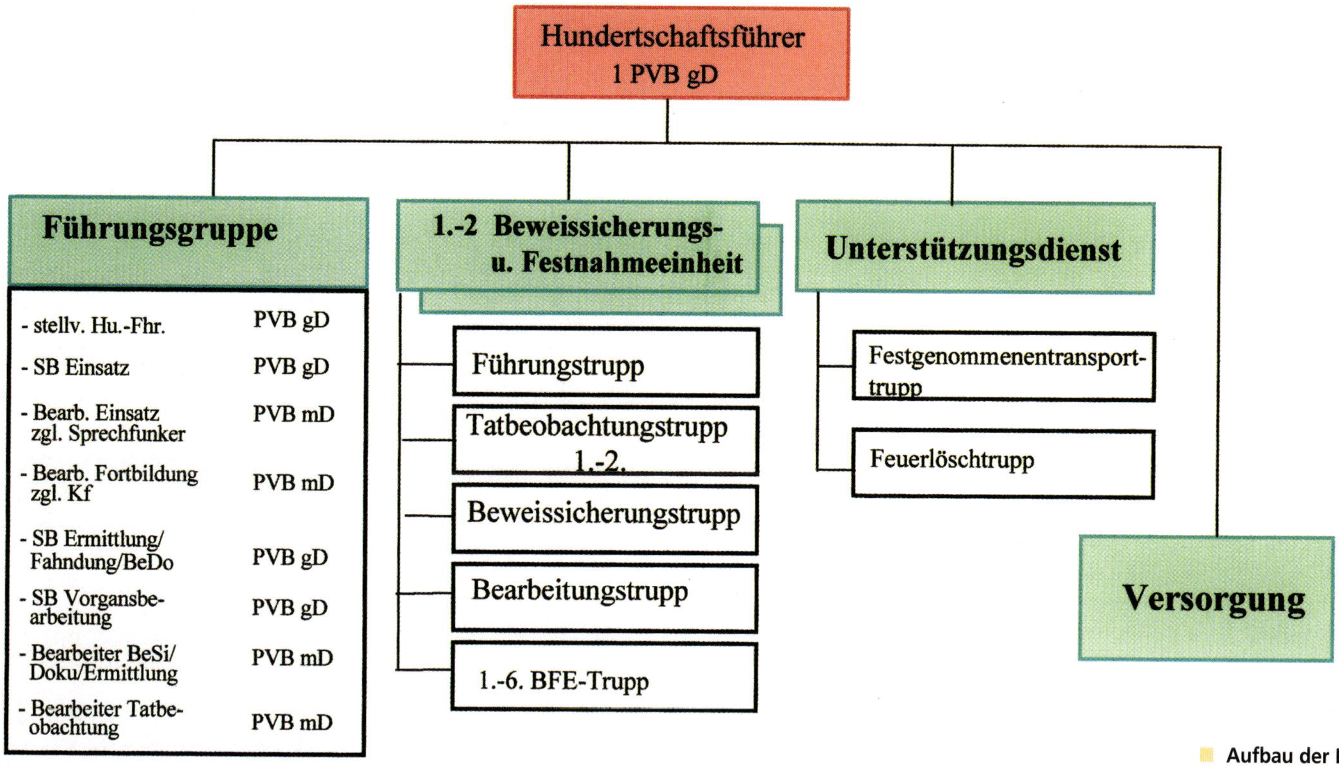

Aufbau der BFH.

Bewältigung von Großlagen hat sich die Bildung eines *Unterabschnittes »Eingreifkräfte«*, bestehend aus mehreren BF-Hundertschaften unter einheitlicher Führung eines Abteilungstabes BGS, hervorragend bewährt.

Im Wesentlichen entsprechen die Hauptaufgabenfelder der BFH jenen der Länder-BFE und USK (siehe unten), sie übernehmen jedoch auch Aufgaben des BGS, die der normale Einsatzbeamte aufgrund höherer Gefährdung oder fehlender Ausrüstung nicht bewältigen kann. Letztere umfassen vor allem Zugriffsmaßnahmen gegen gewalttätige Schleuser und im Bereich der grenzüberschreitenden Kriminalität; Unterstützung der Bahnpolizei bei der Begleitung gewalttätiger Fußballfans, Vorkontrollen in Bahnen bei zu erwarteten, gewalttätigen Demonstranten; im Bereich der Bundesorgane der zivile Schutz von gefährdeten Personen und das Stellen einer Eingreifreserve zum Schutz der Funktionsfähigkeit der Bundesorgane. Luftsicherheitsaufgaben werden auch wahrgenommen, hauptsächlich die Rückführung von besonders gefährlichen Straftätern in ihre Heimatländer.

Nach wie vor unterstützen die BFH des BGS auf Anforderung die Bundesländer bei Großveranstaltungen, Versammlungen und Aufzügen mit ungünstiger Verlaufsprognose.

Unterstützungskommandos (USK)

Die *Unterstützungskommandos (USK)* wurden Ende 1987 von der bayerischen Polizei aufgestellt. Anlass waren die gewalttätigen Demonstrationen um die Errichtung der Startbahn West in Frankfurt/Main.

Die USK erhielten, genau wie die BFE, den Auftrag, gewaltbereite Personen in den Demonstrationszügen per Video und Foto zu dokumentieren und ihre gezielte Festnahme durchzuführen. USK wurden bei vielen Demonstrationen mit Erfolg eingesetzt. Sie ermöglichten sichere und freie Meinungskundgebungen und achteten auf die Einhaltung der bestehenden Gesetze. Wie die BFE arbeiten sie mit ausgefeilten Taktiken. Nur im Grundkonzept unterscheiden sie sich: Die Führung der USK bevorzugt mehr das offensive Agieren.

Im Unterschied zu manch anderen Bundesländern erhalten sie auch die nötige Rückendeckung seitens der Landesregierung. Als ein USK Anfang der 90er-Jahre eine Politikerin festnahm, die sich (wie zuvor schon mehrfach) in einer gewaltbereiten Menschenmenge aufhielt, von der mehrfach Straftaten ausgingen, wurden die Beamten massiv angegriffen. Diese setzten sich zur Wehr, um sich zu schützen. Auf die

Abzeichen des USK Dachau.

Fragen eines Journalisten bei der anschließenden Pressekonferenz nach der Rechtmäßigkeit des Einsatzes, antwortete der damalige bayerische Ministerpräsident sinngemäß: *»Wer sich mit der bayerischen Polizei anlegt, muss damit rechnen, etwas härter angefasst zu werden.«*

Die Rechtmäßigkeit des Einsatzes wurde später übrigens noch mehrfach nachgewiesen.

Auch bei den gewalttätigen PKK-Demonstrationen, bei denen radikale Kurden Autobahnen blockierten oder sich mit Benzin übergossen und anzündeten, konnten die USK ihre Einsatzfähigkeit unter Beweis stellen. Weitere Einsatzgebiete sind die Bekämpfung der Rauschgiftkriminalität hauptsächlich im Ballungsgebiet München, Razzien und die Aufrechterhaltung der Sicherheit bei Volksfesten (z.B. Münchner Oktoberfest). Zur Unterstützung des polizeilichen Einzeldienstes auf Revieren und Stationen werden die Beamten aufgrund ihrer großen Erfahrung ebenfalls gerne eingesetzt.

Die USK haben derzeit eine Stärke von rund 600 Beamten, die in Würzburg, Nürnberg, Mittelfranken, Dachau und München stationiert sind. Die USK rekrutieren sich fast ausschließlich aus der Polizeischule. Dort werden im dritten Ausbildungsabschnitt Informationsveranstaltungen abgehalten, um junge Polizeischüler für den Dienst im USK zu begeistern. Ein Sporttest mit hohen Anforderungen und ein Beurteilungsgespräch bilden die ersten Hürden. Nach der Laufbahnprüfung werden die ausgewählten Beamten direkt in das USK übernommen. Nun folgt eine sechsmonatige Grundausbildung, welche die nötigen Kenntnisse und Fähigkeiten für den USK-Dienst vermittelt. Erst danach gelten die Freiwilligen als vollwertige Mitglieder und dürfen das begehrte USK-Abzeichen, den babylonischen Greif, der für Mut, Schnelligkeit und Kraft steht, an der Uniform tragen.

Ein bayerisches USK bei der Absperrung eines zu sichernden Bereiches. Beschimpfungen der »Demonstranten« werden gelassen zur Kenntnis genommen.

Ein USK-Dokumentationstrupp bei der Beweissicherung.

Zentrale Unterstützungsgruppe Zoll (ZUZ)

Abzeichen der Zentralen Unterstützungsgruppe Zoll (ZUZ).

Die *Zentrale Unterstützungsgruppe Zoll*, das »Spezialeinsatzkommando des Zollfahndungsdienstes«, ist eine der jüngsten Spezialeinheiten Deutschlands und meldete am 1.1.1998 Einsatzbereitschaft. Organisatorisch ist die ZUZ an das *Zollkriminalamt (ZKA)* angegliedert. Das ZKA ist eine Bundesoberbehörde, die wiederum im Geschäftsbereich des Bundesministerium der Finanzen (BMF) steht. Die Vorläuferin der ZUZ war die *Observationseinheit Zoll (OEZ).*

Auch beim Zoll gab es mehrere Vorfälle, die von den beteiligten Beamten aufgrund fehlender Ausbildung (taktisches Verhalten, Vorgehen in der Gruppe etc.) und nicht vorhandener technischer Ausstattung nicht bewältigt werden konnten. Vor allem mit bewaffneten Schmuggler- und Schleuserbanden aus Osteuropa und Asien, die mit dem wirtschaftlichen und politischen Fall des Ostblocks ihr Unwesen zu treiben begannen, gab es öfters Probleme. Schleuser und Schmuggler scheu(t)en selbst vor der Ermordung von Zollbeamten nicht zurück; vom wirtschaftlichen Schaden ihres perfiden Handelns einmal ganz zu schweigen. Nur ein Beispiel: Ein einziger Lkw, der eine Ladung unverzollter Zigaretten über die Grenze schmuggelt, richtet einen Steuerschaden in Millionenhöhe an.

1990 reagierte der Zoll auf die zunehmende Kriminalität zunächst mit der Aufstellung der *Observationseinheit Zoll* in Düsseldorf, der neun weitere Dienststellen in Deutschland folgten. Sie nehmen die Aufgaben eines MEK wahr und arbeiten bei gefährlichen Zugriffen eng mit den SEK oder der GSG 9 zusammen. Diese Unterstützung erfolgte im Rahmen der Amtshilfe, sie musste allerdings auch oftmals versagt werden, da die Einsatzbelastung von Polizei und BGS zu groß wurde bzw. Lagen in eigenen Zuständigkeitsbereichen bevorzugt gelöst werden mussten.

So erkannte der Zoll die zwingende Notwendigkeit, zum Schutz der eigenen Beamten eine eigene Zugriffseinheit, die *Zentrale Unterstützungsgruppe Zoll (ZUZ)*, aufzustellen. Zur technischen Unterstützung regionaler Zollfahndungsstellen wurde gleichzeitig die *Zentrale Unterstützungsgruppe Zoll-Technik (ZUZ[T])* eingerichtet. Sowohl ZUZ(T) als auch ZUZ beherzigten dabei den Grundsatz, »das Rad nicht neu zu erfinden« und orientierteen sich in Organisation, Ausbildung und

ZUZ-Beamte beim gesicherten Verlassen eines Fahrstuhles.

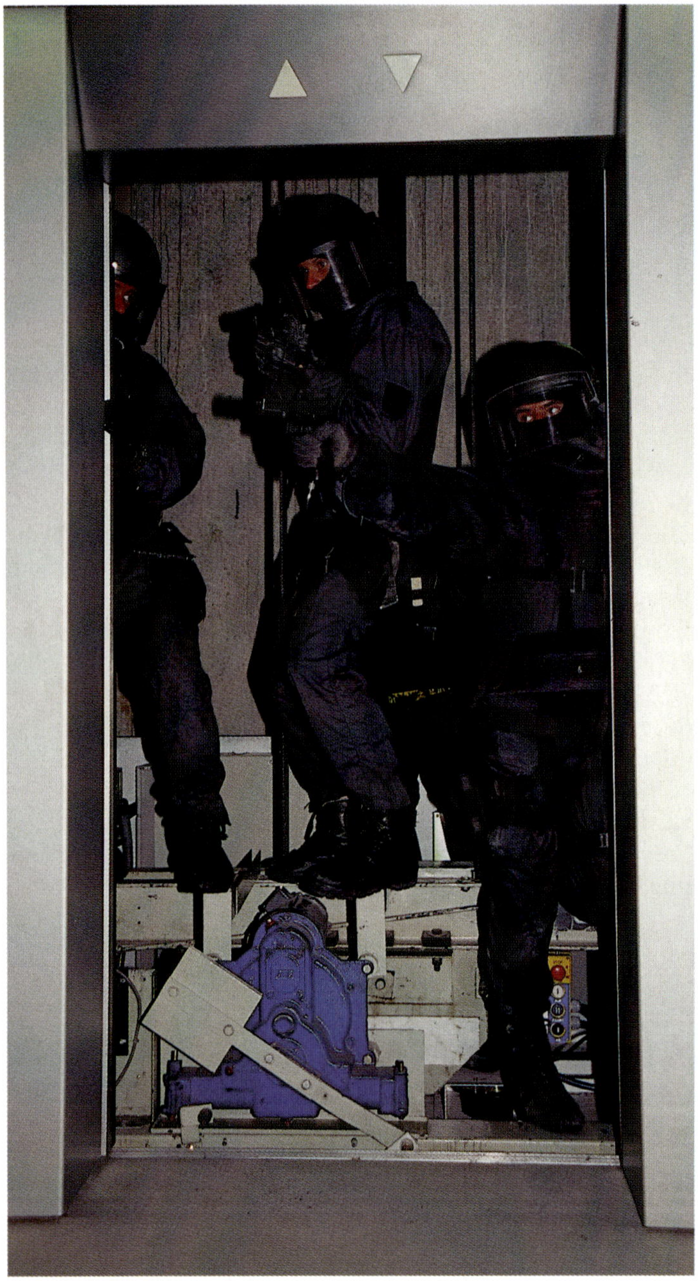

Eine ungewöhnliche Art, den Fahrstuhl zu benutzen.

Bewaffnung an den SEK der Länderpolizeien und der GSG 9. Die SEK des Landes Nordrhein-Westfalen, speziell die Fortbildungsstelle für Spezialeinheiten in Selm-Bork, standen Pate und kümmerten sich bis ins Detail um die Belange der ZUZ.

Die Führungsgruppe und ein Teil der Gruppenführer wurden zu Beginn aus verantwortlichen Positionen anderer Behörden übernommen, der Großteil der ZUZ-Beamten rekrutierte sich aber aus Zoll und BGS. Die Grundausbildung für neue Bewerber erfolgt im Bildungszentrum der Bundesfinanzverwaltung in Sigmaringen. Anschließend wird die Ausbildung beim Zollkriminalamt, speziell bei der Zollfahndung, fortgesetzt. In Selm-Bork findet danach das Spezialtraining statt. Eine zeitweilige Verwendung bei den SEK ermöglicht dem ZUZ-Beamten, das Erlernte unter fachkundiger Anleitung in die Praxis umzusetzen. In dieser eineinhalbjährigen Ausbildung erarbeiten sich die Anwärter der ZUZ die gleichen Grundlagen wie ihre Kollegen der Polizei-Spezialeinheiten.

Dazu gibt es weitere Gemeinsamkeiten. Auf ihren ballistischen Westen befindet sich im Einsatzfall die Aufschrift *Polizei.* Ebenso verwenden ZUZ-Beamte – die ja keine Polizisten sind – markante Befehle wie *»Halt, Polizei!«* und *»Polizei, stehenbleiben, keine Bewegung!«*. Dies ist opportun, da so Missverständnisse vermieden werden und viele ausländische Straftäter mit dem Wort »Zoll« moralisch wie akustisch ohnehin nichts anfangen können. Das Äquivalent zu »Polizei« klingt aber in vielen Sprachen ähnlich *(Police, Polizia, Policza, etc.).*

Die ZUZ verfügt über moderne Ausstattung und Bewaffnung. So schaffte sie die Pistolen Glock 17 und 26 ebenso an wie das H&K G 36 und verschiedene Modelle der MP 5. Letztere sind persönlich zugeteilt, werden jedoch nur bei gefährlichen Lagen eingesetzt. Für erweiterte Einsatzlagen stehen noch die bewährte Remington-Repetierschrotflinte 870 Express und verschiedene italienische halbautomatische Schrotflinten bereit.

Da die ZUZ aufgrund ihrer Zuständigkeit nicht zu Geisellagen herangezogen wird, werden Präzisionsschützen nur zur Sicherung ihrer Kollegen eingesetzt. Sie setzen auf die bewährte Technik und Präzision des H&K PSG 1 und des Erma SR 100. Doch wie bei GSG 9 oder SEK werden die Langwaffen nur in Notfällen benutzt. Die meisten Einsatzlagen lassen sich mit gewissenhafter Vorbereitung und genauer Umsetzung ausgefeilter Taktik in der Gruppe lösen.

Die Zentrale der ZUZ befindet sich in Köln. Hier findet u.a. die Einsatzplanung statt. Die ZUZ ist nicht nur in Deutschland, sondern (auf Anforderung der Betrugsbekämpfungseinheit der EU »OLAF« in Brüssel und im Einvernehmen mit den beteiligten Mitgliedsstaaten) auch europaweit tätig; in Einzelfällen sogar weltweit. So kann die ZUZ beispielsweise von einem Einsatz in Paraguay berichten.

Das Training findet im Großraum Köln und im Bildungszentrum der Bundesfinanzverwaltung Sigmaringen statt. Eigene Möglichkeiten und die anderer Behörden werden genutzt. Wie für andere gilt auch für die ZUZ die alte chinesische Weisheit »Stillstand bedeutet Rückschritt« und der soll auf keinen Fall eintreten.

Kommando Spezialkräfte (KSK)

Abzeichen des *Kommando Spezialkräfte (KSK).*

Während die Spezialeinheiten der Länder und des BGS mit der Abwehr von Terroranschlägen, Attentaten und Geiselnahmen in Deutschland beauftragt sind, ist dies – mit bestimmten Ausnahmen – aus rechtlichen Gründen im Ausland nicht möglich.

Dieses Manko wurde der Öffentlichkeit im März 1994 besonders drastisch vor Augen geführt: Während der schweren Unruhen und Massaker in Ruanda saßen elf deutsche Staatsangehörige in diesem ostafrikanischen Kleinstaat fest; jeder Möglichkeit beraubt, ohne Gefahr für Leib und Leben das Land zu verlassen und nach Deutschland zurückzufliegen. Spezialeinheiten der Bundeswehr waren für solche Rettungsaktionen nicht ausgebildet bzw. noch nicht vorhanden. Die Bundesregierung bat in Folge NATO-Bündnispartner Belgien um Hilfe, der aufgrund seiner kolonialen Vergangenheit schon mehrfach Militäreinsätze in Afrika durchgeführt hatte. So holten belgische Fallschirmjäger die elf Deutschen in letzter Minute aus dem Gefahrenbereich und sicherten ihren Heimflug.

Um Rettungseinsätze in Übersee künftig selber bewältigen zu können, aber auch aus anderen Gründen, begann die Bundeswehr 1995 mit ersten Vorbereitungen zur Aufstellung des *Kommando Spezialkräfte (KSK)*. Die organisatorische Aufstellung begann mit dem 1. April 1996, die offizielle Indienststellung fand am 20. September 1996 in Calw statt.

Folgende Hauptaufgaben wurden dem KSK zugewiesen:

1. Gewinnen von Schlüsselinformationen in Krisen- und Konfliktgebieten.
2. Schutz eigener Kräfte auf Distanz und von Personen in besonderen Lagen.
3. Rettung und Evakuierung deutscher Staatsbürger und / oder anderer Personen in besonderen Lagen im Ausland.
4. Kampfeinsätze in gegnerischem Gebiet.

Wichtige Starthilfen in der Gründungsphase leisteten einige SEK, die GSG 9, der britische SAS *(Special Air Service)* sowie die US-amerikanische *Delta Force*. Aber auch eigene Bundeswehr-Erfahrungen, vor allen aus den Reihen der Fernspäher, Fallschirmjäger und Kampfschwimmer, flossen ein.

Das KSK erhielt modernste Technik und Bewaffnung; im Handwaffen-Arsenal befinden sich u.a. verschiedene Modelle der Heckler & Koch USP (P8 und die schallgedämpfte P12) und der MP 5 (Z.B. MP 5 SD 3, MP 5 K mit anklappbarer Schulterstütze). Die Standardwaffe des KSK-Soldaten ist das Sturmgewehr HK 50, bei der Bundeswehr als G 36 bezeichnet. Auch diese Waffe wird in verschiedenen Ausführungen und mit allem erdenklichen Zubehör versehen. Besonderst erwähnenswert ist hierbei der 40 mm Granatwerfer AG 36, mit dem Brand-, Spreng-, CS- und Gummigeschosse abgefeuert werden können. Als schwerere Bewaffnung dient das MG 3, das HK 21 E, das HK 23 E, die Panzerfaust 3 sowie der Lenkflugkörper Milan. Die Scharfschützen benutzen das G 22 m Kaliber .300 Winchester Magnum, das die britische Firma Accuracy International herstellt, die der mehrfache Goldmedaillen-Gewinner im Gewehrschießen, Malcolm Cooper, gründete.

Im KSK-Standort Calw, ehemals Heimstatt der Fallschirmjäger, aus deren Reihen auch die ersten KSK-Soldaten rekrutiert wurden, wurde eine moderne Kletter- und Schießanlage errichtet, die international Beachtung fand. Weitere Übungsmöglichkeiten finden sich in der Luftlandschule in Altenstadt, der Infanterieschule in Hammelburg, der Gebirgs- und Winterkampfschule in Mittenwald sowie der Fernspähschule in Weingarten. Dank guter Beziehungen zu befreundeten Armeen und deren Sonderverbänden trainiert das KSK gelegentlich auch in den österreichischen Alpen, der texanischen Wüste oder im Urwald von Französisch-Guayana.

Als im September 1997, während einer großen Heeresübung, Inspekteur Generalleutnant Willmann von Pressevertretern auf das Thema »Auslandseinsätze« angesprochen

Scharfschützen des KSK im Tarnanzug *Ghillie Suit*. Bewaffnet sind sie mit dem G 22 im Kaliber .300 Winchester Magnum.

KSK-Soldaten demonstrieren eine Geiselbefreiung. Sie führen unterschiedliche Ausführungen des G 36 von Heckler & Koch, schallgedämpfte MP 5 sowie ballistische Schutzschilde.

wurde, war er auch der Meinung, dass Polizeitruppen nur mit Zustimmung des betreffenden Staates in dessen Hoheitsgebiet eingesetzt werden dürften (Anmerkung: So verhielt es sich auch im September 1977 bei der Geiselbefreiung in Mogadischu.) Das KSK benötigt als militärischer Verband eine solche Zustimmung aber nicht. Die rechtliche Lage indes ist komplex. Völkerrechtlich existiert ein Gewaltverbot (Art. 2, Ziffer 4 UN Charta). Darüber steht jedoch das Recht auf Selbstverteidigung (Art. 51 UN Charta). Falls das Leben deutscher Staatsbürger im Ausland gefährdet ist, die fremde Staatsführung nicht oder nicht ausreichend für schnelle, umfangreiche Hilfe sorgt, die diplomatischen Bemühungen zu keinem annehmbaren Ergebnis führen und vom UN-Sicherheitsrat keine oder keine rechtzeitigen Maßnahmen ausgehen, sind die Voraussetzungen für eine Rettungsaktion gegeben.

Der Einsatz darf dabei aber nicht unverhältnismäßig in die Geschehnisse des Landes und seine Rechtsgüter eingreifen. Auch hier gilt die Maxime: *»Der Grundsatz der Verhältnismäßigkeit hat Verfassungsrang!«*

Nach deutschem Recht wird die Befugnis für eine Rettungsaktion auf das Grundgesetz gestützt *(Der Bund stellt Streitkräfte zur Verteidigung auf.* Art. 87a, Abs. 1 GG). Nach der Entscheidung des Bundesverfassungsgerichtes vom 12. Juli 1994 (BverfGE 90, 286 ff.) ist die Zustimmung des Bundestages vor dem Einsatz einzuholen. Bei Gefahr im Verzuge ist die Bundesregierung berechtigt, den Einsatz vorläufig zu beschließen und zu vollziehen. Auch wurde entschieden, dass der betreffende Staat, in dessen Hoheitsgewalt deutsche Staatsbürger gefährdet sind, nicht vorher über die Befreiungsaktion informiert werden muss.

Seit 1998 befinden sich Soldaten des KSK jenseits der Grenzen im Einsatz; zuerst auf dem Balkan und später in Afghanistan. Dabei wurden wertvolle Erfahrungen gesammelt und die Soldaten konnten verschiedentlich ihr Können unter Beweis stellen.

Scharfschütze der KSK mit G 22 im Anschlag bei einer Geiselbefreiungs-Übung.

VOLKSPOLIZEI

Die Dienst-einheit IX der ehemaligen Volkspolizei

Auch in der damaligen DDR existierten Anti-Terroreinheiten der Polizei (Volkspolizei genannt). Diese wurden nach westdeutschem Vorbild aufgebaut und orientierten sich auch stark daran. Es begann bei der Namensfindung, in der Organisation und vor allem bei der regelmäßigen Presseauswertung. Das Hauptquartier in Berlin besorgte die ersten Bücher und Zeitungsberichte über Spezialeinheiten und Combatschießen und teilweise die darin abgebildeten Ausrüstungsgegenstände. (Dabei wurde aber nicht vergessen, Werbeanzeigen und unliebsame Kritik an Oststaaten zu entfernen.) Trotz dieser Umstände und den vergleichsweise primitiven Voraussetzungen konnten sie regelmäßig Erfolge nachweisen.

Ulrich Tauchel, 1947 in Thüringen geboren, seit 1976 Leiter der Arbeitsgruppe 9 der Rostocker Polizei, nach der Wende bis 1991 Kommandoführer des SEK Mecklenburg-Vorpommern, heute Leitender Polizeidirektor, erinnert sich:

Als Anfang der 70er-Jahre in der BRD die Einrichtung der GSG 9 und der Aufbau von Spezialeinheiten in den Ländern erfolgte, beeinflusste diese Entwicklung auch den Innenminister und die Polizeiführung in der DDR in ihrem Handeln. Insofern war der durch Befehl angeordnete Aufbau von Referaten 9 der Kriminalpolizei in Ost-Berlin, den Bezirkshauptstädten Rostock, Schwerin, Magdeburg, Leipzig, Erfurt und Karl-Marx-Stadt (Chemnitz), nur eine logische Entscheidung.

Der Befehl 002/74 des Ministers des Innern und Chef der Deutschen Volkspolizei (damals geheime Verschlusssache) regelte, dass durch die Bezirkschefs geeignete Polizisten aus allen Dienstzweigen des Volkspolizei »auszuwählen« und zum Referat 9 zu versetzen waren.

Vopos der Diensteinheit IX beim schnellen Abgleiten am Tau von einem Hubschrauber der Volkspolizei.

Ein Angehöriger der Diensteinheit IX beim Werfen eines Seils mit Wurfkralle. Ein Schütze mit Kurz-MP sichert. Man beachte das Oberschenkelholster des Werfers.

In erster Linie war die uneingeschränkte physische und psychische Belastbarkeit gefordert. Außerdem sollten alle Polizisten den Abschluss einer Offiziers- oder Fachschule haben. Die Versetzung zum Referat 9 erfolgte ausschließlich durch »Personalbefehl« des DDR Innenministers.

In Ost-Berlin befand sich die Stabsstelle der Referate 9 der Kriminalpolizei und mehrere Einsatzgruppen, untergebracht in der damaligen Fahrbereitschaft des Polizeipräsidiums Berlin in Pankow/Heinersdorf. Für die Bezirke waren Kommandos in Gruppenstärke von 5 bis 7 Polizisten vorgesehen.

In den Jahren 1979 bis 1981 wurde das Referat 9 aus der Kriminalpolizei herausgelöst und den Bereitschaftspolizeien, später den Führungsstäben in den Polizeibehörden der Bezirke, unterstellt. Die Kommandos erhielten die neue Bezeichnung »Diensteinheit IX«. Je nach Bezirksgröße wurden die Diensteinheiten IX auf zwölf bis 25 Einsatzkräfte verstärkt. In Dresden erfolgte dann die Einrichtung eines zusätzlichen Kommandos.

Entsprechend aller nur denkbarer Einsatzvarianten war die Ausstattung der Diensteinheit IX ähnlich der SEK-Ausstattung in der BRD gewährleistet. Zum Bestand gehörten beispielsweise schusssichere Helme (TIG), Schutzwesten russischer Produktion, Atemschutzmasken, Dragunow-Präzisionsgewehre, PSG 1, HK 33, MP 5-SD 3, etc. Zur Gewährleistung einer hohen Mobilität diente als gebräuchlichstes Fahrzeug der Lada 2103.

»Echte SEK-Sonderlagen« waren in der DDR die Ausnahme. Flüchtige russische Soldaten, die unter Waffenandrohung und manchmal auch mit Geiselnahmen versuchten, sich aus den Garnisonen zu entfernen um nach Hause zu gelangen, waren auch für die eingesetzten Polizisten lebensbedrohlich, konnten aber regelmäßig ohne größeren

Ein Foto aus der Lehrmittelsammlung des *Referates 9*, das jedem Angehörigen dieser Spezialeinheit in der Grundausbildung gezeigt wurde: Als Waldarbeiter getarnte Vopos verhaften einen Täter, nachdem sie vorher einen Stapel Rundhölzer gelöst haben, der das Fluchtfahrzeug blockiert.

Schaden festgenommen werden. Wahrscheinlich drohten den Soldaten schwere Strafen, wenn sie unerlaubt ihre Garnisonen verließen. Deshalb, so zeigte die Praxis, waren sie auch ohne Hemmungen bereit, die mitgeführten Waffen (in der Regel AK 74) einzusetzen.

Ein weiteres Tätigkeitsfeld war die Suche nach Sprengstoff bei Bombendrohungen. So wurde aus Gedser eine Bombendrohung gegen die Fähre »Warnemünde« bekannt, während sich das Fährschiff noch im Hafen von Rostock-Warnemünde befand. Alle Fahrgäste wurden evakuiert, mit einem vom Zoll ausgeliehenen Sprengstoffsuchhund, selbstgebauten Sonden, Haken und Spiegeln wurde das Schiff durchsucht. Eine Sisyphusarbeit ohne Ende und sicheres Ergebnis, aber von Fortune begleitet, weil kein Sprengstoff gefunden wurde und die Fähre ohne besondere Vorkommnisse die Warnemünder Mole passieren konnte.

Die Diensteinheiten IX der DDR Volkspolizei beendeten 1990/1991 ihre Tätigkeit. Mit der Einrichtung der Länderpolizeien in Brandenburg, Mecklenburg-Vorpommern, Sachsen, Sachsen Anhalt und Thüringen wurden in diesen Bundesländern auch Spezialeinsatzkommandos gebildet.

Viele Polizisten, die in der Diensteinheit IX tätig waren, sind heute Beamte bei MEK, PSG und SEK. Bei Besuchen der Sondereinheiten in den neuen deutschen Bundesländern konnten die Verfasser mit vielen ehemaligen Mitarbeitern reden, die heute noch hoch motiviert ihren Dienst verrichten. Der Einschätzung von LPD Tauchel kann deswegen nur im vollen Maße entsprochen werden:

»Mut, Entschlossenheit und die Bereitschaft, das eigene Leben für das Leben und die Gesundheit anderer Menschen einzusetzen, sind Fragen polizeilicher Ethik, die eben nicht an Ländergrenzen, Staats- und Gesellschaftsordnungen gebunden sind. Auch unsere Tätigkeit in der damaligen Volkspolizei entsprach diesem Auftrag«.

Die wohl gefährlichsten Einsätze der Diensteinheit IX standen im Zusammenhang mit sowjetischen Deserteuren, Soldaten die Amok im Panzer fuhren oder sich zwei Jahre lang auf Müllhalden versteckt hielten und das Umfeld mit Diebstählen in Angst und Schrecken versetzten. Über eine, aus kriminologischer und taktischer Sicht, besonders erwähnenswerte Geiselnahme berichtet Herr C., einst Angehöriger der DE IX der Volkspolizei Schwerin:

Nach Beendigung der Offiziersschule im August 1982 bis zur Wende war ich Angehöriger der Spezialeinheit. Den wohl gefährlichsten Einsatz erlebte ich im Juli 1985. Ein bewaffneter sowjetischer Soldat hatte sich unerlaubt von der Truppe entfernt. Erst wurde er im Nahbereich der Garnison in Parchim gesucht, dann wurde der Fahndungsring erweitert. Neben unserer Einheit waren auch Kräfte der Vopo Schwerin und Soldaten der GSSD (Gruppe der Sowjetischen Streitkräfte in Deutschland) eingesetzt. Die Suche erstreckte sich nun schon über mehrere Tage. Am Abend des 16.7.1985 gab es Hinweise auf den Flüchtigen. Er sollte sich im Bereich der Stadt Crivitz aufhalten. Die Nachsuche dort führte uns dann in die Ortschaft Barnin. Am frühen Morgen des 17.7.1985 schoss der Russe auf einen Volkspolizisten, der sich auf dem Weg zu

Ein Einsatztrupp des *Referates 9* beim Vorgehen mit Hilfsmitteln in einem nicht gesicherten Bereich.

Dienst befand. Daraufhin wurde Barnin abgeriegelt. Durch Hinweise aus dem Ort konnte der Deserteur lokalisiert werden. Er hatte sich in einem Einfamilienhaus verschanzt und eine ganze Familie als Geiseln genommen. Zwei Mann in Zivil konnten noch den Vater und den Opa aus dem Haus lotsen, mit der Frau und zwei Kindern gelang das nicht mehr. Diese waren nun in höchster Gefahr. Deswegen wurde auch von der Einsatzleitung nicht lange gezögert. Der Entschluss zum Eindringen stand schnell fest. Ein Kamerad und ich betraten das Gebäude legendiert (getarnt), als Landarbeiter/Traktorist verkleidet. Unsere Aufgabe war es, den bewaffneten Täter bei der ersten sich bietenden Gelegenheit zu überwältigen. Beim Versuch des überraschenden Zugriffs auf den Täter machte dieser sofort von der Schusswaffe, einer AK 74, Kal. 5,45, Gebrauch. Er schoss aus einer Distanz von weniger als fünf Meter mit Dauerfeuer auf mich. Die Tatortarbeit des MfS ergab später, dass er ca. 12 -15 Schuss abgab. Die Masse der Geschosse wurde durch einen im Raum befindlichen Kachelofen, hinter dem ich instinktiv Deckung suchte, aufgefangen. Wie durch ein Wunder traf nur ein Schuss das Griffstück meiner Makarow. Als »Andenken« an diesen Einsatz sind mir zwei versteifte Fingergelenke und einige Narben geblieben. Der Russe wurde später durch einen seiner Kameraden, der aus der Parchimer Garnison eingeflogen wurde, zur Aufgabe überredet.

Nach meiner Erinnerung fand gegen Ende des Jahres 1985 in einer Schweriner Kaserne der sowjetischen Armee die Verhandlung vor einem Militärtribunal statt. Dort wurde ich auch als Zeuge gehört. Später wurde uns mitgeteilt, der Russe sei zu neun Jahren verschärfter Haft verurteilt worden.

Sondereinheiten des Ministeriums für Staatssicherheit (MfS)

Zusätzlich zu der Anti-Terroreinheit der Volkspolizei gab es zu sozialistischen Zeiten noch verschiedene Einheiten im Ministerium für Staatssicherheit (abgekürzt MfS, im Volksmund »Stasi« genannt), die teilweise die gleiche Aufgabenstellung wie die Diensteinheit XI hatten.

Da sich, für die Autoren verständlich, kein ehemaliger Mitarbeiter bereit erklärte, gezielte Auskünfte zu geben, wurde auf Informationen und Untersuchungsberichte *(Der Bundesbeauftragte für die Unterlagen des Staatssicherheitsdienstes der ehemaligen DDR – Abteilung Bildung und Forschung)* zurückgegriffen. Obwohl nicht alle Erkenntnisse dort als gesichert gelten und sich oft widersprechen, gestatten sie dennoch wertvolle Einblicke.

Für die Terrorabwehr war die *Abteilung XXII* innerhalb des MfS zuständig. Gründungsanlass waren die Weltjugendspiele 1973 in Ost-Berlin, die jedoch friedlich verliefen, dennoch gab es auch in der DDR »politisch motivierte Gewalt«. So versuchten einzelne DDR-Bürger durch die Geiselnahme von Parteifunktionären ihre Ausreise in den Westen zu erzwingen. Ebenfalls durch Fluchtabsichten motiviert waren ca. 20 Flugzeugentführungen, von denen mindestens vier »erfolgreich« verliefen. So gelang es 1964 und 1965 drei Einzeltätern gewerbliche Flugzeuge und 1969 eine Militärmaschine zu entführen und die Piloten zur Landung im Westen zu zwingen. 1969 entführten zwei DDR-Bürger eine polnische Passagiermaschine nach Berlin-Tegel. Alle anderen Täter wurden überwältigt bzw. von den Piloten über den Ort der Landung (innerhalb der DDR und nicht, wie gefordert, im Westen) getäuscht. 1970 beging ein Marinesoldat nach einer solchermaßen vereitelten Flucht zusammen mit seiner Ehefrau Selbstmord. Keiner der Entführer verknüpfte aber mit seiner »Republikflucht« weitergehende politische Ambitionen.

Angehöriger einer *Operativen Gruppe* des Ministeriums für Staatssicherheit (MfS).

Die Grenzanlagen der DDR waren von westlicher Seite aus zwischen 1975 und 1987 fünf Mal Ziel von Sprengstoffanschlägen. Für besonders gefährdet hielt die Stasi auch die Auslandsvertretungen der DDR. Mit der terroristischen Bedrohung, der sich die westliche Welt zu erwehren hatte, war dies aber nicht zu vergleichen, bei kaum einem Vorfall nahmen Mitteldeutsche Schaden an Leib oder Leben. Ein organisierter, geschweige denn militanter Widerstand mit revolutionärer Zielsetzung, wie er im Westen existierte, war innerhalb des stark repressiven politischen Systems der DDR undenkbar.

Selbst der spektakulärste Fall, das vermeintliche Honecker-Attentat vom 31.12.1982, resultierte in Wirklichkeit aus der zufälligen Konfrontation eines waffenvernarrten und alkoholisierten Autofahrers mit dem Staatsratsvorsitzenden. Dieser Zwischenfall war nicht als Attentat vorbereitet worden und besaß auch keinerlei politischen Hintergrund. Der virulente internationale Terrorismus entwickelte sich hauptsächlich in der liberalen Gesellschaftsordnung des Westens und richtete sich ausschließlich gegen die demokratischen Staaten; dass er auf die DDR »überschwappen« könnte, war eine Möglichkeit, die hauptsächlich in der Perzeption (Wahrnehmung) des Staatssicherheitsdienstes existierte. Das übersteigerte, im Bereich der Terrorabwehr tendenziell paranoide Sicherheitsdenken des MfS erhielt durch die genannten Vorfälle ständig Nahrung.

Inoffiziell unterstützte das MfS aber ca. 19 internationale Terrororganisationen, wie z.B. Abu Nidal-Gruppe, Action Directe, Carlos-Gruppe, ETA, IRA, RAF, teilweise aufgrund gemeinsamer »Ziele«, teilweise aus Furcht vor Anschlägen in der DDR. Zeitweise gab es sogar eine regelrechte Zusammenarbeit mit Carlos und der RAF. Unterkünfte und Durchreisen wurden ermöglicht, Waffen und Sprengstoff besorgt und sogar Ausbildung betrieben.

Mit der *Abteilung 5* existierten innerhalb der Abteilung XXII so genannte *spezifisch-operative Kräfte,* die gleichermaßen politisch-operative und militärisch-operative Kampfaufgaben lösen konnten. Vergleichbare Einheiten wurden außerdem von der *Hauptabteilung III/18* (Spionageabwehr) und vor allem von der *Arbeitsgruppe des Ministers – Bereich Sicherheit (AGM/S)* unterhalten. Anders als die letztgenannten Einheiten konnten die Kräfte der *Abteilung XXII/5* jedoch nicht von anderen Abteilungen angefordert werden, sie standen vielmehr ausschließlich für die spezifischen Belange ihrer Abteilung zur Verfügung und wurden vorgangsbezogen eingesetzt.

Hauptsächlich waren sie mit Beobachtungen und Kontrollmaßnahmen beschäftigt. Sie führten z.B. bei ausländischen Zielpersonen offene oder verdeckte »Sicherungen« durch. Dies erfolgte besonders bei den in der DDR befindlichen arabischen Terroristen. Ferner waren sie zur Sicherung gesellschaftlicher Großereignisse, für die Bewachung der Dienst-

Angehörige der *MfS-Abteilung XXII* im November 1977 bei der »Aktion 60«.

objekte und für den Schutz führender Repräsentanten im Einsatz. Die unmittelbare Abwehr terroristischer Angriffe blieb jedoch, mangels entsprechender Vorfälle, nur Übungsgegenstand.

Ein ehemaliger Polizist der Diensteinheit IX (Volkspolizei) weiß dazu:

Die von der Stasi haben Beendigungen von Flugzeugentführungen vorbereitet. Auf ihrem Übungsgelände hatten sie sogar eine alte Tupolew stehen, an der realistisch trainiert wurde. Ab und zu kam einer von deren Ausbildern zu uns und sah beim Training zu. Was die aber genau machten, wusste damals niemand. Es hätte sich auch keiner getraut, das offen zu fragen. Diese Einsatzkräfte (bzw. deren Vorgänger) waren spätestens seit 1977 existent. Angeleitet wurden sie seit Februar 1980 von Oberstleutnant W.H. Ihre Soll-Stärke lag bei 46 Mitarbeitern. Das durchschnittliche Alter der Mitarbeiter dieser Abteilungen war sehr niedrig. 1987 waren 70 Prozent jünger als 25 Jahre. Bezeichnenderweise betrafen fast alle Disziplinarmaßnahmen gegen Angehörige des MfS in den späten 80er-Jahren Angehörige der Abteilung XXII/5. Außerdem wurde ihnen, ihrem geringen Lebensalter und ihrer eher praktischen Aufgabenstellung zufolge, ein bildungsmäßiger Nachholbedarf attestiert. Trotz der nominellen Zuständigkeit sowohl der Abteilung XXII als auch der AGM/S für die Abwehr von Terrorhandlungen, war die konkrete Zielstellung beider Diensteinheiten grundverschieden. Während die Abteilung XXII terroristische Organisationen in hauptsächlich geheimdienstlicher Manier aufzuklären hatte, oblag der AGM/S unter der Leitung des Generalmajors H.S. die militärische Bekämpfung von etwaigen Attentätern und Geiselnnehmern durch entsprechend ausgebildete und bewaffnete Zentrale Spezifische Kräfte (ZSK). Die Abteilung XXII hatte trotz ihrer operativen Bedeutung keinen Zugriff auf die Einheiten der AGM/S.

Der Stellvertreter von MfS-Leiter Erich Mielke, Generalleutnant G.N., erklärte 1983:

»Die Federführung der Abteilung XXII erfasst nicht den Einsatz der nichtstrukturellen und strukturellen spezifischen ausgebildeten Kräfte zur Bekämpfung erfolgter Terror- und anderer bedeutsamer Gewaltakte mit militärisch-operativen Mitteln. Wenn eine Bekämpfung durch spezifisch ausgebildete Kräfte notwendig ist, dann fällt das unter die Verantwortung der AGM/S. Eine Verwischung der Verantwortung darf es hier nicht geben.«

Am 1. April 1989 wurde die AGM/S in Abteilung XXIII umbenannt. Um eine erhöhte Effektivität in der Terrorismusbekämpfung, eine Verringerung des Koordinierungsaufwandes und eine verbesserte Nutzung von Dienstobjekten zu ermöglichen, wurden sie am 1.3.1989 der Abteilung XXII unterstellt, die wiederum zur Hauptabteilung XXII aufgewertet wurde. Zu ihrem Leiter wurde Oberst H.F. ernannt.

Diese neue Hauptabteilung verfügte nun über 878 hauptamtliche Mitarbeiter in der Zentrale, davon acht Einsatzkommandos der Abteilungen 2 (ZSK) und 9 (ZSK) mit 228 Planstellen, 58 Planstellen bei der Abteilung 3 (Flugsicherungsbegleitung) und 26 Planstellen bei der Abteilung 7 (Kampfausbildung Ausländer).

Die gleichlautende Aufgabenstellung der Abteilungen 2 und 9 war die Bekämpfung des Terrorismus, die Sicherung von Großveranstaltungen, Schutz von führenden Repräsentanten des Staates und der Partei, Bewachung der Auslandvertretungen der DDR sowie Durchführung von Kampfaufgaben im Kriegsfall einschließlich der Ausführung subversiver Akte gegen die BRD.

Die Abteilung 3 war zuständig für die Sicherung der Flüge der DDR Fluggesellschaft »Interflug« innerhalb der DDR sowie nach Polen, Tschechoslowakei und Ungarn. Die unter Legende arbeitenden Mitarbeiter sollten etwaige Entführungsversuche schon im Ansatz unterbinden. Zu diesem Zweck befanden sich grundsätzlich bei jedem Flug zwei Mitarbeiter an Bord. In Einzelfällen wurden auch Fluggäste begleitet, von denen eine besondere Bedrohung auszugehen schien, in den Westen »abgeschoben«.

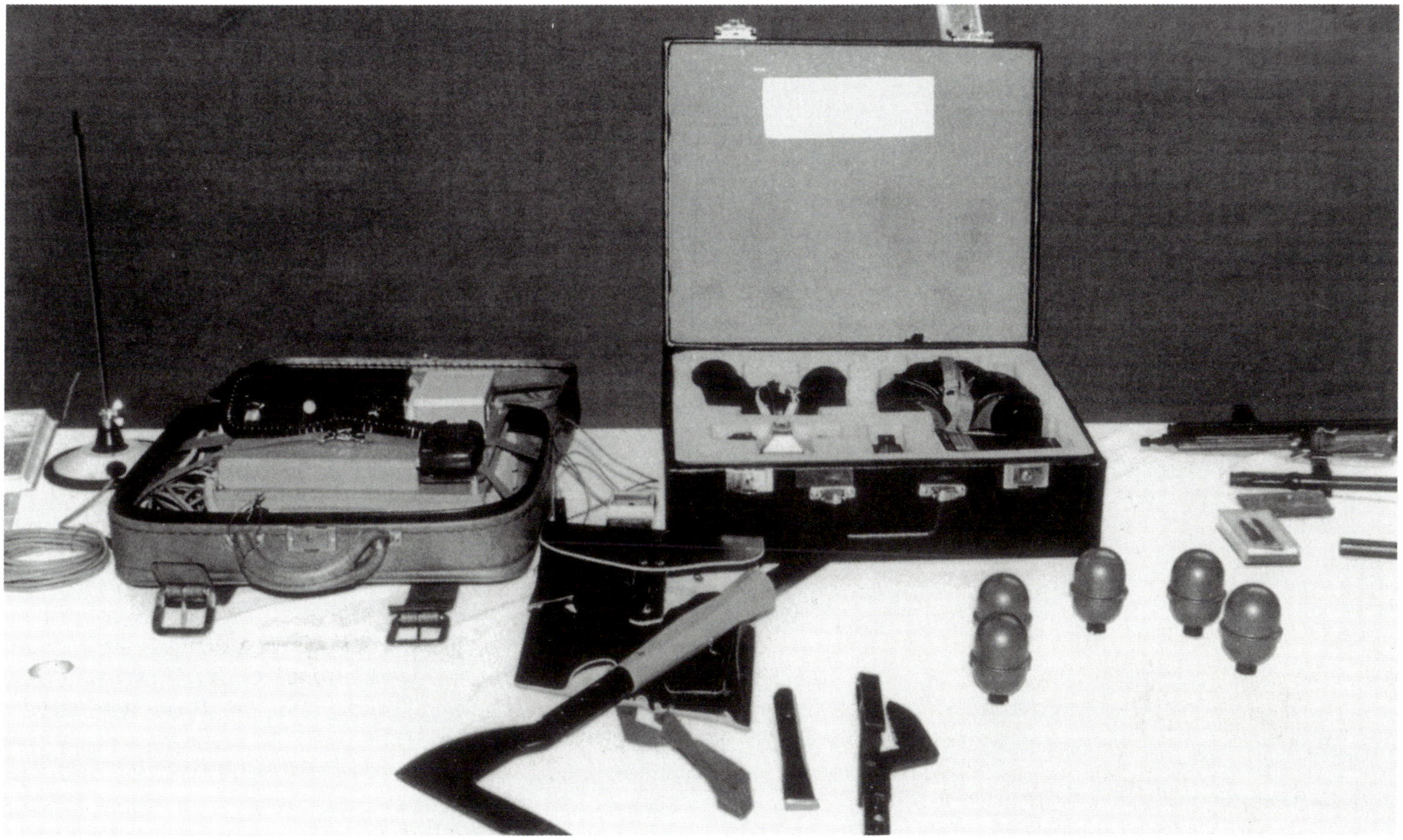

Einsatzmittel aus der Rüstkammer der *Abteilung XXII.*

Die Abteilung 7 war für die Ausbildung von Mitarbeitern ausländischer »Sicherheitskräfte« zuständig. Diese wurden für den bewaffneten Kampf in ihren Herkunftsländern geschult. Diese Aufgaben waren zuvor von der AGM/S wahrgenommen worden, die laut Akten seit 1970 in 164 Lehrgängen 1895 Personen aus 15 Staaten in Kampftaktiken ausbildeten. Des weiteren gab es nun auch eine Zentrale Gruppe Verhandlungsführung (ZGV), die auf Ebene der Bezirksverwaltung ein territoriales Äquivalent (TGV) besaß. Im Falle einer Geiselnahme pp., sollte die unmittelbare Verhandlungsführung mit den Tätern übernommen werden. Die ZGV wurde von einer Frau, Major J.I. geleitet, was damals ein Novum darstellte.

Analog zu den Zentralen Spezifischen Kräften (ZSK) in der Zentrale existierten auch auf Bezirksverwaltungen Territoriale Spezifische Kräfte (TSK) mit vergleichbarer Aufgabenstellung. Ihr Status war entweder permanent oder sie wurden im Bedarfsfalle oder zum Training zusammengezogen. Die TSK bestanden in Rostock, Neubrandenburg und in Karl-Marx-Stadt (Chemnitz).Wie die westdeutsche Polizei, gaben auch die Einheiten des MfS Verhaltensgrundsätze für den Fall einer Geiselnahme an Bankangestellte, Politiker, etc. weiter. Obgleich diese für den Stand von 1983 nahezu identisch mit den westdeutschen Grundsätzen waren, gab es noch einen Zusatz der in der 5. Regel (»Orientiere Dich auf Gegenwehr«) im Absatz 6 zu finden war:

Handeln Sie unverzüglich und entschieden gegen die Geiselnehmer, wenn ihre Aktionen eine hohe sicherheitspolitische Gefährdung erkennen lassen. Das ist zum Beispiel der Fall, wenn die Geiselnehmer mit ihnen als Geisel die Staatsgrenze überschreiten wollen. Unternehmen Sie dann alles, auch unter Einsatz Ihres Lebens, um dieses Vorhaben zu stören bzw. den Geiselnehmer zu überwältigen.

Sonst eher auf Deeskalation bedacht, war der »Genosse Minister«, der für die Grundsätze verantwortlich war, institutionell hart, wenn es um die verschiedenen Arten der »Republikflucht« ging. Nach der Wende, Anfang der 90er-Jahre, waren die Zeitungen voll mit Artikeln über die Machenschaften der operativen Einheiten des MfS, die wohl nie voll geklärt werden können, da ein Großteil der Akten von »treuen« Mitarbeitern noch vernichtet werden konnte.

Besonders der Ende der 40er-Jahre geborene N.W., ehemaliger Major des MfS, der auch an der Ausbildung deutscher RAF-Terroristen mitwirkte, hat es so zu einiger »Berühmtheit« gebracht. Wie bei Vernehmungen durch das Bundeskriminalamt (BKA) bekannt wurde, war das als

Waffen und Einsatzmittel aus den Beständen der *Abteilung XXII*, darunter mit Schalldämpfern versehene Kalaschnikow-Ausführungen.

Ferienheim getarnte Ausbildungslager der Stasi, in Briesen, östlich von Berlin, zugänglich für viele internationale Terroristen.

So wurden z.B. Henning Beer, Christian Klar, Helmut Pohl, Adelheid Schulz und Inge Viett für ein Attentat auf den US-General Frederik Kroesen vorbereitet. Übungen mit Waffen aller Art aus West- und Osteuropa standen auf dem Programm und sogar die Simulation des geplanten Attentates. Ein von der Stasi organisierter Mercedes Benz wurde mit vier Strohpuppen und einem lebenden Schäferhund präpariert und mit einer sowjetischen Panzerfaust RPG 7 beschossen. Die Detonation der Hohlladung riss sämtliche Türen des PKW auf und schleuderte die Front- und Rückscheibe heraus. Die Puppen auf dem Fahrer- und Beifahrersitz wurden nach vorne auf das Armaturenbrett gedrückt, die hinteren Puppen saßen unverändert auf dem Rücksitz. Der im Fahrzeug angebundene Schäferhund starb.

Das Attentat auf F. Kroesen fand am 15. September 1981 in Heidelberg statt. Da die Terroristen nur den Kofferraum des gepanzerten Wagens trafen, überlebte er.

Europäische Sondereinsatzkräfte

A

Belgien:

Escadron Special d`Intervention (ESI)

Abzeichen der ESI.

Belgien verfügt mit der *Escadron Special d`Intervention (ESI;* zu deutsch etwa: Sondereinsatz-Schwadron) über eine leistungsfähige polizeiliche Spezialeinheit zur Bekämpfung von Terrorismus und Schwerstkriminalität. Im flämisch sprechenden Teil des Landes – wir erinnern uns: In Belgien sind Französisch, Flämisch und Deutsch Landessprache – wird die ESI auch als SIE *(Speciaal Interventie Eskadron)* bezeichnet. Im Übrigen wird auch der Funkverkehr zweisprachig abgewickelt. Dies hört sich umständlich an, hat aber der Effizienz der Einheit seit ihrer Gründung am 6. Dezember 1972 keinerlei Abbruch getan. Sie trat in den ersten Jahren noch als *Le Groupe Diane* in Erscheinung, und die Göttin der Jagd Diana findet sich noch heute im Abzeichen. Wir bei vielen Verbänden prägte der erste Kommandant die Einheit in besonderem Maße und drückte ihr sozusagen seinen Stempel auf: Es handelte sich um keinen Geringeren als Major Arsène Pint, Teilnehmer der Olympiade 1960 in Rom, der aus naheliegenden Gründen insbesondere die sportliche und schießtechnische Note beim Aufbau der jungen Truppe betonte. Wie sämtliche in den 70er-Jahren gegründeten Sonder-

ESI-Einsatzkräfte üben das gesicherte Vorgehen beim Eindringen in ein Haus.

Ein Sturmtrupp der ESI kurz vor dem Eindringen in ein Verkehrsflugzeug.

einheiten durchlief die ESI Jahre des Wandels und sich ändernder Bedrohungslagen. Auf internationaler Ebene gilt sie als moderne Einheit, die keinen Vergleich zu scheuen braucht. Innerhalb verschiedener Abteilungen bildet die ESI auch Taucher und Fallschirmspringer aus, wobei jeder Angehörige der Einheit – egal ob in der wohlsortierten Waffenkammer oder in einer der Einsatzgruppen tätig – mindestens vier Fallschirmsprünge absolvieren muss. Außerdem wird jedes Mitglied der Einsatzgruppen als Präzisionsschütze auf Entfernungen bis 100 Meter ausgebildet, für größere Distanzen sind Spezialisten zuständig.

Dass die ESI während ihres 30-jährigen Bestehens keinesfalls nur damit beschäftigt war, einen hohen Ausbildungsstand zu erreichen und zu wahren, belegt folgender Bericht eines leitenden Offiziers von einem bewaffneten Überfall mit Geiselnahme:

1989, in der Nähe von Lüttich. Drei bewaffnete Täter dringen in das Haus eines Bankdirektors ein und nehmen ihn, seine Frau und zwei Töchter als Geiseln. Das war am Sonntagabend. Am Montagmorgen wurden wir in aller Herrgottsfrühe alarmiert und fuhren hin. Der Bankdirektor hatte in der Nacht entkommen können und so erfuhren wir von ihm wichtige Neuigkeiten.

Wir haben erst einmal das Gebäude umstellt und unsere Spezialisten für Verhandlung hinzugezogen. Die Gespräche mit den Tätern gestalteten sich äußerst zäh und zogen sich fünf volle Tage bis zum Freitag hin. Von der Zeit her gesehen war das Wahnsinn, so etwas habe ich weder vorher noch nachher erlebt. Die Verbrecher wollten freien Abzug mit den Geiseln und 30.000.000 Franc in bar haben. Sie begründeten den horrenden Betrag damit, dass jede Tochter 15.000.000 Franc »wert sei«.

Sie erhielten Geld und Fluchtwagen und machten sich in Folge an die Abfahrt. Die Verbrecher verhielten sich dabei unglaublich geschickt: Sie sicherten sich gegenseitig ab und kamen teilweise zusammen mit den Geiseln unter einer Decke versteckt aus dem Haus. Da sie auch noch Handgranaten in den Händen hielten, war ein Zugriff nicht möglich.

Nach einer längeren Fahrt ließen sie die Frau frei. Schließlich unterbrachen sie ihre Fahrt, um sich mit den restlichen Geiseln in einem Hochhaus zu verschanzen. Wir hatten natürlich Mühe, in einer mobilen Lage dran zu bleiben. Vor allem mit in das Haus zu gelangen. Mittels Technik konnten wir dann die Wohnung ausmachen. Ein geplantes Eindringen wurde vorgenommen, jedoch war die Wohnung leer. Dann machten wir sie im Treppenhaus aus. In der Konfrontation hat der »Chef« der Täter Selbstmord begangen. Der Rest flüchtete auf das Dach des 23-stöckigen Hochhauses.

Übung des Vorgehens zur Geiselbefreiung auf einem Ozeandampfer.

Eindringen in ein Haus. Der Vordermann trägt zum Schutz ein ballistisches Schutzschild.

ESI-Sturmtrupp aus der Sicht des Straftäters. Man beachte die bereitgehaltene Sprengladung und die an den Pistolen befestigten *Surefire*-Taschenlampen – in Erwartung der schlechten Sichtverhältnisse im Raum.

Dort kam es zu einem heftigen Schusswechsel, in dessen Verlauf die Täter das Lösegeld vom Dach warfen. Es regnete geradezu Geldscheine. Die Verbrecher nutzten jetzt jeden Vorteil. Sie warfen auch ihre Handgranaten, die jedoch nicht explodierten. Später fanden wir raus, dass an den Zündern herumgebastelt worden war und die Granaten deshalb nicht hochgingen. Dann konnten wir sie überwältigen.

Anschließend halfen wir beim Einsammeln des Geldes auf dem Boden und auf den Balkonen, das wir in Taschen und Eimern wegtrugen.

Alles war natürlich nicht mehr da, etliche Schaulustige und wohl auch Anwohner hatten wohl lange Finger bekommen. Insgesamt wurden 21.000.000 Franc wiedergefunden.

Estland:

K-Kommando

Einsatztrupp des K-Kommandos beim gesicherten Vorgehen. Der Frontmann sichert mit dem ballistischen Schutzschild (mit doppelter Beleuchtung und Sichtfenster) und Kurzwaffe. Die restlichen vier Mann stehen mit der MP 5 in Bereitschaft.

MP 5 mit Laserzieleinrichtung im Einsatz.

Finnland:

Osasto Karhu

Die in Helsinki stationierte Spezialeinheit der finnischen Staatspolizei umfasst zwar nur rund 50 Mann, ist aber dennoch für das gesamte Land verantwortlich – von der südlichen Schärenküste des Finnischen Meerbusens bis in den hohen Norden Lapplands. Die 1972 gegründete Einheit, die sich den finnischen Braunbären (=*Karhu*) zum Wappen wählte, ist wie dieser mit sämtlichen Landschaftsarten und Wetterbedingungen des Landes bestens vertraut, hält allerdings keinen Winterschlaf. *Osasto Karhu*, die »Bären-Einheit«, verfügt über schnelle Einsatzboote (*Speed*-Boote) für Operationen längs der zerklüfteten, langgezogenen Küstenregionen oder auf einem der tausend Seen der Finnischen Seenplatte, über Bell-412-Hubschrauber zur raschen Verbringung in irgendeinen Teil des Landes und natürlich über geländegängige Fahrzeuge wie z.B. den VW Synchro. Bei Bedarf kann *Karhu* auf gepan-

Das Bärenhaupt – das Zeichen der finnischen *Karhu*.

Ein *Karhu*-Angehöriger mit MP 5 und als Zielhilfe montierter extrem heller *Surefire*-Leuchte.

Karhu-Polizist mit Sturmgewehr SIG SG 552 Commando im Kaliber 5,56 mm x 45 NATO und leistungsfähigem Nachtsichtgerät (Wert: ca. 10.000 €).

zerte Fahrzeuge des finnischen Heeres zurückgreifen – etwa wenn es darum geht, gegen schwer bewaffnete Täter vorzugehen. *Osasto Karhu* ist auf sämtliche Lagen vorbereitet – von Flugzeugentführungen mit Geiselnahme über Gefängnisrebellionen bis zum Banküberfall. Wie verschiedene andere europäische Spezialeinheiten verrichtet die Einheit auch »normalen« polizeilichen Tagesdienst, indem sie beispielsweise in Helsinki Streife fährt. Etwa die Hälfte der Dienstzeit entfällt auf diesen Teil, die andere Hälfte ist dem anspruchsvollen Training für Sondereinsatzlagen gewidmet.

Frankreich

▪ Réaction, Assistance, Intervention, Dissuasion (RAID)
▪ Groupement d`Intervention de la Gendarmerie Nationale (GIGN)

Der Vertrauensschuss der GIGN *(Tir de confiance)* mit dem Manurhin-Revolver MR 73 (.357 Magnum) aus 15 Metern Entfernung.

Réaction, Assistance, Intervention, Dissuasion (RAID)

Anlass zur Gründung der Sondereinsatztruppe RAID (Reaktion, Unterstützung, Intervention, Abschreckung; zu deutsch etwa: Schnelle Eingreiftruppe) gaben verschiedene Terroranschläge in Frankreich in der ersten Hälfte der 80er-Jahre. Offiziell wurde die Einheit am 23.10.1985 durch den damaligen Innenminister Pierre Joxe aus der Taufe gehoben. Das Innenministerium – sprich: die Polizei – verfügte bis dahin über keine eigene Spezialeinheit. Die 1973 gegründete GIGN der Gendarmerie (siehe Seite 131) nahm zwar polizeiliche Aufgaben wahr, unterstand aber dem Verteidigungsministerium und war rein personell den immer zahlreicher eingehenden Aufträgen einfach nicht mehr gewachsen. Bei ihrer Gründung orientierte sich die RAID aber keinesfalls an

Das Abzeichen der RAID, der schwarze Panther.

Links: Nach Einsatzende wird die hochempfindliche Elektronik sicher verstaut.

Rechte Seite: »Schwarze Panther« üben das Vorgehen in Gebäuden. Abbruchreife Häuser werden von Spezialeinheiten in aller Welt gerne für diese Zwecke genutzt.

der in langen Einsatzjahren gereiften GIGN, sondern beschritt eigene Wege.

Die RAID nimmt, wie alle anderen Polizeispezialeinheiten nur Aufgaben ab einem bestimmten Gefährlichkeitsgrad wahr. Dazu gehören die Befreiung von Geiseln sowie das Unschädlichmachen bewaffneter Straftäter und Amokläufer. Eine weiteres wichtiges Feld ist der Personenschutz von maßgeblichen Persönlichkeiten. In besonderen Fällen werden auch die französischen Nationalmannschaften von der RAID beschützt. Des Weiteren unterstützt die RAID die reguläre Polizei bei gefährlichen Einsätzen, etwa durch personellen Einsatz, Bereitstellung von Logistik oder Beratung. Sie verfügt über Spezialisten und Techniker, die nach Bedarf anderen Dienststellen notwendige Hilfestellungen geben können. Um die Aus- und Fortbildung dieser Spezialisten und Techniker kümmert sich die Einheit selbst, wobei sie natürlich auf die Erfahrungen anderer Dienststellen zurückgreift. Im internationalen Austausch arbeitet RAID vorzugsweise mit englischen Spezialeinheiten zusammen. Kriminalität kennt bekanntlich keine Grenzen, weshalb der Austausch gewonnener Erkenntnisse auf internationaler Basis erforderlich ist. Straftäter eignen sich immer wieder neue Verhaltensmuster und neue Arbeitsweisen an, oft gekoppelt mit zunehmender Brutalität.

Die RAID kann zwischenzeitlich auf mehrere spektakuläre Einsätze zurückblicken, wobei der Fall Fresnes Schlagzeilen in ganz Europa machte. Ein RAID-Angehöriger erinnert sich:

Im Gefängnis von Fresnes saßen zwei wegen Raubmordes verurteilte Gefangene ein. Am 27. Mai 2001 – Muttertag in Frankreich – brachten drei Männer gegen 15.00 Uhr einen Hubschrauber und seinen Piloten in ihre Gewalt. Sie zwangen den Piloten, zum Gefängnis von Fresnes zu fliegen. Dort wollten sie zwei Gefangene, die sich gerade im Hof des Gefängnisses aufhielten, an Bord nehmen. Die Gefängniswachen reagierten jedoch schnell und konsequent und nahmen den Hubschrauber unter Beschuss. Die Täter erwiderten das Feuer. Als der Schusswechsel immer heftiger wurde, brachen die Täter im Hubschrauber ihren Befreiungsversuch ab, warfen den beiden Kumpanen im Hof jedoch noch eine Sporttasche, die Waffen enthielt, zu. Diese nahmen damit zwei Wärter als Geiseln und forderten das Öffnen der Gefängnistore. Unsere Einheit wurde darauf alarmiert und kurze Zeit später trafen wir am Gefängnis ein. Zusätzlich wurde die Sondereinheit CRS angefordert. Unsere Aufgabe war nun, Ordnung ins Gefängnis zu bringen, die Geiseln zu befreien und die Täter zu verhaften. Wir waren entschlossen, den Zugriff durchzuführen und hatten diesen gründlich geplant. Da die beiden verurteilten Raubmörder mit der Verhandlungsgruppe und der

Ein RAID-Hundeführer und sein Schäferhund beim lautlosen Annähern durch wildes Getreide und Gras.

Führung der RAID in Kontakt standen, war ein sofortiges Einschreiten unsererseits nicht erforderlich. Das Leben der Geiseln hatte oberste Priorität, es durfte unter keinen Umständen gefährdet werden. Nach einem Verhandlungsmarathon von 16 Stunden konnten die beiden Geiselnehmer zur Aufgabe bewogen werden. Ihnen war unser konsequentes und entschlossenes Handeln bekannt, was wir zusätzlich durch das Auftreten unserer Einsatzgruppe vor Ort dokumentierten. Die Verhandlungsgruppe konnte die beiden mit den erforderlichen Argumenten dann zur Aufgabe bewegen. Innerhalb von einer Stunde kamen die Geiselnehmer heraus. Drei Wochen später wurden die Komplizen festgenommen, welche die Befreiung durchführen wollten. Bei diesem Einsatz wurden zwei Gefängniswärter und einer der Straftäter im Hubschrauber schwer verletzt.

Diese Tat hatte mal wieder deutlich gemacht, dass allein unsere bloße Existenz Abschreckung ist.

Ein weiterer Fall, der sich in Foulcher ereignete, unterstreicht diese Aussage. Im Januar 2001 erschoss ein Mann zwei ehemalige Arbeitskollegen und zwei vor Ort befindliche Polizeibeamte, um anschließend in den Wald zu flüchten. Dort gelang es ihm, sich mehrere Tage versteckt zu halten. Am 17. des Monats kehrte er wieder zu seiner Lebensgefährtin zurück, in deren Wohnung er sich erschoss. Die Frau gab später zu Protokoll, dass sich der Mann aufgrund des Fahndungs- und Festnahmedrucks der RAID letztendlich selbst gerichtet habe.

Die RAID mit Sitz in Bievres, einem Vorort von Paris, ist für ganz Frankreich zuständig und kann in bestimmten Fällen auch im Ausland eingesetzt werden. Zur Zeit beträgt die Personalstärke rund 90 Polizisten und 15 Angestellte. Wie bei anderen Spezialeinheiten nimmt das Schießtraining einen hohen Stellenwert ein, gefolgt von Klettern, Tauchen, Fallschirmspringen, Motorrad fahren, Sprengstoff- und Hundeausbildung. Die Bewaffnung unterscheidet sich allenfalls in der Modellwahl von anderen vergleichbaren Einheiten. Zu den bevorzugten Faustfeuerwaffen zählen Beretta- und Glock-Modelle (vor allem 17 und 26), sowie die P 9 von Heckler & Koch.

Groupement d'Intervention de la Gendarmerie Nationale (GIGN)

Groupement d'Intervention de la Gendarmerie Nationale (GIGN) lässt sich am besten mit Gendarmerie-Sondereinsatzgruppe übersetzen. Dahinter verbirgt sich ein elitäres Einsatzkommando, zu dessen Aufgaben insbesondere der Kampf gegen Terroristen, Geiselnehmer, Drogenhändler und Schwerstkriminellen zählt. Die GIGN gehört im Unterschied zur RAID zur Gendarmerie, die in Frankreich dem Verteidigungsministerium untersteht.

Das Hauptquartier der GIGN befindet sich in Satory bei Versailles; derzeit verfügt die Truppe über eine Stärke von rund 80 Mann. Weltweite Berühmtheit erlangte die GIGN durch die Befreiung von 170 Geiseln aus den Händen von vier algerischen Terroristen am 25. Dezember 1994 auf dem Flughafen Marseille-Marignane: Die GIGN stürmte den gekaperten Airbus der *Air France* und tötete während eines 20-minütigen Feuergefechtes alle vier Terroristen. 20 Geiseln und neun GIGN-Männer erlitten Verletzungen.*

Wie hart sich die GIGN auf den Ernstfall vorbereitet, lässt sich unter anderem an der Tatsache erkennen, dass seit ihrer Gründung 1973 sieben Kameraden bei Übungen ums Leben kamen, während im Vergleich nur ein Gendarm im Zuge eines Einsatzes getötet wurde.

Mit zu den bekanntesten wie spektakulärsten Schieß-Übungen der GIGN gehört der so genannte Vertrauensschuss (bei dem noch keiner zu Schaden kam). Ein Gendarm hängt sich eine Tontaube vor seine ballistische Schutzweste und ein anderer schießt mit einem .357-Magnum-Revolver aus 15 m Entfernung auf dieses Ziel mit etwa zwölf Zentimetern Durchmesser.

Wegen ihres konsequenten Auftretens ist die GIGN in Terroristen- und Kriminellenkreisen gefürchtet. So reichte bei einer Gefängnismeuterei mit Geiselnahme das bloße Erscheinen eines GIGN-Trupps aus, um den Aufruhr zu beenden. Deutlich sichtbar mit ihrer Ausrüstung in einem Hubschrauber sitzend und ihr Kommen per Lautsprecher ankündigend, flogen die Gendarmen eine Runde über die Haftanstalt. Eine Stunde später kam der Befehl zur Rückverlegung nach Satory: Die Meuterer hatten sich angesichts der GIGN-Präsenz die Sache überlegt und sich friedlich wieder in ihre Zellen zurückgezogen.

Das Aufgabengebiet der GIGN umfasst neben Antiterror-Maßnahmen und dem Vorgehen gegen die organisierte Kriminalität – hauptsächlich in der Form des Drogen-, Menschen- und Waffenhandels – die Wahrnehmung französischer Sicherheitsinteressen in französischen Übersee-Territorien, auch im Rahmen von Krisenreaktionskräften. So kann die Truppe u.a. über erfolgreiche Geiselbefreiungs-Einsätze in Dschibuti (1976) oder in Neukaledonien (1988) berichten.**

* Ausführlich über diesen und andere Einsätze sowie über die Geschichte, Ausbildung und Ausrüstung der GIGN berichtet der großformatige Bildband von *Eric Micheletti: Spezialeinheit GIGN. Frankreichs Elitegendarmerie im Einsatz.* Motorbuch Verlag, Stuttgart 1999.
Hervorragende Bilder und weitere, neue Informationen über die GIGN finden sich bei *Yers Keller/Frank Fosset: Frankreichs Elite. Legions-Paras, Kampfschwimmer, Antiterror-Spezialisten.* Motorbuch Verlag, Stuttgart 2001. Außer a) mit der GIGN beschäftigt sich das Werk b) mit den französischen Kampfschwimmern und c) mit der Legionsfallschirmjäger-Kommandotruppe GCP sowie den Fallschirmjägern der Fremdenlegion an sich.

** Ausführlich bei Keller/Fosset sowie Micheletti. Siehe oben.

Die GIGN in verschiedenen Aktionen und Einsatzausrüstungen.

Die GIGN gliedert sich in einen Führungsstab, dem die Abteilung Zentrale Dienste, vier Einsatztrupps zu je 15 Gendarmen sowie die Aufklärungs- und Verhandlungsgruppe unterstehen. Letztere hat in der Vergangenheit mehrfach entscheidend zu gewaltfreien Konfliktlösungen beigetragen. Zwei Trupps haben sich neben ihren sonstigen Aufgaben zusätzlich als taktische Freifaller und die anderen beiden als Einsatztaucher qualifiziert. Die Abteilung Zentrale Dienste ist für das Personalwesen, Entwicklung, Technik, Führungs- und Einsatzmittel sowie die Aus- und Fortbildung zuständig.

Ein Gendarm der GIGN mit dem durch die Einheit berühmt gewordenen Manurhin-Revolver mit 8-Zoll-Lauf im Kaliber .357 Magnum, Harris-Zweibein und Zielfernrohr.

Griechenland:

Eidiki Katalstaiki Antitromokratiki Monada (EKAM)

EKAM-Polizisten üben das Evakuieren einer Person.

Abzeichen der EKAM.

Eidiki Katalstaiki Antitromokratiki Monada (EKAM) heißt soviel wie »Sondereinheit zur Eindämmung des Terrors«. Die EKAM wurde mit Verfügung Nr. 534/78 des Präsidialamtes der griechischen Republik im Jahre 1978 aufgestellt und mit folgenden Aufgaben beauftragt:

- Bekämpfung und Verfolgung von Straftätern in extrem gefährlichen Situationen und unter besonders schwierigen Umständen.
- Bekämpfung des nationalen und internationalen Terrorismus.
- Bekämpfung der organisierten Kriminalität.
- Notzugriffe bei Flugzeugentführungen und Geiselnahmen.
- Personenschutz von Politikern, Diplomaten und VIPs.
- Niederschlagung von Gefängnisaufständen.
- Überführung und Bewachung von extrem gefährlichen Kriminellen.

Als weiteres Tätigkeitsfeld wurde der EKAM in Anlehnung an die berühmte New Yorker Polizeispezialeinheit ESU *(Emergency Service Unit)* die Unterstützung der Feuerwehr in schwierigen Lagen (z.B. Hochhausbränden) oder nach Naturkatastrophen (Erdbeben, Waldbrände) zugewiesen. Außerdem betreut eine EKAM-Einsatzgruppe rund um die Uhr die Flughäfen von Athen und Thessaloniki. Die Beamten kontrollieren dabei verdächtige Personen, unterstützen den Zoll bei der Bekämpfung der Rauschgiftkriminalität und stehen bei Flugzeugentführungen unmittelbar vor Ort zur Verfügung.

Die EKAM ist der so genannten *Direktion polizeiliche Operationen* angegliedert. Operativ untersteht sie dem obersten Polizeichef der griechischen Republik und wird nur auf seinen direkten Befehl hin aktiv. Bei Einsätzen muss in der Regel trotzdem noch eine Anforderung jener Polizeidirektion vorliegen, in deren Bereich die EKAM eingesetzt werden soll.

Die EKAM untergliedert sich in zwei Teileinheiten, die in Athen (ca. 100 Mann) und in Thessaloniki (ca. 40 Mann) stationiert sind. Jede Einheit besteht aus zwei Kompanien zu mehreren Einsatzgruppen. Eine der Kompanien befindet sich stets in Alarmbereitschaft am Standort. Die Polizisten versehen in der Regel Tagesdienst und bereiten sich durch ein ausgefeiltes Trainingsprogramm auf die verschiedensten Lagen vor.

Die andere Kompanie ist zuständig für den Schutz der Flughäfen und verstärkt die erste Kompanie, falls dies aus einsatztaktischen Gründen erforderlich wird.

Für den Dienst in der EKAM können sich nur Polizisten bewerben, die nach Bewährung im Wach- und Streifendienst einen umfangreichen Eignungstest bestanden haben. Daran schließt sich eine harte zweimonatige Grundausbildung nach militärischem Vorbild an, in der die Anwärter in Theorie und Praxis auf ihre Rolle vorbereitet werden. Nach bestandener Abschlussprüfung durchlaufen die Bewerber nochmals ein strenges Auswahlverfahren, das über ihre Verwendung innerhalb einer der Kompanien entscheidet.

Damit ist ihre Ausbildung aber noch lange nicht abgeschlossen. Neben dem täglichen Dienst wird die Aus- und Fortbildung forciert, um das Niveau der Einheit ständig zu verbessern. Mehrmals im Jahr reisen ausgewählte Angehörige der EKAM (meist Ausbilder oder Führungskräfte) ins Ausland, um neue Verbindungen zu knüpfen bzw. alte zu pflegen und neue Erkenntnisse zu gewinnen; etwa um die Effektivität des Trainings zu steigern. So stellen sich die Griechen beispielsweise regelmäßig bei der GSG 9 und beim HRT der amerikanischen Bundespolizei FBI ein (HRT = *Hostage Rescue Team*; zu deutsch: Geiselbefreiungs-Gruppe)

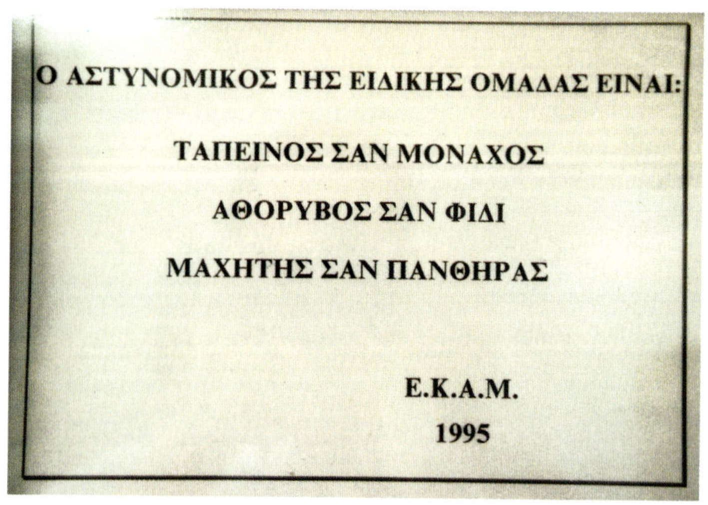

Schild mit den Grundsätzen der EKAM: »Der Polizist der Spezialeinheit ist selbstlos wie ein Mönch, lautlos wie eine Schlange und kampfstark wie ein Panther«.

Eindringen durch ein Fenster: Ein EKAM-Polizist steht schussbereit auf dem Fensterbrett.

Griechenland ist ein armes Land und die EKAM leidet im Unterschied zu anderen europäischen Spezialeinheiten, die aus dem Vollen schöpfen können, unter einer Beschränkung finanzieller Mittel zur Beschaffung von Einsatzmitteln und Gerät. Dennoch entsprechen die Grundausstattung und die Fahrzeuge (speziell ausgerüstete *Grand Cherokee Jeeps*) »westlichem Niveau«.

Die Mannbewaffnung orientiert sich stark an deutsch-österreichischen Erzeugnissen und besteht vor allem aus Glock-Pistolen (Modelle 17, 19 und 26), der USP von Heckler & Koch (P 8) sowie verschiedenen Ausführungen der bewährten MP 5 und des G 3.

Da ein »kurzer Draht« zu den griechischen Streitkräften besteht, kann die Führungsgruppe der EKAM jederzeit gepanzerte Sonderfahrzeuge, Einsatzboote, Schiffe, Flugzeuge und Hubschrauber anfordern. Von diesen Verbringungsmitteln macht die EKAM hauptsächlich Gebrauch, um in die entlegenen Gebiete (Berge und Inseln) Griechenlands zu verlegen.

Die Geschichte der EKAM kann etliche Einsatzerfolge vermelden, beklagt aber auch einige Angehörige, die bei Einsätzen ihr Leben lassen mussten. Über einen nicht ganz alltäglichen Einsatz gibt nachfolgender Bericht Auskunft:

Im Juni 1989 brachen sechs Gefangene des Jugendgefängnisses Neapolis auf Kreta aus, nachdem sie zwei Wärter entwaffnet und als Geiseln genommen hatten. Im Verlaufe eines Streites zwischen den Ausbrechern über ihr weiteres Vorgehen erschossen sie die überwältigten Wärter mit deren eigenen Waffen (G3 und 7,62-mm-Pistolen) und flüchteten in den unzugänglichen westlichen Teil der Mittelmeerinsel. Eine eingeflogene EKAM-Gruppe nahm die Verfolgung der Täter auf. Nach einigen Stunden wurden sie in den Bergen entdeckt. Der Versuch, ihr Versteck mit Hilfe ortskundiger Polizisten zu umstellen und einen sofortigen Zugriff durchzuführen, erwies sich aufgrund des unübersichtlichen, felsigen Terrains mit seinen zahlreichen Höhlen und der flimmernden Hitze (über 40° Celsius) als sehr schwierig. Man beschloss daher, bis zum Einbruch der Dunkelheit zu warten, von der sich die EKAM-Leute einige visuelle und taktische Vorteile gegenüber den Tätern versprachen. Doch diese waren auf der Hut und erkannten die anrückenden EKAM-Männer im Mondschein. Im folgenden Schusswechsel zogen sie aber eindeutig den Kürzeren – ein Täter wurde getötet und ein weiterer schwer verletzt. Die mit ballistischen Westen und Helmen ausgerüsteten Angehörigen der EKAM, die solche Szenarien im Training häufig übten, kamen ohne Verletzungen davon; der

EKAM-Polizisten beim Vorgehen im Gelände.

anwesende Polizeidirektor K. und ein örtlicher Polizist wurden aber leicht verletzt. Die restlichen vier Ausbrecher nutzten die Dunkelheit und die Unübersichtlichkeit des gebirgigen Geländes, um sich der Festnahme zu entziehen. Da die wasserlose Region aber weiträumig abgesperrt worden war, gab es auf Dauer kein Entrinnen. Nach einigen Tagen stellten sich die Ausbrecher erschöpft und am Rande des körperlichen Zusammenbruchs der Polizei.

Gerne erinnert man sich bei EKAM der Ergreifung des Dr. Evangelos Rohamis. Seinen Spitznamen »Wissenschaftler des Ausbruchs« verdankte er mehreren ebenso spektakulären wie geglückten Gefängnis-Ausbrüchen, die ihn in den 90er-Jahren zu einer Art Medienstar werden ließen. Kurzum: Es schien im sonnigen Hellas kein Gefängnis zu geben, aus dem er nicht entschlüpft wäre. Während ihm diese sportliche Seite mancherlei Sympathien eintrug, traf dies auf sein Verhalten in Konfrontationen mit der Polizei leider nicht zu. Denn Dr. Rohamis vergaß alle akademischen Manieren und begann aus allen Knopflöchern zu schießen, wenn er auch nur annähernd in Gefahr geriet, gestellt zu werden. Einmal besaß er sogar die Stirn, bei einer routinemäßigen Fahrzeugkontrolle mit Handgranaten um sich zu werfen. Diese Entgleisung nahm ihm die griechische Polizei besonders übel und setzte EKAM auf den Flüchtenden an. Nachdem ein umsichtiger Polizist seinen neuen Aufenthaltsort – einen Bauernhof – entdeckt und pflichtgemäß gemeldet hatte, umzingelte eine EKAM-Kompanie das Versteck. Als Dr. Rohamis klar wurde, mit wem er es zu tun hatte, verzichtete er auf weitere Gewaltausbrüche sowie – erstaunlicher Weise – auch auf Fluchtversuche und ergab sich nach kurzer Belagerung sowohl in sein Schicksal als auch der EKAM.

Ganz so glatt lief es bei der Verhaftung des Schwerverbrechers Matzakario nicht, da die EKAM von Einsatzmitteln Gebrauch machen musste. Der mit Kurzwaffen und Handgranaten verschwenderisch ausgestattete Bösewicht konnte, dank guter Voraufklärung, im sechsten Stock eines Athener Hochhauses lokalisiert werden. Die EKAM verzichtete in diesem Falle darauf, ihr Kommen anzukündigen, und setzte stattdessen auf das Überraschungsmoment: Ein Zugriffstrupp seilte sich vom siebten Stock in besagte Wohnung ab, während zeitgleich ein weiterer Trupp unter Werfen von Blendgranaten von der Türseite her eindrang. Matzakario war so überrascht und verängstigt, dass er keine Gegenwehr mehr leisten und blitzschnell überwältigt werden konnte.

Tragisch endete die Festnahme des Psychopathen Michael B. Nachdem dieser seine Mutter im Streit mit einem Schuss aus seinem Jagdgewehr schwer verletzt hatte, verschanzte er sich in seiner Wohnung und schoss wild um sich. Der Zugriff der EKAM musste unmittelbar erfolgen, ein Verhandeln oder Abwarten war nicht möglich, da die Gefahr bestand, dass weitere Personen und Unbeteiligte verletzt werden könnten. Das Unglück nahm seinen Lauf: Beim Eindringen in die Wohnung zeigte sich Michael B. keineswegs überrascht und schoss auf die EKAM-Männer. Dabei traf er den Polizisten V.L. so unglücklich in einen der kleinen Zwischenräume seiner Schutzausrüstung (die leider notwendig sind, um die Beweglichkeit zu erhalten), dass dieser tödliche Verletzungen erlitt.

Großbritannien:

Special Air Service (SAS)

Tafel des *Special Air Service (SAS).*

Tafel der SQ19.

Auf den britischen Inseln gibt es durchaus Spezialeinheiten, die sich in Aufbau und Organisation teilweise mit den deutschen SEK und MEK vergleichen lassen. Sie sind der Polizei und Scotland Yard angegliedert und unter anderem – wie die Einheit SQ19 – für die Sicherheit der Londoner Flughäfen zuständig.

Im Unterschied dazu ist der SAS *(Special Air Service*; Tarnbezeichnung aus dem 2. Weltkrieg, in etwa: »Sonderdienst der Luftwaffe«)Teil der Streitkräfte und vor allem fürs »Grobe« zuständig. Dies rührt vor allem von der Einbindung des SAS in die Bekämpfung der Irisch-Republikanischen Armee (IRA) in Nordirland her, woraus sich in den 70er-Jahren die Aufstellung einer Antiterror-Abteilung ergab. Jeder SAS-Angehörige wird in Geisellagen und Antiterror-Maßnahmen ausgebildet und die Kompanien *(Squadrons)* wechseln sich turnusmäßig als Eingreiftruppe in dieser Rolle ab. Der SAS, der sich den Leitspruch *»Who dares wins«* (»Wer wagt gewinnt«) erwählte, garnisoniert seit Jahren in den *Stirling Lines* (Stirling-Kaserne) in Hereford. Dort finden viele Lehrgänge statt, die auch ausländischen Sondereinheiten offen stehen. In Hereford befindet sich auch das legendäre *»Killing House«*, in dem Geiselbefreiungen im scharfen Schuss geübt werden.

Die Anfänge des SAS reichen in den Sommer 1941 zurück, als der damalige Hauptmann David Stirling in Nordafrika mit der Aufstellung einer Kommandotruppe für Einsätze hinter den gegnerischen Linien begann. Obwohl die vorgesetzten Dienststellen von der Idee zunächst keineswegs begeistert waren, ließen sie sich von einer Reihe erfolgreicher Kommandounternehmungen überzeugen – zahllose zerstörte Flugzeuge, Brücken und Eisenbahnen standen einem vergleichsweise geringen Materialeinsatz und wenigen Verlusten gegenüber. Doch der Gegner – in diesem Falle die deutsche Wehrmacht (die ebenfalls über Kommandoeinheiten* verfügte) – schlief ebenfalls nicht und es gelang ihr Anfang

* Spannende und faktenreiche Lektüre dazu: *Franz Kurowski: Deutsche Kommandotrupps 1939-1945. »Brandenburger« und Abwehr im weltweiten Einsatz.* 2. Auflage. Motorbuch Verlag, Stuttgart 2001.
Über den SAS erschien seit Ende der 80er-Jahre eine Fülle englischsprachiger Bücher, von denen aber nur wenige ins Deutsche übertragen wurden. Eines davon stammt von *Peter Macdonald: SAS im Einsatz. Die Geschichte der britischen Spezialeinheit.* Motorbuch Verlag, Stuttgart 1994 (mittlerweile vergriffen).

Ein Präzisionsschütze der Polizei mit dem bewährten Scharfschützengewehr Steyr SSG 69 auf dem Flughafengelände Heathrow.

1943 sogar, den mit allen Wassern gewaschenen SAS-Gründer David Stirling in Nordafrika gefangen zu nehmen und bis Kriegsende in einem Kriegsgefangenenlager in Deutschland zu verwahren.

Stirlings Idee lebte aber weiter und der SAS konnte während des Krieges noch zahlreiche Erfolge verbuchen. In der so genannten Nachkriegszeit, in der es bekanntlich mehr Kriege gab, als jemals zuvor – trat der SAS zunächst bei der Guerillabekämpfung in Malaya und Jahre später im Oman in Erscheinung. Hierbei eignete er sich neue Taktiken und Strategien an, um beispielsweise mit so genannten »Kampagnen um Herzen und Seelen« das Vertrauen einheimischer Bevölkerungsteile in den Einsatzgebieten zu erlangen und sie damit der Einflussnahme von Aufständischen und Guerillas zu entziehen. Die Vorgehensweise besteht – grob vereinfacht – darin, durch gezielte Hilfen (ärztliche Versorgung, Lebensmittel, militärische Ausbildung) aber auch durch Knüpfen freundschaftlicher Bande Vorbehalte abzubauen und Verbündete/Informanten zu gewinnen. Aus diesen Gründen fördert der SAS auch die Ausbildung seiner Soldaten in Fremdsprachen.

Ab Ende der 60er-Jahre mischte der *Special Air Service* im Nord-Irland-Konflikt mit. Obwohl die meisten Einsätze zumindest moralisch vertretbar waren, gab es auch mehrere Skandale.

Mit dem Aufkommen des Terrorismus kamen auch neue Aufgaben und neue Einsätze auf den SAS zu. Hier einige Streiflichter:

Am 6. Dezember 1974 verschanzten sich vier PIRA-Terroristen (PIRA – Provisorische Irisch-Republikanische Armee), die in London durch Bombenanschläge mehrfach Morde begangen hatten, in einem Haus. Dort nahmen sie ein älteres Ehepaar als Geiseln. Als über BBC bekannt wurde, dass der SAS den Einsatz übernehmen sollte, gaben sie auf. Den Terroristen war klar, dass der SAS – im Unterschied zur Polizei – in solchen Situationen selten Gefangene macht.

Zwei Männer des SAS, Major M. und Sergeant D., unterstützten die GSG 9 bei der Erstürmung der *Landshut* in Mogadischu im Oktober 1977 (siehe Seite 27), indem sie Blendgranaten zündeten, deren Einsatz bei der GSG 9 damals noch in den Kinderschuhen steckte.

Seinen bisher spektakulärsten und medienwirksamsten Anti-Terror-Einsatz erlebte der SAS am 5. Mai 1980. Am 30. April 1980 stürmten sechs Angehörige der bislang weitgehend unbekannten DRMLA (Demokratisch-revolutionäre Bewegung für die Befreiung Arabiens) die iranische Botschaft in London und nahmen 24 Personen als Geiseln. Die Terroristen stellten die üblichen Forderungen (Freilassung von Gefangenen, Bereitstellung eines Flugzeuges und freier Abzug), jedoch ging die britische Regierung nicht darauf ein. Während der nächsten Tage nutzte der Geheimdienst die Zeit zum Anbringen von Glasfaserkameras und Abhörmikrofonen, so dass die Einsatzleitung den ungefähren Standort der Geiselnehmer kannte. Der SAS übte parallel den Notzugriff unter Zuhilfenahme von Bauplänen und »Insiderwissen« an ähnlichen Gebäuden.

Der Anführer der Terroristen, Salim Towfigh alias Oan, erschoss um die Mittagszeit des 5. Mai den Botschaftsangehöriger A.L. und ließ die Leiche vor die Türe werfen. Daraufhin erteilte die damalige britische Premierministerin Margaret Thatcher den Einsatzbefehl. Die Operation »Nimrod« lief an. SAS-Mann R. war am Sturm auf die Botschaft in der Princes Gate unmittelbar beteiligt:

Wir warteten schon seit Tagen und waren froh, als es um 19.26 Uhr endlich losging. Wir bereiteten Sprengrahmen etc. vor und wollten eigentlich alle gleichzeitig eindringen. Der zeitgleiche Zugriff ist ein wichtiger Bestandteil solcher Einsätze, aber eine Kleinigkeit ging schief. Um 19.26 Uhr seilten sich meine Kameraden ab, andere gelangten durch alternative Wege in die Botschaft. Ich sollte eigentlich nur zur Unterstützung mit meinem Kameraden G. in den Einsatz gehen, wenn ein Trupp Schwierigkeiten hätte, jedoch brach die Funkverbindung zusammen und die Einsatzleitung schickte uns gleich. Als wir reinkamen, liefen schon die ersten Geiseln die Treppe runter und uns entgegen. Von oben wurde mir zugerufen, dass dort einer der Kerle war. Allerdings konnte ich nicht gleich auf ihn schießen, da er eine Handgranate in Händen hielt und hinter ihm Geiseln standen. Kurz darauf aber hatte ich freies Schussfeld und zwei meiner Kameraden und ich eröffneten das Feuer. Als er zu Boden fiel, rollte die Granate nur harmlos über den Boden.

Unter Anwendung verschiedener Techniken verschafften sich die SAS-Soldaten Zutritt zu den Räumen – durch Abseilen, Einschlagen der Fenster mit Hämmern und durch den Einsatz von Sprengrahmen. Eine Szene wurde weltberühmt (da der gesamte Einsatz direkt von BBC übertragen wurde), als sich ein Soldat beim Abseilen im eigenen Seil verhedderte und festhing. Eine offizielle Verlautbarung kommentierte das Malheur später wie folgt:

Der Grund lag darin, dass nicht genügend Seile zur Verfügung standen und vor Ort nachgekauft werden mussten. Dies ging selbstverständlich auf Kosten der Qualität und durch das minderwertige Material kam der Unfall zustande.

Spezialeinheiten-Insider R. zieht daraus den Schluss:

Vermutlich wurde beim schnellen Abseilen zu abrupt gestoppt, bei einem sehr elastischen Seil kann es dabei zu einem Nachfedern kommen. Dies könnte bewirkt haben, dass das Abseilende wieder ein Stück nach oben schnellte, dadurch das Seil an Spannung verlor und über den oberen Ring des Achters rutschte. Als Folge davon blockierte sich das Seil von selbst, da jetzt eine Art Knoten entstand. Dieser ist sehr schwer zu lösen, da das volle Körpergewicht auf der Schlinge lastet. Ohne fremde Hilfe ist es fast unmöglich, sich aus dieser Lage zu befreien. Der Mann hätte sich quasi mit einer Hand am Seil hochziehen und mit der anderen Hand die Schlinge lösen müssen. Er hatte einfach großes Pech, denn so etwas kommt nur sehr selten vor.

Hinzu kam noch, dass CS- und Knall-Blend-Granaten, *Flash-Bangs* genannt, eingesetzt wurden. Die Blendgranate,

Angehöriger des SAS im tarngefleckten Einsatzanzug, schwarzer Gesichtsmaske und verkürzter Ausführung XM 177 des Sturmgewehrs M 16 A1 während des Falkland-Krieges 1982.

Die Abbildung stammt aus dem Werk von *Chris McNab: Militärische Uniformen seit 1945 in Farbe.* Motorbuch Verlag, Stuttgart 2002. Mit freundlicher Genehmigung von Amber Books Ltd, London.

Eine nach Augenzeugenaussagen rekonstruierte Zeichnung der Erstürmung der iranischen Botschaft durch den SAS. Hier der Augenblick der direkten Konfrontation zwischen einem SAS-Einsatztrupp und einem Terroristen, der für Letzteren tödlich endete.

die nach dem Ziehen des Sicherungsrings, an dem sich ein Splint befindet, geworfen wird, zündet nach einigen Sekunden (je nach Modell). Beim Wurf springt der Sperrhebel der Granate weg und der Schlaghebel zündet die Übertragungsladung, die wiederum eine spezielle Ladung zur Explosion bringt, was einen lauten Knall verursacht. Zusätzlich befindet sich noch Magnesium in der Granate, das sich entzündet, und zu einem sehr hellen Lichtblitz führt. Diese beiden Effekte nennt der Engländer *Flash-Bang* (*flash* = Blitz und *bang* = Knall). Ein erfahrener Trupp kann sich die Desorientierung der Personen nach Zündung einer solchen Granate zu Nutze machen und auf die Täter einwirken. So auch bei diesem Zugriff, der so eingeleitet wurde.

Leider entzündete die Blendgranate in einigen Teilen der Botschaft ein Feuer und der schon erwähnte SAS-Soldat hing am Seil vor einem Fenster sozusagen im Feuerrost. Er konnte jedoch von seinen Kameraden gerettet werden.

Während des Sturms zeigten die Terroristen ihre Entschlossenheit, sie töteten eine Geisel und verletzten zwei weitere schwer. Aufgrund der Gefährlichkeit des Gegenübers und der anderen gesetzlichen Voraussetzungen (die Premierministerin hatte eindeutige Weisungen erteilt) gingen die SAS-Männer kein Risiko ein und schossen sofort auf die Terroristen. Nicht nur, dass die Terroristen jederzeit eine Sprengladung etc. hätten zünden können, sie waren auch kampferprobt. Der Anführer Oan versuchte noch, auf einen SAS-Trupp zu schießen, wurde jedoch von Geisel T.L. zu Boden geworfen. T.L. war Polizist der Botschaftssicherungsgruppe des Scotland Yard. Er zog seine Waffe, die er die gesamte Zeit verborgen hatte, schaffte es jedoch nicht, zu schießen. Vermutlich war er aufgrund des emotionalen Drucks nicht mehr in der Lage, klare Entschlüsse zu fassen. Einer der SAS-Männer erschoss Oan mit seiner MP 5. Nur ein Terrorist verließ die Botschaft in der Princes Gate Nr. 16 lebend: Er hatte sich als Geisel ausgegeben, wurde aber später enttarnt und von der Polizei festgenommen. Die restlichen Terroristen wurden in dem genau elf Minuten dauernden Einsatz erschossen. Was sich im Einzelnen genau abspielte, kam nie vollständig an die Öffentlichkeit. Die Mehrzahl der Geiseln und die SAS-Führung vertraten die Ansicht, dass die Lage nur so zu lösen war. Andere Zeugen sagten aus, dass sich mehrere Terroristen erkennbar ergeben hätten, aber dennoch getötet wurden.

Der Sturm auf die iranische Botschaft entfachte in Großbritannien ein vorher nie da gewesenes Interesse am SAS, das sich elf Jahre später durch den Erlebnisbericht des während des Golfkriegs 1991 in irakische Gefangenschaft geratenen SAS-Sergeants Andy McNab zu einer regelrechten SAS-Welle auswuchs.

Die Geiselbefreiung in der iranischen Botschaft machte die Truppe jedenfalls weltweit bekannt, wogegen andere, nicht minder spektakuläre Einsätze in den Folgejahren verblassten. So befreite die britische Sondereinsatztruppe die Familie des Präsidenten von Gambia 1982 aus den Händen von Putschisten und führte im gleichen Jahr während des Falkland-Krieges eine Vielzahl von Kommandounternehmen durch, wie auch 1990 im Golf und derzeit (2001) in Afghanistan. Hinzu kamen noch unzählige geheime Aktionen, über die der Deckmantel der »nationalen Sicherheit« gebreitet wurde.

Italien:

▪ Nucleo Operativo Centrale di Sicurezza (NOCS)
▪ Gruppo di Intervento Speciale (GIS)

NOCS-Einsatztaucher in ihrem Verbringungsboot.

Nucleo Operativo Centrale di Sicurezza (NOCS)

Abzeichen der NOCS.

Die *Nucleo Operativo Centrale di Sicurezza (NOCS;* zu deutsch: *Operative Einheit für zentrale Staatssicherheit)* wurde 1975 vom damaligen Innensenator Francesco Cossiga ins Leben gerufen. Vorausgegangen waren verschiedene Terroranschläge, die Italien erschütterten und die Bevölkerung in zunehmenden Masse beunruhigten. Darüber hinaus waren steigende Aktivitäten der Mafia zu beobachten. Die neue Sondereinheit NOCS sollte Terroristen, Mafiosi und anderen Schwerkriminellen auf taktischer Ebene paroli bieten und außerdem den Personenschutz besonders gefährdeter Repräsentanten von Justiz und Politik übernehmen.

Die Einheit rekrutierte sich zunächst aus Beamten der *Polizia di Stato* (italienische Bundespolizei) und der paramilitärischen *Carabinieri* zusammen. Senator Cossiga hatte bereits die GSG 9 und das 22. Regiment des SAS in England besucht, um sich persönlich ein Bild von Ausrüstung, Taktik und Training dieser Verbände machen zu können. So förderte er die Entstehung der NOCS und später die Gründung einer weiteren Spezialeinheit der *Carabinieri* namens GIS (siehe nächster Abschnitt). Da die NOCS gute Kontakte zum italienischen Militär unterhielt, konnten sogleich Truppenübungsplätze und andere Trainingsmöglichkeiten sowie Transportkapazitäten und -mittel von Heer, Marine und Luftwaffe genutzt werden.

Wie vielen Sondereinheiten standen der NOCS, die zunächst nur aus einer Handvoll Freiwilliger bestand, anfänglich nur wenig geeignete Waffen und moderne Ausrüstung zur Verfügung. Aber die Männer beseelte der Geist, eine Eliteeinheit zu werden. Sie sahen sich als eine verschworene Gemeinschaft, eine starke Familie, und aus dieser Haltung schöpften sie ihre psychische Stärke. In der Ausbildung kam natürlich das Physische keineswegs zu kurz – Kampfsport und -schießen nahmen einen hohen Stellenwert ein.

Die guten Verbindungen der Einheit zum Militär, etwa zu den Marinekommandos COMSUBIN, kamen im Übrigen auch befreundeten ausländischen Sonderverbänden zu Nutze: So übt sich beispielsweise die GSG 9 im Kriegshafen von La Spezia in der Bewältigung maritimer Geisellagen. Vom Austausch maritimer Taktiken und Erfahrungen profitieren Deutsche und Italiener gleichermaßen. Des Weiteren übt sich die NOCS zusammen mit der belgischen ESI (siehe Seite 120) im Präzisionsschießen und mit der israelischen *Ya'ma'm* in der Vervollkommnung verschiedenen Taktiken. Ein Beispiel ihres Könnens lieferte NOCS etwa bei der Befreiung des entführten US-Generals James Dozier aus den Händen der Terrororganisation *Rote Brigaden* im Januar 1982.

Die Einheit rekrutiert sich mittlerweile aus sämtlichen italienischen Polizeizweigen und der Armee. Für eine Einstellung werden bestimmte Grundleistungen gefordert, die es während der Ausbildung zu verbessern gilt. Der Bewerber soll die 5000 m unter 20 Minuten und die 100 m unter

NOCS-Polizisten bei einer Bussturmübung. Auf dem Boden liegt das Werkzeug, mit dem die Scheiben eingeschlagen wurden.

Zwei NOCS-Angehörige bei einer Einsatzübung. Man beachte die MP 5 mit ausziehbarem Schaft und angestecktem zweiten Magazin. Der Schulterriemen wird zur Stabilisierung eingesetzt.

14 Sekunden laufen und beim Hochsprung die 1,35 m bewältigen. Weiterhin werden 100-m-Schwimmen, Seilklettern ohne Beinhilfe und die Schießleistung auf die 15-m- bzw. die 25-m-Distanz getestet. Ein psychologischer Test spielt ebenso eine Rolle wie ein Fallschirmsprung aus großer Höhe Pflicht für jeden NOCS-Angehörigen ist. Die Überwindung der Angst soll der Charakterbildung dienen.

Gruppo di Intervento Speciale (GIS)

Die *Gruppo di Intervento Speciale (GIS*, zu deutsch: Spezial-Interventionsgruppe) stellten die *Carabinieri* auf, die sich in etwa mit der Schutzpolizei in Deutschland vergleichen lassen; die *Carabinieri* haben darüber hinaus noch weitere Tätigkeitsfelder abzudecken.

Die rund 100 Mann starke GIS ist in Livorno in der Toskana stationiert und steht im Ruf, zu den besten polizeilichen Spezialeinheiten Europas zu gehören. Die GIS-Carabinieri sind für ihre äußerst wirklichkeitsnahen und vielseitigen Übungen bekannt. Diese sind auch nötig, um allen möglichen Lagen unter den verschiedensten örtlichen und geographischen Gegebenheiten gerecht werden zu können. Italien hat lange Küsten und zerklüftete Gebirgsregionen. Es liegt nahe, dass die GIS auf den Hochgebirgs-Übungsplätzen der *Alpini* (Gebirgsjäger) ebenso Zuhause ist wie in den Taucherzentren der Froschmänner der italienischen Marine.

Die Spezialisierung des einzelnen *Carabinieri* auf bestimmte Tätigkeiten verwundert angesichts des großen Einsatzspektrums kaum. Klar, dass alle GIS-Leute das gleiche taktische Grundrepertoire beherrschen, so dass jeder Beamte zu möglichst vielen Lagen herangezogen werden kann. Für be-

Abzeichen der GIS.

Festnahme von drei Terroristen.

stimmte Aufträge benötigt man aber dann den Spezialisten – das ist ja nicht neu.

Die GIS wurde sehr häufig zur Bekämpfung der organisierten Kriminalität – sprich der Mafia – herangezogen. Daher verfügt die Einheit über eine große Menge praktischer Einsatzerfahrung, die sich u.a. in der erfolgreichen Niederschlagung des Aufstandes im Hochsicherheitsgefängnis von Trani im Dezember 1980 niederschlug.

Während der Entführung der ACHILLE LAURO 1985 (siehe Kasten) war die Taucherabteilung der GIS bereits aufgestellt und einsatzbereit, so dass die Italiener an eine Geiselbefreiung durch die GIS-Froschmänner dachten. Diesen Gedanke verwarfen sie jedoch wieder, wobei die Gründe bis heute nicht völlig offen liegen. Klar ist nur, dass das *SEAL Team 6* der US-Marine* mit dieser Aufgabe betraut wurde – wahrscheinlich, weil die meisten Passagiere US-Bürger waren. Andere Stimmen behaupten, dass der damalige italienische Ministerpräsident keine GIS-Verluste einkalkulieren bzw. aus politischen Gründen eine Konfrontation mit den palästinensischen Geiselnehmern vermeiden wollte.

---

* Mehr über diese Antiterror- und Kommandotruppe der US-Marine bei *Hartmut Schauer: US Navy SEALs. Kampfschwimmer – Kommandos – Antiterror-Truppe.* Motorbuch Verlag, Stuttgart 1998, sowie bei *David Bohrer: US-Eliteverbände. SEALs, Green Berets, Rangers, USAF Special Operations, Marine Force Recon.* Motorbuch Verlag, Stuttgart 2001.

Der Fall ACHILLE LAURO

Am 3. Oktober 1985 gehen in Genua unerkannt sechs junge Angehörige der *PLO (Palästinensische Befreiungsorganisation)* an Bord des italienischen Kreuzfahrtschiffs ACHILLE LAURO. Sie nutzen die folgenden Tage um sich einen Überblick über das Schiff zu verschaffen und die günstigsten Orte für einen Angriff und eine mögliche Flucht auszusuchen.

Am 7. Oktober 1985 beginnen sie mit der operativen Phase: Um 13.30 Uhr stürmen vier der Männer wild um sich schießend die Kommandobrücke und zwingen den Kapitän Gerardo de Rosa, den Kurs in Richtung Syrien zu ändern. Die beiden anderen Terroristen treiben indessen die verängstigten 427 Passagiere und 80 Besatzungsmitglieder zusammen und halten sie mit Kalaschnikow-Sturmgewehren und Handgranaten in Schach. Das Schiff erreicht die Küste von Syrien, jedoch verweigern die Behörden des Landes die Einfahrt in den Hafen von Tartus. Auf offener See geht das Schiff vor Anker. Die Terroristen nehmen Funkkontakt mit den italienischen und amerikanischen Botschaften in der syrischen Hauptstadt Damaskus auf. Sie fordern die Freilassung von 50 in Israel inhaftierten Palästinensern.

Damit die Regierungen die Ernsthaftigkeit ihrer Forderungen erkennen, stellen die Entführer Benzinkanister an vielen Stellen des Schiffes auf, um sie bei Bedarf in Brand schießen zu können. Außerdem ziehen sie in einer Art »Lotterie« Reisepässe, deren Inhaber (nur Amerikaner und Briten) sie im 15 Minuten-Takt erschießen wollen.

Dass die Lage ernst ist, merken auch die letzten Passagiere, als sie angeherrscht werden, sich flach auf den Boden zu legen. Der 69-jährige Amerikaner Leon Klinghoffer, der aufgrund einer Behinderung im Rollstuhl sitzt, kann dieser Forderung nicht nachkommen. Die Geiselnehmer lassen ihre Aggressionen an dem wehrlosen Mann aus: Sie erschießen ihn und werfen die Leiche über Bord. Als nächstes soll die Passagierin M.H. erschossen werden. Kapitän Gerardo de Rosa, der aufgrund seiner Position und nach alter Sitte für jeden einzelnen Passagier verantwortlich ist, sieht sich das nicht mit an. Entschlossen und ohne Rücksicht auf das eigene Leben bringt er die Entführer dazu, die Erschießung nicht durchzuführen. Er, dessen Crew ihm Nerven aus Stahl attestiert, kann die Terroristen beruhigen.

Zwei Tage später geht der Führer der *PLF (Palästinensische Befreiungsfront)*, Abul el-Abbas, an Bord des Schiffes, das mittlerweile vor dem ägyptischen Hafen Port Said liegt. Er redet lange mit seinen Landsleuten und bewegt sie zur Aufgabe. Seiner Meinung nach hat die Welt die Ernsthaftigkeit der Lage Palästinas erkannt. Einen Tag später lassen sich alle sieben Piraten von Kairo nach Italien ausfliegen.

Nun wird die US-Marine tätig. Auf direkten Befehl des damaligen US-Präsidenten Ronald Reagan starten Abfangjäger vom Flugzeugträger SARATOGA und zwingen die ägyptischen Piloten der Boing 737 auf dem US-Militärstützpunkt Sigonella auf Sizilien zu landen. Aufgrund geheimer Abkommen ermöglicht der damalige italienische Ministerpräsident Abbas die Flucht in einem jugoslawischen Flugzeug nach Italien. Dieses eigenmächtige Handeln löst eine schwere politische Krise aus und führt zu weiteren internationalen Spannungen.
Die Entführung der ACHILLE LAURO war die Initialzündung für viele Sonderverbände, maritime Einheiten aufzustellen oder weiter auszubauen. Vielen Politikern wurde jetzt die Verwendung von Tauchern und Fallschirmspringern in polizeilichen Einheiten deutlich.
Auch im Falle der ACHILLE LAURO war an eine Befreiungsaktion gedacht. In der Nacht zum 9. Oktober sollte eine kombinierte Einsatzgruppe bestehend aus Angehörigen des *SEAL Team 6* der US-Marine und der Sondereinheit *Delta Force* des Heeres per Fallschirm auf dem Deck landen und die Entführer unschädlich machen. Die Kommandoaktion konnte jedoch nicht durchgeführt werden; angeblich hatten US-Nachrichtendienste die Spur des Schiffes verloren und eine Ortung war nicht möglich.
Am 10. Juni 1986 wurden die Terroristen zu langen Haftstrafen und Abbas zu lebenslanger Haft (in Abwesenheit) verurteilt.
Am 2. Dezember 1994 kam es 100 Seemeilen vor der Küste Somalias zu einer Explosion im Maschinenraum der ACHILLE LAURO. Ein Feuer brach aus, der folgende Brand kostete zwei Menschen das Leben und das Schiff wurde nahezu vollständig zerstört. So endete die letzte Fahrt des ehemaligen Luxusliners.

DIGOS

Die italienische Polizei hat die Notwenigkeit erkannt, einen Verband aufzustellen, der insbesondere bei gewalttätigen Großlagen zum Einsatz kommt – DIGOS. Eine DIGOS-Abteilung besteht seit einigen Jahren in Florenz und wird vor allem bei Großdemonstrationen, Fußballspielen und anderen Großlagen herangezogen. Hauptaufgabe ist es, gezielte Festnahmen von Straftätern bei derartigen Lagen durchzuführen, die – entsprechend beweissicher dokumentiert – auch später vor Gericht verwertbar sind.

Des Weiteren steht DIGOS anderen Dienststellen für die Festnahme von Straftätern im Rauschgiftmilieu oder dergleichen. zur Verfügung, da diese einer Verhaftung häufig erheblichen Widerstand entgegensetzen. DIGOS lässt sich am besten mit den BFE, USK bzw. den Zugriffshundertschaften des BGS vergleichen (siehe Seite 92 ff.).

Liechtenstein:

Interventionseinheit (IVE)

Abzeichen der Interventionseinheit des Fürstentums Liechtenstein.

Grenadiere in der so genannten *High/Low-Position* beim Vorgehen innerhalb eines Gebäudes.

Die Interventionseinheit der Landespolizei des Fürstentum Liechtenstein wurde am 24. November 1989 gegründet und wird seitdem im Milizsystem des Kleinstaates geführt. Entgegen dem Gründungsgedanken der meisten anderen europäischen Länder (1972 Geiselnahme bei den Olympischen Spielen in München), formierte sich hier eine kleine Anzahl von Polizisten zu einer Spezialgruppe, nachdem der Abteilungsleiter der Kriminalpolizei 1986 im Dienst erschossen worden war.

Die Polizisten heißen hier Grenadiere und werden aus den Abteilungen der Landespolizei Liechtenstein rekrutiert und zu regelmäßigen Übungen zusammengezogen. Die Koordination und Leitung erfolgt durch den *Spezialdienst Sicherheitspolizei/Interventionseinheit (SIPO/IVE).*

Die Interventionseinheit ist als Gastland dem Ostschweizer Polizeikonkordat angeschlossen. Dort absolvieren die Mitglieder der Interventionseinheit der Landespolizei den Grenadiergrundkurs und, neben dem regelmäßigen Training in Liechtenstein, die jährlichen Weiterbildungskurse.

Zum Hauptaufgabengebiet der IVE gehört der Personenschutz (Staatsgäste von Regierung und Fürstenhaus), Objekt- und Sachschutz, die Festnahme von Gewaltverbrechern und die Terrorbekämpfung (Interventionen aller Art).

IVE-Grenadiere bei der Beendigung einer mobilen Übungslage. Hier ist entschlossenes Auftreten gefordert.

Als persönliche Bewaffnung trägt jeder Grenadier die SIG-Pistole Pro 2009. Entsprechend den Einsätzen und Aufgaben werden die MP 5, das SIG-Sturmgewehr 551 SWAT, die H&K-Mehrzweck-Einsatzpistole MZP und Schrotflinten eingesetzt.

Litauen:

Aras

Abzeichen der *Aras*.

Die Spezialeinheit *Aras* (Adler) rief das litauische Innenministerium am 4. April 1991 zur Bekämpfung der »Ost-Mafia« ins Leben. Schon wenige Monate später hatte die Einheit ihre ersten Toten zu beklagen: Am 31. Juli 1991 wurden die beiden unerfahrenen und jungen *Aras*-Angehörigen B. und J. am Kontrollpunkt Medininkai von Angehörigen der russischen Spezialeinheit OMON erschossen. Es handelte sich um einen Grenzzwischenfall, denn in den frühen Tagen wurden die »Adler« im Grenzdienst an der litauisch-russischen Grenze eingesetzt. Seit der Unabhängigkeit des kleinen baltischen Staates kam es immer wieder zu Zwischenfällen mit dem großen Nachbarn Russland, und von einem herzlichen Verhältnis zwischen Litauern und Russen konnte aufgrund der jahrzehntelangen sowjetischen Unterdrückung ohnehin nie die Rede sein. Deshalb verliefen selbst kleinere Grenzzwischenfälle oft in ungeahnter Schärfe. Die *Aras* ist seit geraumer Zeit zwar nicht mehr mit dem Schutz der litauischen Grenze betraut, das unglückselige Ereignis von Medininkai hat sich aber tief in das Bewusstsein der Einheit gebrannt – auch hinsichtlich der Erkenntnis, dass jeder Einsatz tödliche Risiken bergen kann.

Die *Aras* hat sich in den mittlerweile elf Jahren ihres Bestehens (2002) weiterentwickelt und an die durch die Politik der Europäischen Gemeinschaft verursachten Änderungen angepasst. Die dem Innenministerium unterstehende Truppe besteht aus rund 250 Mann, die sich in mehrere

Die folgende Bildreihe entstand während einer wirklichkeitsnahen Übung, der ein Banküberfall mit Geiselnahme zugrunde lag. Der *Aras*-Einsatzleiter weist in den Grundrissplan des Bankgebäudes ein.

Drei Mann bringen ein Telefon zur Eingangstür der Bank, um die Verbindung zwischen Geiselnehmern und Verhandlungsgruppe herzustellen. Man beachte den Schutzschild.

Die Männer erhalten ihre taktischen Anweisungen und Befehle.

Unter Nutzung der größtmöglichen Deckung wird das Telefon übergeben.

Kompanien und Züge zu je 30 Mann gliedern sind. Die Standorte verteilen sich über ganz Litauen, damit die Kompanien unabhängig voneinander und direkt vor Ort ihren Aufgaben nachkommen können. So liegt in den meisten größeren Städten, wie z.B. Klaipeda (Memel), Alytus oder Kaunas, eine Kompanie in ständiger Einsatzbereitschaft. Die Hauptstadt Vilnius (Wilna) ist *Aras*-Hauptstützpunkt und zugleich Horst der *Aras*-Elite, des kompromisslosen *Spezialteams*. Bei so genannten großen Lagen werden die Kompanien nach Bedarf zusammengefasst. Erstaunlich ist nicht nur die Mannstärke der *Aras* im Verhältnis zur Größe des Landes und zu seiner Bevölkerungszahl – sicherlich auch ein Gradmesser der internen Sicherheitslage -, sondern auch die Waffenpalette, die jedem *Aras*-Mann zur Verfügung steht: Die Polizisten können unter 17 verschiedenen Handfeuerwaffen wählen. Ein *Aras*-Angehöriger über seine Einheit:

Bei uns arbeiten nur Spezialisten. Wir haben eigene Ärzte und Bombenentschärfer, Koordinations- und Planungskräfte sowie Logistiker und ein eigenes Verhandlungsteam. Erwähnenswert ist auch die »Arbeit am Seil«. Die schließt Klettern

Der gesicherte Rückzug.

Zugriff! Stunden später, nachdem die Verhandlungen gescheitert waren, stürmte die *Aras* die Bank.

und Abseilen ein, sowohl von hohen Dächern herab als auch aus dem Hubschrauber. Für unsere Leute ist das nicht einfach nur ein Zurschaustellen schauspielerischer Fähigkeiten, sondern der ständige Drill (Tag und Nacht) dient einem realen Zweck. Nähert man sich den Außenbezirken von Vilnius, kann die Vielzahl der imponierenden, hohen Zement-Wohnblöcken nur schwer übersehen werden. Ein trauriges Vermächtnis einer unterdrückten Stadt, noch aus den Zeiten kommunistischer Sub-Architektur. Ein Monument für den Genossen Stalin und seine pelzmützigen Kameraden. Diese sind nun in die Geschichtsbücher verbannt, aber ihr Erbe aus Zement ist noch immer Teil unserer Gesellschaft. Und gerade dort hat sich ein krimineller Sumpf entwickelt, in den die Aras immer wieder gerufen wird. Hier ist ein ebenso kühler Kopf gefragt wie bei einem Präzisionsschützeneinsatz.

Doch nicht nur in Wilna geht es oft drunter und drüber, auch in anderen Städten wird *Aras* des Öfteren alarmiert. Im Dezember 1994 überfielen vier bewaffnete Männer eine Bank in der Stadt Jonava. Aus der Waffe eines Räubers, der dem Stress offensichtlich nicht gewachsen war, löste sich unabsichtlich ein Schuss, der eine weibliche Kassiererin verletzte. Die Räuber verließen darauf fluchtartig die Bank, wobei sie sich trennten. Die örtliche Polizei konnte drei noch im Nahbereich festnehmen, während der Vierte, der auch für den Schuss auf die Kassiererin verantwortlich war, es nicht mehr aus der Bank schaffte. In der Absicht, sich den Weg freizuschießen, machte er von seiner Waffe Gebrauch und verletzte einen Polizisten. Darauf warf er sich flach auf den Boden und benutzte eine Bankangestellte als Geisel (im dortigen Milieu werden Geiseln als »kleine Lebensversicherungen« bezeichnet). Nun erschien das alarmierte *Aras-Spezialteam* vor Ort. Erst schickten sie alle unbeteiligten Zuschauer weg, dann erfolgte die weiträumige Absperrung, die bei solchen Einsätzen sehr wichtig ist. Die Verhandlungsgruppe nahm nun ihre Arbeit auf, während die Geheimdienstabteilung Informationen einholte, um ein Profil des Täters zu erstellen und genaue Kenntnisse seiner mentalen Stabilität, der gesamten Situation und des Umfeldes zu erlangen. Dadurch wurde rasch in Erfahrung gebracht, dass die Person erst vor Kurzem eine 15-jährige Haftstrafe verbüßt hatte und mit einer kriminellen Vergangenheit aufwartete, die sich gewaschen hatte. Ein Angehöriger des *Aras-Spezialteams* schildert die Entwicklung der Lage:

Während der nächsten 24 Stunden machte der Täter uns unmissverständlich klar, dass er keine Lust verspüre, in die Gemütlichkeit einer warmen Gefängniszelle zurückzukehren. Seine optimistischen Forderungen eskalierten darin, dass er eine Million US-Dollar, Sprengmittel und Waffen haben wollte.

Die Verhandlungen kamen zu einem abrupten Ende, als in der Wohnung ein Schuss widerhallte. Die *Aras*-Leitung und der Psychologe fürchteten nun um das Leben der Geiseln und gaben den Notzugriff frei:

Innerhalb von Sekunden nach dem Knall setzten wir uns in Marsch. Die anderen sieben Männer und ich brachen die Wohnungstür auf, simultan feuerte unser Präzisionsschütze, der eine sehr gute Stellung hatte. In Sekundenschnelle war das Drama ein für allemal zu Ende gebracht worden. Das Ergebnis war ein regungslos daliegender Schütze und eine befreite Geisel, die glücklich war, noch am Leben zu sein. Sie hatte jetzt eine tolle Geschichte, die sie später einmal ihren Enkeln würde erzählen können. Wir hingegen zogen ebenso unerkannt ab wie wir gekommen waren.

Der Leiter des *Spezialteams,* V.G.:

Unser Ziel war es gewesen, alle Personen, den Verbrecher eingeschlossen, lebendig dort rauszuholen. Aber seine verpfuschte Initiative am Schluss benötigte eine spontane und entschlossene Antwort, um eine weitere Tragödie zu vermeiden.

Sein Schlusswort:

Beim Nachdenken über die Professionalität und die Idee (Aras, die Hüter der litauischen Gesellschaft) die hinter uns steht, sollten sich die Leute an der Spitze des Organisierten Verbrechens und der subversiven Kräfte (»Umstürzler«) besser an die Worte von V.H. erinnern: »Keine Armee kann der Kraft einer Idee widerstehen, deren Zeit gekommen ist.«

Luxemburg:

Unités Spéciales

Wappen der *Unités Speciales.*

Im März 1980 stellte die luxemburgische Polizei im Rahmen einer Pressekonferenz der Öffentlichkeit ihr neues Einsatzkommando vor: Die BMG *(Brigade Mobile de la Gendarmerie,* Mobile Gendarmeriebrigade) war aufgrund verschiedener terroristischer Aktivitäten im nahen Ausland ins Leben gerufen worden.

Die Sondereinheit bestand anfänglich aus lediglich acht Mann, stationiert in der Gendarmeriekaserne in Luxemburg-Stadt. Die Beamten wurden von allen administrativen und sonstigen Aufgaben entbunden, um sich im Rahmen einer mehrmonatigen Ausbildung im In- und Ausland auf ihre künftige Tätigkeit vorbereiten zu können. Auch heute noch werden die meisten Beamten der Einheit im nahen Ausland, wie in Deutschland (SEK Nordrhein-Westfalen, Baden-Württemberg usw.), Belgien (ESI) oder Frankreich (RAID), ausgebildet. Am Anfang standen Interventionseinsätze und Personenschutz im Vordergrund. 1987 kam eine Observationsgruppe hinzu und die BMG wurde zu diesem Anlass in *Unités Spéciales* (Spezialeinheiten oder Einheiten zur besonderen Verwendung) umgetauft. 1990 wurde eine Sprengstoff-Entschärfergruppe, 1999 eine Personenschutzgruppe und 2000 eine zusätzliche Verhandlungsgruppe aufgestellt. Die Hundestaffel, seit Gründung der BMG Teil der Einheit, wurde ausgegliedert. Als die Luxemburger im Jahre 2000 Polizei und Gendarmerie zusammenlegten, wurden die *Unités Spéciales* auf 50 Mann aufgestockt, um den stetig wachsenden Anforderungen besser gerecht werden zu können.

Ihren bisher größten Einsatz erlebten die *Unités Spéciales* am 1. Juli 2000 in der luxemburgischen Grenzstadt Wasserbillig, als sich der als geisteskrank und gewalttätig bekannte Tunesier N.B. in einem Kindergarten verschanzte und 43 Kinder sowie fünf Erzieherinnen als Geiseln nahm. Obwohl er bewaffnet und mit äußerster Brutalität vorging, konnte er dazu bewogen werden, 18 Geiseln und zwei Erzieherinnen freizulassen. Nach weiteren 28 Stunden zäher Verhandlungen und nachdem er eine der Frauen vergewaltigt hatte, verlangte er ein Kamerateam, um seine obskuren Forderungen und Ansichten dem TV-Publikum kund zu tun.

Da die Beamten der *Unités Spéciales* nun schon über einen Tag im Einsatz waren und sich natürliche Ermüdungserscheinungen einstellten, erhielten sie technische Unterstützung durch deutsche Sicherheitskräfte, hauptsächlich vom SEK Nordrhein-Westfalen.

Zwei SEK-Beamten, die sich mit RTL-Requisiten als Kameramann und Tonassistent getarnt hatten, gewährte der Täter Einlass in den Kindergarten. Es gelang ihnen, den Tunesier unter dem Vorwand, ein Interview führen zu wollen, in eine taktisch günstige Position zu bringen. Darauf schaltete ein Luxemburger Präzisionsschütze mit Spezialwaffe den Geiselnehmer mit einem gezielten Kopfschuss aus, da es keine andere Möglichkeit gab, die Geiseln ohne Risiko für Leib und Leben zu retten.

Dynamisches Vorgehen zweier Einsatztrupps der *Unités Speciales* in einem Hinterhof

Personenschützer bei der Begleitung des Großherzogs (mit Blumenstrauß).

Niederlande:

▪ Bijzondere Bijstands Eenheid (BBE)
▪ Brigade Speciale Beveiligings-opdrachten (BSB)
▪ Arrestatie Team (AT)

Abzeichen des *Arrestatie Team Rijnmond*.

In den Niederlanden teilen sich Polizei und Militär den Kampf gegen Terrorismus und Schwerstkriminalität. So stellte das Marinekorps eine eigene Kompanie – die nach dem NATO-Alphabet benannte *Whiskey*-Kompanie – als BBE *(Bijzondere Bijstands Eenheid* – in etwa: Sonder-Unterstützungseinheit) für dieses Aufgabenfeld ab, während bei der Gendarmerie die BSB *(Brigade Speciale Beveiligingsopdrachten* – in etwa: Hundertschaft für Besondere Sicherungsaufgaben) dafür zuständig ist.

BSB-Sturmtrupp beim Eindringen durch ein Fenster im Obergeschoss eines Wohnhauses. Man beachte die Leiter, eine eigens nach Vorgaben der BSB gefertigte Konstruktion.

BSB-Angehöriger beim Abseilen aus luftiger Höhe.

Abzeichen zweier niederländischer MEK.

Männer eines *Arrestatie Teams* beim Zugriff auf einen Bankräuber.

Die BBE des *Koninklijk Nederlands Korps Mariniers (KNKM)* – also des Königlich-niederländischen Marinekorps – unterteilt sich in die BBE/K und die BBE/Marine, die direkt dem Militär unterstehen, sowie dem BBE/P, die eng mit der Polizei zusammenarbeitet und u.a. die Scharfschützen der Polizei ausbildet.

Die BSB ist dagegen die Anti-Terror-Einheit der *Koninklijke Marechaussee (KMar)*, der Gendarmerie, eines paramilitärischen Polizeikorps mit langer Tradition. Die KMar sichert u.a. Flughäfen, Geldtransporte usw. und lässt sich in etwa mit dem deutschen Bundesgrenzschutz vergleichen. Die BSB wird hauptsächlich auf den Plan gerufen, wenn mit bewaffneten oder gefährlichen Kriminellen zu rechnen ist. Eines ihrer Spezialfelder ist die Beendigung von Geisellagen. Ein großer Teil des Trainings wird dafür verwendet. Aber auch zur technischen Unterstützung der regulären Polizei in besonderen Fällen kommen die Spezialisten zum Einsatz, da sie auf Ausrüstungsgegenstände, Fahrzeuge und Gerät des Militärs zurückgreifen können.

Die Polizei – die nicht mit der Gendarmerie verwechselt werden sollte – hat ihrerseits so genannte *Arrestatie Teams (AT)*, in etwa: Festnahmetrupps) aufgestellt, die in den Ballungsräumen (Amsterdam, Rotterdam, Utrecht, etc.) stationiert sind. Insgesamt sind es ca. 80 Mann in den gesamten Niederlanden; die Aufgaben der AT lassen sich in etwa mit denen eines deutschen SEK vergleichen.

Gegründet wurden die AT 1977 und firmierten zunächst unter lokalen Bezeichnungen (z.B. in Rotterdam unter BOA). Nach der Polizeireform 1993 wurde die Bezeichnung in *Arrestatie Teams (AT)* vereinheitlicht.

Wer sich zum AT bewerben möchte, muss zunächst fünf Jahre Reviererfahrung mitbringen und dann 16 Wochen Grundausbildung absolvieren. Eine Besonderheit des AT ist, dass neue Beamte nach der Grundausbildung für ein Jahr einem erfahrenen Kollegen (im hessischen Polizeijargon »Bärenführer«) zugeteilt werden. Dieser betreut den Anfänger und kümmert sich um die weitere Ausbildung. Nach Ablauf dieses Jahres entscheidet die Führung, ob er sich bewährt hat und vollwertiges Mitglied der Truppe werden kann.

Auch Frauen können sich zu den AT bewerben, jedoch haben die wenigsten bisher die strenge und körperlich fordernde Ausbildung geschafft. Besonders tragisch ist, dass eine der wenigen motivierten und geeigneten jungen Frauen 1998 bei einem Einsatz erschossen wurde.

Aufgrund der sehr liberalen Innenpolitik der Niederlande, die z.B. als einziges europäisches Land den Verkauf und Konsum von so genannten *weichen Drogen* erlauben bzw. tolerieren, ist eines der Hauptaufgabengebiete der AT die Bekämpfung der »harten« Drogenkriminalität.

Dieses an sich schon weite und gefährliche Feld wird zusätzlich durch das Vorhandensein großen Häfen erschwert, die immer wieder zum Schauplatz spektakulärer Festnahmen werden. Im Durchschnitt haben die *Arrestatie Teams* 300 Einsätze im Jahr zu bewältigen, die außer der Bekämpfung des Rauschgifthandels noch die Festnahme von Schwerverbrechern, Geiselnehmern und riskante Personenschutzeinsätze umfassen.

Einer der spektakulärsten Einsätze des AT Rotterdam spielte sich 1982 statt. Seit einiger Zeit schon erhielt der türkische Konsul Personenschutz, da gesicherte Erkenntnisse vorlagen,

Das *Arrestatie Team* Amsterdam bei der Überwältigung von zwei Geiselnehmern und der gleichzeitigen Evakuierung der Geisel, einem kleinen Mädchen.

Beamte des *Arrestatie Team* Rotterdam mit Schutzhund.

dass ein Attentat auf ihn verübt werden sollte. Die Führung des AT Rotterdam (damals noch als BOA in Verbrecherkreisen gefürchtet) hatte schon des Öfteren die zuständigen Stellen auf die Notwendigkeit eines gepanzerten Fahrzeuges hingewiesen, um die Schutzperson sicher transportieren zu können. Dieses wurde nach längerem Hin und Her auch bewilligt und die Dienststelle bekam einen nachgerüsteten sondergeschützten VW Golf.

Am ersten Tag der Benutzung dieses Kfz, quasi auf der Jungfernfahrt, verübten zwei Armenier ein Anschlag auf den türkischen Konsul. Die Terroristen schossen dabei mit Maschinenpistolen aus ihrem Fahrzeug auf den Konsul im gepanzerten VW Golf. Das Fahrzeug wurde zwar ramponiert und ein Täterprojektil schlug durch, aber die restlichen Kugeln hielt die Stahlplattenpanzerung auf. Es kann als sicher gelten, dass diese den Polizisten und dem Konsul das Leben rettete.

Nach dem Fehlschlag flüchteten die Täter, konnten jedoch später festgenommen werden: Der Erste nach einem längeren Schusswechsel und der Zweite ohne Schusswaffeneinsatz in der Nähe des Konsulats.

Den wohl spektakulärsten Antiterror-Einsatz in der niederländischen Geschichte bisher, der weltweit Aufsehen erregte, bewältigte jedoch die *Bijzondere Bijstands Eenheid (BBE)* der Königlichen Marineinfanterie, die damals noch *Marine Close Combat Unit* (Marine-Nahkampf-Einheit) hieß.*

In den Morgenstunden des 23. Mai 1977 brachten neun schwer bewaffnete südmolukkische Terroristen nahe der Stadt Assen einen Zug mit fast 100 Reisenden in ihre Gewalt. Die Molukker waren mit Handgranaten und Maschinenpistolen bewaffnet und ließen von Anfang an keine Zweifel an ihrer Entschlossenheit aufkommen. Zeitgleich drangen vier weitere Terroristen in eine Schule in Bovensmilde ein und nahmen dort 105 Kinder sowie vier Lehrer als Geiseln. Sie übergaben der niederländischen Regierung ihre Forderungen nach einem eigenen Staat** und drohten mit der Erschießung

* Siehe dazu *Terry White: Eliteverbände der Welt. Ausbildung, Bewaffnung, Einsätze.* Motorbuch Verlag, Stuttgart 1995. Seite 169 ff.

** Die Inselgruppe der Molukken gehört zu Indonesien, das als Niederländisch-Ostindien rund 250 Jahre lang unter holländischer Kolonialherrschaft stand. Die Südmolukker arbeiteten eng mit der Kolonialmacht zusammen, was ihr die Mehrheit der indonesischen Bevölkerungsgruppen im Nachhinein übel nahm. Um Repressalien zu entgehen, übersiedelten Tausende Molukker zu Beginn der 60er-Jahre nach den Niederlanden, ohne jedoch ihre alte Heimat und den Wunsch nach einem eigenen Staat aufzugeben. Dieses Ansinnen wurde jedoch von der Regierung nur halbherzig unterstützt bzw. abgelehnt, so dass einige frustrierte Südmolukker in die Terrorszene abdrifteten und ihr Ziel mit Gewalt zu erreichen suchten.

Diese Grafik zeigt zwei Soldaten der BBE in der Ausrüstung für Antiterror-Einsätze.

aller Geiseln. Trotz umfangreicher Bemühungen konnten die Verbrecher nicht zur Aufgabe überredet werden. So vergingen 19 Tage und die Lage wurde von Tag zu Tag kritischer. Am 11. Juni 1977 erteilte die Regierung den Auftrag zur Beendigung der Geiselnahme an die BBE. Diese hatte die Zeit seit dem ersten Tag der Geiselnahme genutzt und ein intensives Training in vergleichbaren Schulräumen und Zügen durchgeführt.

Die Geiselnahme in der Schule von Bovensmilde wurde rasch und unblutig beendet, da die Spezialisten der BBE die Terroristen im Schlaf überwältigen konnten und ihnen keine Chance ließen.

Der Zugriff im Zug gestaltete sich komplizierter. Im Rahmen einer guten Voraufklärung konnten Kampftaucher, die sich in einem Schifffahrtskanal neben der Zuglinie genähert hatten, für damalige Verhältnisse sehr gute Mikrotechnik unter den Waggons anbringen. Die Einsatzleitung versetzte diese Maßnahme in die Lage, alle Gespräche im Zug mithören zu können, den Zustand der Geiseln zu bewerten und die Terroristen zu lokalisieren.

Als Beobachtungsposten einen taktisch günstigen Standort der Terroristen im Zug meldeten, erfolgte ein Ablenkungsmanöver der niederländischen Luftwaffe: Mehrere Starfighter F-104 überflogen den Zug in Baumwipfel-Höhe und verursachten durch schlagartige Zündung der Nachbrenner eine starke Geräuschablenkung. Nun eröffnete die BBE das Feuer mit einem Maschinengewehr direkt zwischen Geiseln und Terroristen, um so einen »eisernen Vorhang« zu legen, der die Terroristen an der Erschießung der Geiseln hindern sollte. Zeitgleich drangen BBE-Sturmtrupps von verschiedenen Seiten in den Zug ein, bekämpften die Terroristen und befreiten die Geiseln.

So endete ein langes Drama, das sechs Terroristen und leider auch zwei Geiseln das Leben kostete, da diese beim Sturmangriff in Panik aufsprangen und in die Feuerlinie liefen.

Norwegen:
Delta

Abzeichen der Sondereinheit *Delta.*

Eisbär und gleichschenkliges Dreieck – Symbol der *Delta*.

Die 1975 gegründete Sondereinheit *Delta* der norwegischen Polizei ist mittlerweile weit über die Landesgrenzen hinaus bekannt. Dies liegt zum Teil an der Aufbauhilfe und den Innovationen, welche *Delta* anderen skandinavischen Antiterror-Einheiten zuteil werden ließ.

Die norwegische Sondertruppe kann sich aus sämtlichen Polizeidienststellen Norwegens, einschließlich Spitzbergen, rekrutieren. Es gilt im Königreich als Auszeichnung, in dieser Einheit zu dienen, die ein ähnliches Ansehen genießt wie ein militärischer Eliteverband. In der Regel haben die Anwärter bereits zwei Jahre Militärdienst, drei Jahre Polizeischule und mindestens 2 Jahre Polizeidienst hinter sich, bevor sie sich bei

Delta-Sturmtrupps üben den synchronen Zugriff an einem Verkehrsflugzeug.

Manchmal gehts auch ohne Sprengen: *Delta*-Beamte beim Öffnen einer Stahltür mit der Flex.

... und bei Nacht

Eindringen in ein mehrstöckiges Haus mit Hilfe von Spreng- und Blendgranaten bei Tag...

Delta-Mann in voller Einsatzausrüstung. Man beachte die in den Vorderschaft der Maschinenpistole MP 5 integrierte Lichtquelle. Klassisch auch das Abseilgeschirr.

der *Delta* bewerben können. Deshalb trifft man dort keine Milchschnäbel und Jungspunde, die zwar sportlich brillieren können, denen es aber noch an Lebens- und Einsatzerfahrung fehlt. Das Durchschnittsalter liegt bei 30 Jahren. Rund acht Jahre kann ein Mann in der Einheit bleiben, bevor er wieder in den allgemeinen Polizeidienst zurückversetzt wird.

Die *Delta* bietet verschiedene Spezialisierungen an, darunter eine umfassende Ausbildung im Fallschirmspringen sowie im Tauchen. Insbesondere auf ihre maritime Komponente legt die Einheit gesteigerten Wert – was angesichts der langen Küste des Landes, den zahlreichen Eilanden und den Ölbohrinseln in der Nordsee keineswegs überrascht. Bemerkenswert ist fürderhin die Tatsache, dass die Sondereinheit in Oslo durchaus in den »normalen« Polizeidienst eingebunden ist; ähnlich der österreichischen WEGA (siehe Seite 170) fährt sie Streife in der Hauptstadt und ist dort für bestimmte Sicherheitsaufgaben verantwortlich. Ein Rotationssystem gewährleistet, dass ein Teil der Einheit 365 Tage im Jahr, 24 Stunden täglich einsetzbar ist. 50% der Dienstzeit entfallen auf das Training, die anderen 50 % auf Einsätze, worunter auch der oben erwähnte Streifendienst zu verstehen ist.

TECHNORAMA

Österreich:

▪ Gendarmerieeinsatzkommando (GEK)
▪ Sondereinsatzgruppen (SEG)
▪ Mobile Einsatzkommandos (MEK)
▪ Wiener Einsatzgruppe Alarmabteilung (WEGA)

In Österreich gibt es mehrere Spezialeinheiten, die teilweise mit den selben Aufgaben betraut sind. Dies sind bei der Gendarmerie das *Gendarmerieeinsatzkommando (GEK)* und die *Sondereinsatzgruppen (SEG)*, während die Bundespolizei *Mobile Einsatzkommandos (MEK)* aufstellte; außerdem noch die *Wiener Einsatzgruppe Alarmabteilung (WEGA)* und die zwischenzeitlich aufgelöste *Polizeieinsatzstelle Flughafen (Kranich),* die formell MEK sind, aber eine Sonderstellung einnehmen.

Das Gendarmerieeinsatzkomando (GEK)

Das *Gendarmerieeinsatzkommando (GEK)*, das auch unter der Bezeichnung COBRA bekannt geworden ist, ist die Sondereinheit der Gendarmerie; sozusagen die österreichische GSG 9.

Das GEK ging aus dem *Gendarmeriekommando Bad Vöslau* hervor, das am 30.4.1973 gegründet worden war.

»Maskenball« bei der SEG Vorarlberg (SEG/V).

Wappen des GEK.

Aufgebaut wurde das am 1.1.1978 offiziell eingesetzte GEK in leitender Stellung vom damaligen Gendarmerierittmeister Johannes Pechter, der über 20 Jahre Kommandant der Einheit war. Die Personalstärke beträgt rund 180 Mann, wobei sich das GEK aus sämtlichen Gendarmeriedienststellen rekrutiert. Nach Bestehen eines strengen Auswahlverfahrens mit medizinischen, psychologischen und sportmotorischen Tests, durchläuft der Bewerber eine sechsmonatige Grundausbildung. In dieser Zeit lernt er all jene Fertigkeiten und Kenntnisse, die ihn befähigen sollen, schwierigste und gefährliche Einsätze erfolgreich zu bestehen. Neben Taktik, Schießen und Sport stehen u.a. Fahr- und Seiltechnik, Nahkampf und psychologische Schulung auf dem Dienstplan. Danach erfolgen Spezialisierungen wie z.B. Tauchen, Führen von Einsatzhunden, Fallschirmspringen, Sprengen oder Präzisionsschießen.

Gemäß §5 der so genannten *Sondereinheiten Verordnung* obliegt dem GEK:

1. Gefährlichen Angriffen ein Ende zu setzen, wenn wegen der hierfür gegen Menschen oder Sachen allenfalls erforderlichen Zwangsgewalt besonders geübte Organe des öffentlichen Sicherheitsdienstes mit besonderer Ausbildung benötigt werden und solche Organe auf lokaler oder regionaler Ebene nicht oder nicht ausreichend zur Verfügung stehen.
2. Den vorbeugenden Schutz bei erhöhter Gefahrenlage sicherzustellen (Personenschutz). Das GEK ist nach den gegebenen Regelungen für alle Personenschutzdienste der höchst möglichen Gefährdungsstufe 1 einzusetzen.
3. Den Sicherheitsdienst an Bord österreichischer Zivilflugzeuge bei erhöhter Gefährdungslage zu übernehmen.
4. Den Schutz österreichischer Vertretungsbehörden im Ausland bei Krisenfällen sicherzustellen.

Ein weiterer Erlass der *Generaldirektion für die öffentliche Sicherheit,* in dem die Organisation etc. bei Sonderlagen geregelt wird, bestimmt, dass Zugriffe bei Geiselnahmen grundsätzlich nur vom GEK durchgeführt werden dürfen. Eine Ausnahme bildet hierbei nur der Bereich der Bundespolizeidirektion Wien. Die dort angesiedelte Sondereinheit WEGA darf ebenfalls Geiselnahmen beenden. Der Eingriff bei

GEK-Gendarmen bei einer Zugriffsübung: Eine mobile Lage im Bereich des öffentlichen Personennahverkehrs wird beendet.

GEK-Männer beim taktischen Vorgehen im Flugzeug.

GEK-Beamte in verschiedener Einsatzausrüstung.

Flugzeugentführungen ist Österreich-weit ausschließlich dem GEK vorbehalten. Bei Großeinsätzen, bei denen mit gewalttätigen Ausschreitungen zu rechnen ist, werden Gruppen des GEK auch für ordnungspolizeiliche Dienste eingesetzt. Doch nicht nur in Österreich ist das GEK tätig. Die Sondereinheit wird zu Auslandseinsätzen (Russland, Algerien, Peru, Albanien, etc.) herangezogen, wenn es darum geht, Repräsentanten und Behörden der Republik Österreich zu schützen oder Aufbau- und Unterstützungshilfen für Sicherheitsorgane befreundeter Staaten zu leisten.

Rettungsübung: Ein GEK-Gendarm wird vom Hubschrauber heruntergelassen, um eine verletzte Person zu bergen.

Die GEK-Kaserne Wiener Neustadt

Die moderne Unterkunft des GEK stellt in Sachen Architektur und Konzeption ein absolutes Novum dar und versetzt selbst Kenner in Erstaunen: Auf über 300.000 qm erstreckt sich inmitten lichter Kieferbewaldung ein speziell für die Bedürfnisse des GEK ausgerichtetes Areal in Form eines gleichschenkligen Dreiecks. Dem Besucher vermittelt es eine gediegene Atmosphäre und erweckt auf den ersten Blick, bedingt durch die Abgeschiedenheit, den Eindruck einer Oase der Ruhe.

Manch andere Sondereinheit in Europa blickt mit Neid nach Wiener Neustadt, denn hier gingen viele Wünsche in Erfüllung, von denen andere nur träumen können. Ein weiträumiges, lichtdurchflutetes Stabsgebäude, eine Dreifachturnhalle, ein großes Schwimmbecken, eine moderne Raumschießanlage und ein über 20 m hoher Kletterturm gehören dazu. Ein zweifacher Zaun mit den modernsten Alarmanlagen, ein ausgefeiltes Schleusensystem und weitere Sicherheitsmaßnahmen sorgen dafür, dass nur ein berechtigter Personenkreis Zutritt erhält. Das Terrain gilt als so sicher, dass es von besonders gefährdeten Personen (z.B. dem Schriftsteller Salmon Rushdi), die vom GEK Personenschutz erhalten, als Aufenthaltsort genutzt werden kann. Ein extra ausgestatteter Raum bietet einen besonders hohen Sicherheitsstandard.

Die GEK-Kaserne in Wiener Neustadt. Die Aufnahme zeigt Anlage und Ausmaße der einzigartigen Unterkunft.

Einsätze des GEK

Der erste Einsatz des *Gendarmeriekommando Bad Vöslau* (ab 1978 GEK) war die Fahndung nach dem Amokläufer Ernst Dostal im Juni 1973. Dostal hatte drei Menschen brutal ermordet und mehrere Exekutivbeamte schwer verletzt. In einer aussichtslosen Situation, verfolgt von der Gendarmerie, der Polizei und dem GEK, beging er im Wienerwald Selbstmord.

Am 28. September 1973 nahmen zwei schwerbewaffnete palästinensische Terroristen der Organisation »El Saika« (Adler der Revolution) ein älteres Ehepaar und einen Zollbeamten als Geisel. Dies war der erste Terrorüberfall in Österreich. Sie flüchteten, verfolgt vom GEK, zum Wiener Flughafen. Hier ließen die Terroristen ihre Geiseln nach stundenlangen Verhandlungen frei. Ihnen wurde jedoch vorher von der Bundesregierung zugesichert, dass das Durchgangslager für Emigranten an der Triesting aufgelassen und die beiden Verbrecher sofort nach Algerien ausgeflogen werden. Hatte das GEK auch nicht unmittelbar eingreifen müssen, so mag seine bloße Präsenz doch viel dazu beigetragen haben, dass Blutvergießen verhindert werden konnte.

Am 27. Februar 1985 zwangen zwei bewaffnet Syrer den Kapitän einer Boeing 727 auf dem Flug von Frankfurt/Main nach Damaskus zur Landung in Wien-Schwechat. Die Täter forderten politisches Asyl in Österreich. Das unverzüglich angeforderte GEK bereitete sämtliche Maßnahmen für einen möglichen Not- und einen geplanten Zugriff vor. Nach stundenlangen Verhandlungen konnte die Freilassung der Passagiere, nicht jedoch der Besatzung erreicht werden. Schließlich wurde für die Beendigung der Entführung eine gewaltfreie Variante gewählt. Zwei GEK-Beamte begaben sich unbewaffnet in das Flugzeug und erreichten unter Einsatz ihres eigenen Lebens, in direkten Verhandlungen, die Aufgabe.

Am 17. Oktober 1997 befanden sich vier GEK-Beamte mit dem Auftrag, zwei nigerianische Straftäter in ihre Heimat abzuschieben, an Bord eines Passagierflugzeuges mit Ziel Lagos. Gegen 13.50 bemerkten die Beamten eine tumultartige Szene in der Kanzel. Einem weiteren Nigerianer – Ibimina T. – war es gelungen, in das Cockpit vorzudringen, wo er den Kapitän mit einem als Kugelschreiber getarnten Fallmesser bedrohte und so die Maschine in seine Gewalt brachte. Er forderte eine sofortige Landung in der BRD oder einen Flug nach Südafrika.

GEK-Gendarmen vor dem Eingangsportal des Hauptgebäudes.

Außerdem wollte er noch inhaftierte Personen in Nigeria freipressen.

Die GEK-Männer brachten durch eine Stewardess Einzelheiten in Erfahrung und erkannten schon in der Initialphase, dass es sich um eine Entführung handelte. Gemeinsam mit vier Kollegen des Bundesgrenzschutzes München, die sich ebenfalls mit so genannten *Schüblingen* an Bord befanden, stimmten sie ihr Vorgehen ab. Taktisches Ziel war die Überwältigung des Entführers im Cockpit. Um 14.02 Uhr, der Pilot hatte bereits die international festgelegten Notsignale für ein an Bord laufendes *Hijacking* an die Bodenstationen ausgesandt, stürmten drei GEK-Beamte die Kanzel. Mit schnittfesten Handschuhen und Pfeffersprays ausgerüstet, überwältigten sie den Entführer. Der Kapitän konnte befreit werden, die Besatzung und die 180 Passagiere blieben unverletzt. Die vier GEK-Begleiter wurden für ihr mutiges und entschlossenes Einschreiten unter hohem Eigenrisiko mit der Goldenen Medaille am roten Band ausgezeichnet.

Am 14. November 1996, gegen 09.50 Uhr, nahmen drei inhaftierte Schwerverbrecher in der Justizvollzugsanstalt Graz-Karlau drei Frauen des Kantinenpersonals als Geiseln. Dabei wurden zwei Justizwachbeamte durch Messerstiche schwer verletzt, die aber mit einer weiteren Zivilbediensteten aus dem unmittelbaren Gefahrenbereich fliehen konnten. In der Kantine mit den Geiseln blieben die Geiselnehmer Adolf Schandl (60), bekannt geworden durch einen spektakulären Ausbruch aus der Strafanstalt Stein, der Palästinenser Tawfik B.A. Chaovali (36), der 1985 eine gewisse Berühmtheit durch ein Attentat auf dem Wiener Flughafen erlangte, und Peter Grossauer (39), verurteilt wegen eines brutalen Mordes an einem Zuhälter. Die Verbrecher befestigten selbstgebastelte und funktionsfähige Brandsätze, die jederzeit durch einen Auslöser (hergestellt aus Wäscheklammern) gezündet werden konnten, auf den Rücken der Geiseln. In einem Schreiben forderten sie mehrere Millionen Schilling Lösegeld und zur Flucht einen Hubschrauber. Um 10.18 wurde die Bundespolizei Graz von den Vorfällen in Kenntnis gesetzt, die sofort ihr MEK entsandten. Um 10.50 Uhr wurde das GEK zur Unterstützung angefordert. Sofort verlegten 35 Mann mit besonderer technischer Ausrüstung (Brandbekämpfungsmittel etc.) nach Karlau. Gegen 13.30 Uhr zogen das MEK Graz und die Beamten des GEK gemeinsam im weiteren und engeren Bereich des Zielobjektes auf. Die taktische Konzeption lautete:

1. Die Lage darf nicht mobil werden.
2. Bei unmittelbaren Angriffen der Geiselnehmer auf die körperliche Unversehrtheit der Geiseln wird sofort der Notzugriff ausgelöst.

Durch die laufenden Verhandlungen wurde immer deutlicher, dass die Geiselnehmer zu allem entschlossen waren. Sie hatten diese Tat lange geplant, waren durch vielfache Vorstrafen abgestumpft und hatten den Respekt vor dem Leben anderer verloren.

Um 18.00 Uhr einigten sich die Mitglieder des Einsatzstabes unter Berücksichtigung aller bisherigen Erkenntnisse und Einschätzungen der Lage auf einen Zugriff. Dieser war unvermeidbar geworden, da das Risiko für die Unversehrtheit der Geiseln zu groß wurde. Die Geiselnehmer drohten damit, den Geiseln Gliedmaßen abzuschneiden, falls nicht unverzüglich das Lösegeld gezahlt würde. Um 19.30 Uhr erhielten die Zugriffskräfte folgende Weisung: *»Zugriff bei günstiger Gelegenheit während der Lösegeldübergabe und nach Sicherung der freizulassenden Geiseln.«*

Der Zugriff sollte dabei in sechs Phasen erfolgen:

1. Ablenkung durch Schall (Irritationsmittel) und gleichzeitiges Eindringen von drei Seiten.
2. Sofortiges Fixieren und Fesseln der Geiselnehmer.
3. Sofortige Brandsatzentschärfung.
4. Evakuierung der Geiseln und Übergabe in psychologische und ärztliche Betreuung.
5. Durchsuchung der Täter und Übergabe an die Justiz.
6. Koordinierter Abzug.

Um 19.58 Uhr war es soweit. Das Paket mit dem Lösegeld wurde, durch einen von den Geiselnehmer genannten Justizbeamten, vor die Gefangenenkantine abgelegt. Die Öffnung der Tür erfolgte von innen und die Geisel H. R. wurde zur Tür geschickt, um das Paket zu holen. In diesem Moment erfolgte der über Funk ausgelöste Zugriff. Die drei Trupps stürmten gleichzeitig vor, so dass die Situation nach 134 Sekunden unter Kontrolle war. Der Erfolg dieser Lösung war rein dem Überraschungseffekt zuzuschreiben, denn eine gewaltsame Intervention lag in diesem Moment völlig außerhalb der Erwartung des so genannten Gegenübers. Die Geiselnehmer dachten offensichtlich nur noch an das Geld und was sie damit anfangen könnten.*

Die Sondereinsatzgruppen (SEG)

Um das GEK zu entlasten und der Gendarmerie ein weiteres Mittel zur Bekämpfung der Gewaltkriminalität an die Hand zu geben, stellte jedes der acht Landesgendarmeriekommanden (LGK) 1984 eine *Sondereinsatzgruppe (SEG)* auf. Als Vorbild diente die bereits im September 1981 aufgestellte SEG Vorarlberg.

SEG Burgenland	SEG Salzburg
SEG Kärnten	SEG Steiermark
SEG Niederösterreich	SEG Tirol
SEG Oberösterreich	SEG Vorarlberg

Um dem Leser einen Einblick in die Aufgaben und Strukturen zu geben, führten die Verfasser ein Interview mit dem Kommandanten des SEG Vorarlberg R.M.

* Weiterführenden Lesestoff über das GEK bietet die Neuerscheinung von *Wolfdieter Hufnagl: COBRA – Das Gendarmerieeinsatzkommando GEK.* Motorbuch Verlag, Stuttgart 2002.

Abzeichen der SEG.

Welcher Anlass lag der Gründung Ihrer SEG zugrunde?
Die stark ansteigende Kriminalität im Bereich des Zuhälter- und Dirnenmilieus in Vorarlberg haben dazu geführt, dass ehemalige Mitglieder des GEK, die hier bei der Gendarmerie stationiert waren, zusammengezogen wurden und zu besonderen Einsätzen abkommandiert wurden.

Gab es eine Einheit mit Vorbildfunktion?
Die SEG Vorarlberg (SEG/V) ist eine »Nachahmung im Kleinformat« des Gendarmerieeinsatzkommandos (GEK). Inzwischen gibt es in jedem Bundesland eine solche Einheit, die sich aus ehemaligen Angehörigen des GEK rekrutiert. Wir sind durchschnittlich 35 bis 40 mal jährlich im Einsatz und übernehmen die Festnahme gefährlicher Straftäter, Personenschutz, Werttransportbegleitung, Observationen u.a.

Wohin gehört die Einheit organisatorisch?
Organisatorisch ist die SEG/V dem Landesgendarmeriekommando, Organisations- und Einsatzabteilung (OEA), angegliedert. Es handelt sich um eine »Rufeinheit« und nicht um eine stehende Truppe. Die Mitglieder versehen auf Gendarmeriedienststellen ihren Dienst und werden für Ausbildungs- und Einsatzzwecke alarmiert.

Erläutern Sie die Gliederung einer SEG.
Die SEG/V setzt sich zusammen aus:

1 Referenten (im Range eines Offiziers)
1 Kommandanten/Sachbereichsleiter (dienstführender Beamter)
1 Kommandanten Stellvertreter (dienstführender Beamter)
16 Mitglieder (dienstführende und eingeteilte Beamte)
1 Sondereinheiten-Diensthundeführer.

Welche Voraussetzungen müssen SEG-Bewerber mitbringen?
Die sechsmonatige Grundausbildung beim GEK und mindestens eine einjährige Mitgliedschaft. In weiterer Folge stehen beim SEG monatlich zwei bis drei Ausbildungstage zur Verfügung. Diese umfassen u.a. Einsatztaktik, Schießen, Nahkampf und MES-Training, Seiltechnik, Fahrausbildung, etc. Solange der Beamte den körperlichen und geistigen Voraussetzungen entspricht, kann er Mitglied beim SEG bleiben, nach seinem Ausscheiden verrichtet er wieder Dienst bei seiner Stammdienststelle.

Wie ist die Einheit bewaffnet?
Die Standardausrüstung ist für jeden Beamten Glock 17 und das Steyr Sturmgewehr 77. Weiterhin haben wir für speziellere Lagen Glock 19 mit Laserzieleinrichtung, Schrotflinten »Scattergun«, MZP 1 von Heckler & Koch und das Scharfschützengewehr Steyr SSG 69.

Die Mobilen Einsatzkommandos (MEK)

Bei jeder der 14 *Bundespolizeidirektionen* Österreichs befindet sich ein MEK. Es wird hauptsächlich zur Festnahme von gefährlichen Straftätern und zur Bewältigung von Sonderlagen eingesetzt und stellt so das Pendant zu den deutschen SEK dar.

Die MEK wurden nach ihren Standorten benannt; eine Ausnahme bilden nur die *Wiener Einsatzgruppe Alarmabteilung (WEGA)* und die ehemalige Einsatzabteilung »Kranich«, die zusätzliche Aufgaben wahrnehmen bzw. wahrnahmen.

MEK Eisenstadt	MEK Linz	MEK Villach
MEK Graz	MEK Salzburg	MEK Wels
MEK Innsbruck	MEK Schwechat (Kranich)	MEK Wien (WEGA)
MEK Klagenfurt	MEK Steyr	MEK Wiener Neustadt
MEK Leoben	MEK St. Pölten	

Die Aufgaben eines MEK lesen sich in offizieller Sprachregelung wie folgt:

Das MEK versieht überlagernden Streifendienst im Rahmen der Außenverpflichtung und hat dann zum Einsatz zu kommen, wenn der Bewältigung der Lage ein besonderes Einschreiten geboten erscheint bzw. das Einschreiten mit besonderen Gefahren verbunden oder eine besondere Ausbildung notwendig ist. Das MEK ist für diese besonderen Einsätze mit geeigneter Ausrüstung und entsprechenden Einsatzmittel ausgerüstet.

MEK Schwechat (»Kranich«)
Die Hauptaufgabe der Einsatzabteilung Kranich war die Überwachung des über 10 km^2 großen Flughafenareals Wien-Schwechat und seines Umfeldes. Die Angehörigen dieses MEK wurden seit 1992 in Form von freiwilligend Dienstzuteilungen aus allen Bundespolizeidirektionen Österreichs rekrutiert und

Der gepanzerte MTW Pandur der »Kraniche« in Sicherungsposition vor einem Flugzeug der El-Al.

Randale auf dem Balkon

Kripochef Günther Geiger (rechts) verhandelt mit Klavora. Die SEG/V hat die Wohnung umstellt. Man beachte den Beamten einen Balkon tiefer.

Am 24. 06. 1991 rückte die SEG/V zu einem Einsatz aus, dessen Verlauf hier minutiös wiedergegeben wird.

15.45 Uhr Der 30-jährige Hilfsarbeiter Franz Klavora randaliert in Dornbirn, fährt anschließend nach Lustenau und verbarrikadiert sich dort in seiner Wohnung.

16.00 Uhr Die Gendarmerie trifft ein, Klavora bedroht die Beamten mit einem Gewehr.

16.35 Uhr Franz Klavora schießt in die Luft.

16.47 Uhr Nachdem er mehrfach Schüsse angedeutet hat, schießt er ein zweites Mal. Das Projektil schlägt so knapp neben einem Beamten ein, dass dieser noch vom wegfliegenden Dreck im Gesicht getroffen wird.

16.55 Uhr Major Günther Geiger, der wenige Jahre später verstorbene Kripochef Vorarlbergs, betritt die Wohnung und spricht mit Klavora.

17.10 Uhr Klavora droht Major Geiger zu erschießen, falls er noch einen Beamten zu Gesicht bekäme.

17.23 Uhr Major Geiger nutzt eine günstige Gelegenheit und ergreift das Gewehr von Klavora. Es kommt zu einem Handgemenge, in dessen Verlauf Major Geiger am Kopf verletzt wird und Klavora vom Balkon springen will. Mit Hilfe der SEG/V wird er überwältigt. Die drei Kinder und seine Frau, die sich die ganze Zeit über in der Wohnung aufhielten, bleiben unverletzt.

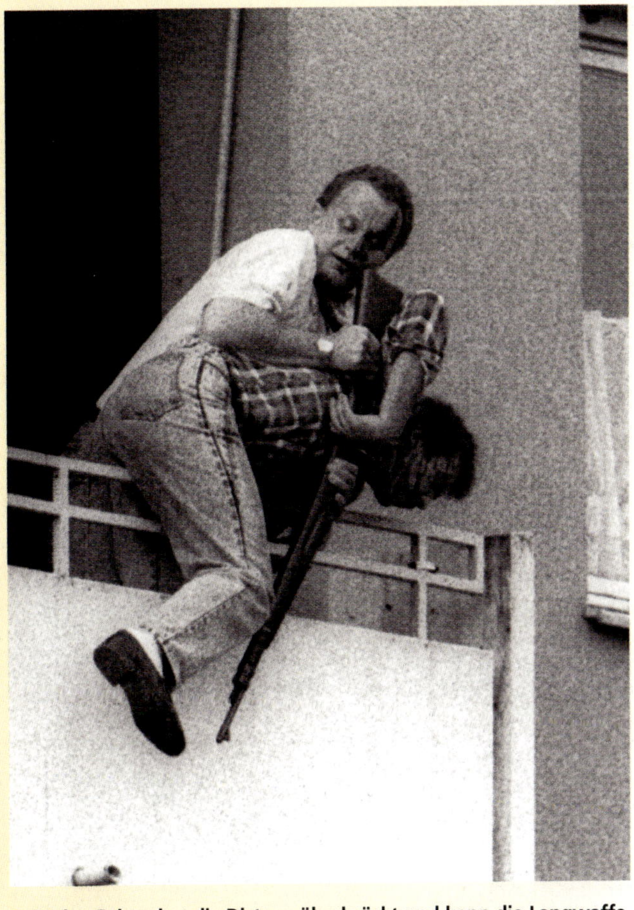

Major Geiger hat die Distanz überbrückt und kann die Langwaffe so hebeln, dass sie nicht gegen ihn eingesetzt werden kann. Bei dem Kampf will der Täter nun über die Brüstung springen, was Geiger aber verhindern konnte. Die endgültige Überwältigung und den Abtransport übernahm die SEG/V.

für die Dauer von mindestens zwei Jahren zugeteilt, eine Verlängerung war grundsätzlich möglich. In einem fünfwöchigen Grundkurs wurden sie auf ihr spezifisches Aufgabenfeld vorbereitet. Ihren wohl bedeutendsten Einsatz erlebten die »Kraniche« am 27. Dezember 1985. Drei arabische Terroristen wollten ein israelisches El-Al-Flugzeug entführen und mit den Geiseln nach Tel Aviv fliegen, um es dort zum Absturz zu bringen.

Um 09.07 warfen die Terroristen von der Osttreppe des Flughafens drei Handgranaten in die wartende Menschenmenge und feuerten mit Kalaschnikow-Sturmgewehren um sich. Damit wollten sie Verwirrung stiften und die deutlich erkennbaren israelischen Sicherheitsposten töten. Zusätzlich wollten sie noch eine kleine Gruppe von Polizisten der »Kraniche« mittels einer Handgranate außer Gefecht setzen, was aber nicht gelang, da die Handgrante glücklicherweise einen Defekt aufwies und nicht detonierte. Die israelischen Sicherheitsbeamten und die »Kraniche« setzten sich zu Wehr und eröffneten das Feuer. Gleichzeitig versuchten sich die Menschen aus der Halle zu retten, was die Lage für die Beamten zusätzlich erschwerte.

Die Terroristen erkannten, dass ihr Vorhaben scheiterte, und flüchteten in einem gekaperten Kfz. Dienstfahrzeuge nahmen die Verfolgung auf und ließen sich auch nicht durch eine Handgrante aufhalten, die die Terroristen in Höhe der Flughafentankstelle abwarfen. Zwischen der Tankstelle und dem Autobahnzubringer entstand die groteske Situation, dass das erste Fahrzeug der wildrasenden Gruppe ein Polizeiwagen war, der eine Abkürzung genommen hatte. Darauf folgte das Kfz der Terroristen, dann ein weiteres Polizeiauto. Am ersten der vorgesehenen Sperrpunkte stoppte das erste Auto der Einsatzreserve, ein Polizist der »Kraniche« sprang heraus und feuerte das gesamte 30-Schuss-Magazin seines Sturmgewehr 77 ab, trotzdem konnten die Terroristen die Flucht fortsetzen. Kurz darauf fuhren sie aber in die Straßenböschung, da das Fahrzeug beschädigt worden war. (Hier zeigte sich wieder am praktischen Beispiel, wie schwer es ist, ein Fahrzeug mit Projektilen aufzuhalten, sofern nicht wichtige Motor-Teile zerstört werden, wie z.B. die Zündspule. Selbst Nagelgurte mit hohlen Stiften, die ein schnelles Entweichen der Luft ermöglichen, sind keine Garantie. Es sind etliche Fälle bekannt, bei denen die Flüchtenden erst auf vier platten Reifen und später auf den Felgen noch viele Kilometer weiterfuhren.)

Zwei der Terroristen verließen das Fahrzeug, stoppten entgegenkommende Wagen und nahmen die Insassen als Geiseln. Der dritte Terrorist stellte sich den Diensthundeführern der »Kranich« entgegen und verstarb auf der Straße. Die beiden anderen ergaben sich nach einigen Warnschüssen.

Der gesamte Einsatz hatte sieben Minuten gedauert. Die Sicherheitskräfte hatten insgesamt 276 Schuss Munition abgegeben, bei den Terroristen konnte die genaue Zahl nicht ermittelt werden. Es waren wohl einige Hundert Schuss und fünf Handgranaten. Fünf Tote und über 40 zum Teil schwer verletzte Personen waren die Bilanz.

Die Wiener Einsatzgruppe Alarmabteilung (WEGA)

Die WEGA kann auf viele erfolgreich gemeisterte Einsätze zurückblicken. Ihre Wurzeln reichen ins Jahr 1928 zurück, als die Wiener Polizei eine Sondereinheit gründete, die später wieder aufgelöst wurde. 1955 wurde wieder eine Sonderabteilung aufgestellt, die ab 1959 die Bezeichnung *Alarmabteilung* führte. Im Gründungsjahr des GEK, 1978, wurde sie vollständig reformiert.

Polizist der WEGA mit seiner persönlichen Mannausstattung.

Abzeichen der WEGA.

Heute ist die WEGA eine moderne Sondereinheit, die keinen Vergleich zu scheuen braucht. Sie besteht aus sechs Kompanien, die Tag- und Nachdienst versehen, was in Österreich ein Novum ist. Jeweils mit Zweiertrupps besetzte, speziell ausgerüstete Sektorenfunkwagen patrouillieren damit in elf Streifenbezirken überlagernd im Wiener Stadtgebiet. Jede Art polizeilicher Tätigkeit wird von Ihnen übernommen, aus naheliegenden Gründen werden jedoch Einsätze mit besonderer Brisanz (Schlägereien, Überfälle, etc.) bevorzugt an die WEGA übergeben. Bei größeren Lagen zieht die WEGA alle Wagen zusammen. Dank dieser Maßnahme ist die WEGA sehr schnell am Einsatzort und kann so erste Maßnahmen ergreifen oder günstige Momente in der Entstehungsphase nutzen.

Aus Platzgründen muss hier auf eine ausführliche Vorstellung verzichtet werden. Außerdem wird die WEGA und ihre Einsätze im Buch von *Wolfdieter Hufnagl: Spezialeinheiten der österreichischen Polizei und Gendarmerie* (Motorbuch Verlag, Stuttgart 1999) ausführlich vorgestellt; desgleichen MEK und »Kraniche«.
Über das GEK im Detail berichtet Wolfdieter Hufnagl in seinem jüngsten Werk: *COBRA – Das Gendarmerieeinsatzkommando GEK.* Motorbuch Verlag, Stuttgart 2002.

Einsatzfahrzeug der WEGA mit einem Teil der Ausrüstung, die bei Streifenfahrten mitgeführt wird.

POLICJA
POLICJ

Polen:

▪ Antiterror-Brigade Danzig
▪ Grupa Reagowania Operacyjno Mobilnego (GROM)

Oben: Abzeichen verschiedener Sondereinheiten der polnischen Polizei, unten links ein allgemeines Polizeiabzeichen; rechts das Abzeichen für Nahkampf-Ausbilder.

Angehörige der Antiterror-Brigade Danzig bei der Erstürmung eines Gebäudes. Hier wird mit einer speziellen Schrotladung die Türe »geöffnet«.

Tafel der Antiterror-Brigade Danzig.

In Polen gibt es 16 polizeiliche Spezialeinheiten und einen militärischen Sonderverband namens GROM *(Grupa Reagowania Operacyjno Mobilnego* – Mobile Gruppe für Operative Aktionen), die sich den Aufgaben der Terrorismusbekämpfung, der Geiselbefreiung, des Personenschutzes und der Festnahme von gefährlichen Straftätern verschrieben haben.

Da die Antiterrorbrigade Danzig als eine der besten polnischen Polizeispezial-Einheiten gilt, wird stellvertretend für alle anderen polnischen Spezialeinheiten der Polizei ein Interview veröffentlicht, das erstmals einem breiteren Publikum Einblicke gewährt. Als Gesprächspartner standen den Verfassern der Kommandant Jerzy G., der stellvertretende Einheitsführer Krzysztof B. und der Dolmetscher R. B. zur Verfügung.

Bitte schildern Sie uns kurz die Entstehungsgeschichte Ihrer Einheit.
Bereits 1978, als Teil der damaligen »Milicja«, wurde unsere Einheit aufgestellt, nachdem die polizeiliche Führung zu der Erkenntnis gelangt ist, dass ein durchschnittlich ausgebildeter und ausgestatteter Polizist bei der Vorbeugung und der Bekämpfung schwerer Straftaten nicht alleine dastehen sollte. Die Täter wurden immer brutaler und waren besser ausgestattet, vor allem jene, die aus Staaten der ehemaligen Sowjetunion kamen. Dieser Täterkreis rekrutierte sich fast ausschließlich aus Soldaten der Sonderkommandos der Roten Armee oder aus Angehörigen des Geheimdienstes KGB. Diese Leute waren hervorragend ausgebildet und brachten Kriegserfahrung aus Afghanistan, Moldawien und Tschetschenien mit. Aufgrund dieser Tatsache ist es zu verstehen, dass der durchschnittliche Polizist unterlegen war. Viele meiner Kollegen des Streifendienstes haben dabei ihr Leben verloren oder wurden schwer verletzt.

Wie viele derartiger Spezialeinheiten der Polizei gibt es in Polen?
Nach der neuen administrativen Reform wurde Polen auf 16 Wojewodschaften (in etwa Bundesländer) aufgeteilt. Um eine schnelle Einsatzbereitschaft sicherzustellen, wurden deshalb 16 Einheiten aufgestellt.

Wie lange braucht Ihre Einheit von der Alarmierung bis zum Einsatzort?
Im längsten Fall, also zum äußeren Ende unseres Bereiches, eine Stunde. Ich denke das ist eine reale Angabe, wenn Sie auf der Karte die Größe unserer Zuständigkeit nachsehen. Um auch nachts eine schnelle Erreichbarkeit zu gewährleisten, dürfen unsere Polizisten nur im Nahbereich der Kaserne wohnen.

Wie viele Polizisten versehen bei Ihnen Dienst?
Es gibt keine festgelegte Zahl. Zur Zeit besteht unsere Einheit aus 50 Beamten. Unser Stab besteht aus drei Offizieren, drei Gruppenführer und einem zusätzlichen Beamten, der für die Logistik zuständig ist. Der Altersdurchschnitt liegt zwischen 25 und 35 Jahren.

Nach welchen Gesichtspunkten suchen Sie sich ihre Leute aus?
Wir versuchen in erster Linie Mitglieder zu gewinnen, die bereits bei der Armee speziellen Dienst versahen. Dabei möchte ich noch erwähnen, dass ich vor meiner jetzigen Tätigkeit selbst in der polnischen Armee in einer Sondereinheit gedient habe. Die dort gewonnenen Erfahrungen sind mir noch heute hilfreich. Unsere Polizisten müssen körperlich austrainiert sein und unseren gesteigerten Bedürfnissen entsprechen. Bedingt durch die Nähe zur Ostsee sind wir auch für maritime Einsatzlagen zuständig. Hierfür werden regelmäßig Trainingstage eingeplant und auch der Austausch mit anderen Spezialeinheiten findet regelmäßig statt. Hierbei pflegen wir einen guten Kontakt zu den schwedischen Einheiten, mit denen wir bereits erfolgreiche Aktionen gegen das organisierte Verbrechen auf dem Meer durchgeführt haben. Aber auch Fallschirmspringen, Skifahren usw. stehen auf dem Plan.

Wie lange dauert die Grundausbildung?
Vier Monate Ausdauer- und Sporttraining, dann technische und taktische Unterweisung. Frühestens nach einem halben

Rechte Seite: Drei Angehörige der Antiterror-Einheit in ihren tarngefleckten Einsatzanzügen mit unterschiedlicher Bewaffnung.

Zwei Polizisten in schwarzer und tarngefleckter Einsatzbekleidung. Als Waffen führen sie ein Sturmgewehr PKM mit 40-mm-Granatgerät und ein Maschinengewehr PKM, die beide auf Kalaschnikow-Konstruktionen beruhen.

Jahr wird der Bewerber erstmals in die Einsätze miteingebunden, allerdings nur als Fahrer.

Welche Trainingsmöglichkeiten haben Sie?
Im Bereich der Kaserne können wir einen großen Teil der Trainingsmöglichkeiten nutzen. Wir haben eine Schießbahn, einen Kraftraum und einen Hindernisparcours. Aufgrund der guten Zusammenarbeit mit der Stadt Danzig können wir auch auf andere Objekte (Sporthallen, Fabriken, Bürogebäude etc.) zum realistischen Training zurückgreifen. Skifahren in der Hohen Tatra, Tauchen in den vielen Seen und in der Danziger Bucht stehen auch regelmäßig auf unserem Programm. Die Wälder und Seen um Danzig sind weitere ideale Trainingsstätten. Die fortgeschrittene Schießausbildung findet auf der Kampfbahn der Armee in Danzig statt. Das Training findet täglich von Montag bis Freitag statt, solange kein Einsatz ansteht. Wir haben einen ausgeklügelten Trainingsplan, der uns aber immer noch Freiheiten lässt. So können wir auch manchmal umdisponieren, wenn aufgrund bevorstehender Einsätze besondere Übungen absolviert werden müssen.

Verrichten Polizisten Ihrer Einheit auch Streifendienst?
Nein, unsere Aufgabe ist ausschließlich die Festnahme von Gewalttätern und die Befreiung von Geiseln.

Finden sich auch Frauen in der Einheit?
Nein, diese sind den Anforderungen nicht gewachsen. Auch in anderen Einheiten in Polen versehen meines Wissens keine weiblichen Mitglieder Dienst. Mich hat das jedoch auch nie interessiert. Allerdings gibt es bei uns eine Ärztin.

Existieren Richtlinien, die die Kompetenz zwischen Ihrer Brigade und der GROM regelt?
Darüber möchte ich nicht reden. Wir haben gemeinsame Ziele und es gibt keinen Platz für Arroganz beziehungsweise krankhaften Ehrgeiz.

Führen Sie Lehrgänge mit Polizeien anderer Länder durch?
Wie schon erwähnt, mit einer schwedischen Einheit. Viele unserer Beamten hatten schon Gelegenheit zu einem Training in

Die in Fachkreisen berühmte »polnische Fliegenklatsche« – eine Sprengladung zum Öffnen von Fenstern.

Unten: Personenschutz für den *Pontifex maximus*. Rechts das so genannte *Papamobil*, das sondergeschützte Fahrzeug mit dem Papst.

den USA. Wir üben dort mit dem SWAT (Special Weapons and Tactics) von Baton Rouge/Florida.

Beschreiben Sie Standardbewaffnung und Mannausstattung der Einheit.

Diese besteht aus der Uniform, genannt »Plamiak«. Dazu wird eine ballistische Schutzweste (Klasse II) getragen, darüber eine taktische Weste mit der Aufschrift »Policja«. An dieser Weste können zusätzlich Magazine, Granaten, Taschenlampe und ein Messer getragen werden. Als Kopfbedeckung dient eine Maske, genannt »Kominiarka« und ein Kevlar-Helm. Bei speziellen Einsätzen werden schwerere Helme und Westen getragen, die auch schnelleren Geschossen Stand halten. Diese Ausrüstungsgegenstände werden von den ersten Männern in der Zugriffsreihe getragen. Als Bewaffnung benutzen wir die H&K MP 5, die Uzi, die polnische Maschinenpistole MPM 98. Des Weiteren ist jedes Mitglied mit der Kalaschnikow AK 74 ausgestattet. Diese ist speziell auf ihn abgestimmt und wird im Training und Einsatz nur von ihm benutzt. Somit wird eine gewisse Sicherheit erlangt. Wir haben selbstverständlich auch gute Präzisionsgewehre der Firma Sako und verschiedene Glock-Faustfeuerwaffen im bewährten Kaliber 9 mm. In unserer Waffenkammer liegen aber auch schwere Waffen, wie einige Maschinengewehre des legendären Ingenieurs Kalaschnikow, die wir gegen gepanzerte Fahrzeuge einsetzen und die in der ballistischen Leistung dem westlichen Kaliber .50 BMG in nichts nachstehen. In diesem Zusammenhang erinnere ich mich an eine lustige Gegebenheit: Vor einigen Jahren waren Angehörige einer amerikanischen Spezialeinheit zu Besuch in der mitteleuropäischen Polizeischule in Szczytno. Sie führten einen neuartigen Kevlar-Helm vor, der angeblich allen östlichen Handfeuerwaffen trotzen können sollte. Ein Nahkampftrainer legte den Helm mit Zustimmung des Amerikaners auf den Boden und schoss mit einer Tokarew, Kaliber 7,62 mm, auf den Helm. Geladen war die Waffe mit einer besonderen Hartkern-Munition, die zu Zeiten des Kalten Krieges für die Agenten

Bombenentschärfung an der Westerplatte in Danzig.

Gepanzertes Fahrzeug des britischen Herstellers Glover mit angehängtem Bombentransporter.

des KGB gefertigt wurde. Das Projektil durchschlug den Helm von vorne und kam hinten unbeschädigt raus. Der Amerikaner, ein erfahrener Ausbilder eines SWAT Teams, hob den Helm hoch, sah durch die Löcher durch und schimpfte, wie er das jetzt wohl seinem Chef klar machen solle?

Erinnern Sie sich an besondere Einsätze?
Wir hatten derer schon viele. Zu den Erfolgreichsten, auf die auch jeder Dabeigewesene persönlich sehr stolz ist, rechne ich den Personenschutz bei den Papstbesuchen. Wir erhielten jedes Mal die Aufgabe, den Heiligen Vater unter allen Umständen zu schützen. In den 80er-Jahren waren die Beamten in der täglichen Begleitung der polnischen Fluggesellschaft Lot eingesetzt; hauptsächlich auf Inlandsflügen zwischen Danzig, Breslau, Krakau und Warschau. Eine besonders komische Situation habe ich dabei noch im Gedächtnis. Von Danzig aus sollten drei Männer mitfliegen und das Flugzeug und seine Insassen schützen. Als sie die Passagierkabine betraten, sahen sie die restlichen Passagiere: 70 Nonnen.

Wir verfügen auch über Männer, die Sprengsätze entschärfen können. Das gehört zu unseren Aufgaben, da im Bereich der organisierten Kriminalität jedes Jahr etwa 100 Sprengsätze gezündet werden. Eine besonders schwierige Lage hatten wir bei der Entschärfung einer Bombe am Denkmal auf der Westerplatte.

Todesfälle haben wir glücklicherweise keine zu verzeichnen. Verletzungen gab es selbstverständlich. Diese kamen hauptsächlich im Training vor, da wir die Auffassung vertreten, dass das Training härter als die Realität sein muss. Wir spielen hier kein Schach, sondern bereiten uns knallhart für den Ernstfall vor.

Huldigt die Einheit besonderen Ritualen?
In der Abschlussprüfung muss der neue Beamte gegen jeden Beamten der Einheit kämpfen. Immer eine Runde im Vollkontakt. Dies verlangt eine Menge an Durchsetzungsvermögen, Mut und Kondition.

Wie ist die Arbeitszeit und die Bezahlung?
Wie die eines jeden polnischen Polizisten. Wir erhalten keine Sonderzuwendung. Ich als Chef der Brigade erhalte in etwa 20% des Gehalts eines deutschen Einheitsführers. Wir haben eine Arbeitszeit von 40 Stunden die Woche und 30 Tage Urlaub pro Jahr.

In Ihren Räumen sahen wir einige Ausrüstungsgegenstände, die nicht im Arsenal westlicher Einheiten zu finden sind. Können Sie uns dazu mehr sagen?
Ja, kein Problem. Wir haben noch den KMPK 7,62-mm-Karabiner, Maschinenpistolen aus polnischer Fabrikation sowie Waffen russischer Konstrukteure wie Dragunow, Kalaschnikow, Makarow, Stetschkin und Tokarew. Zur Luftverlastung nutzen wir die Hubschrauber PZL KANIA oder PZL SOKOL

(Falke) oder das Jagdflugzeug Mig 17, die von der Armee oder dem Seerettungsdienst zur Verfügung gestellt werden.

Grupa Reagowania Operacyjno Mobilnego (GROM)

1990 stellte das Heer die *Grupa Reagowania Operacyjno Mobilnego* (GROM) zur Bekämpfung des Terrorismus und für Aufklärungs- und Kommandoeinsätzen hinter den feindlichen Linien auf. Der erste Kommandeur war der berühmte Slawomir Petelicki, der hier ähnliche Pionierarbeit leistete wie in den 70er-Jahren Ulrich K. Wegener bei der GSG 9. Petelicki nahm sich berühmte Sondereinheiten (z.B. GIGN, GSG 9, SAS) als Vorbild und setzte deren Konzept auf polnische Verhältnisse um. Er versuchte von Anfang an, Konkurrenzdenken zwischen den Teilstreitkräften zu vermeiden, daher konnten sich Soldaten der Marine und der Luftwaffe auch um einen der begehrten Plätze bewerben, obwohl GROM zum Heer gehört. Dadurch wollte er innere Reibereien, wie sie in den USA etwa zwischen Delta Force und SEALs oder in Großbritannien zwischen *Special Air Service* und *Special Boat Service* vorkamen, von vorneherein vermeiden.

Anlass zur Gründung der GROM gaben u.a. die ausufernde Kriminalität im zerfallenden Ostblock, vor allem in der ehemaligen UdSSR, und die Notwendigkeit eines militärischen Sonderverbandes, der auch im Ausland eingesetzt werden kann.

Ihr Hauptaufgabengebiet umreißt die GROM in eigenen Worten »als den Schutz der polnischen Bevölkerung und den Schutz ausländischer Diplomaten«. Der Verband besteht aus einem Stabs- und Versorgungselement sowie je einer Kompanie für Land- und für See-Einsätze.

Die Autoren erhielten die seltene und außergewöhnliche Gelegenheit, einen politischen Offizier der GROM im polnischen Verteidigungsministerium zu interviewen.

Was bedeutet GROM?

GROM ist die Abkürzung für »Grupa Reagowania Operacyjno Mobilnego«; auf Deutsch etwa: »Mobile Gruppe für Operative Aktionen«. Das Wort »Grom« ist zugleich die polnische Bezeichnung für Donner. Das steht auch im Zusammenhang mit dem Blitz, auf polnisch »Blyskawica«, dem Symbol unserer Einheit. Als Vorbild hatten wir dabei die »Cichociemni«. Das waren polnische Widerstandskämpfer, die im 2. Weltkrieg in England ausgebildet wurden. Sie organisierten den Widerstand, Sabotageaktionen und den Partisanenkrieg.

Wie viele Beamte versehen in Ihrer Einheit Dienst?

Die genaue Zahl darf ich Ihnen nicht sagen, es sind so um die 200. Es gibt auch einige Frauen, die in der Verhandlungsgruppe Dienst tun. Es sind nicht viele, dafür sind sie aber sehr hübsch.

Ein Soldat der GROM beim Eindringen durchs Fenster. Er führt eine KurzVersion des amerikanischen Sturmgewehrs M16 A2, den *Carabine M4 A1*, im Kaliber 5,56 x 45.

Verraten Sie uns etwas über die Ausrüstung und Bewaffnung.

Wir benutzen hauptsächlich polnische Geräte und Waffen. Es gibt besonders gute Geräte in Polen. Aber auch gegenüber westlicher Technologie sind wir aufgeschlossen, wenn sie un-

Ein GROM-Team bereitet das Eindringen in ein Gebäude vor. Der Truppführer links gibt den Startbefehl.

seren Zwecken dient. Wir benutzen zum Beispiel verschiedene Ausführungen des AK 74, Dragunow-Scharfschützengewehre in 7,62 mm, Sturmgewehre der Firma Colt, polnische Pistolen P 64 in 9 mm und verschiedene Glock-Modelle, Heckler & Koch MP 5 und MZP 1 und auch schwere Waffen (Maschinengewehre, Granatwerfer etc.), die es nur bei einer Armee gibt. Bei den Fahrzeugen wählten wir ebenfalls einheimische Modelle wie den Polonez, den Nysa oder den Star Truck. Aber auch westliche Modelle kommen bei uns zum Einsatz.

Wird die GROM auch bei polizeilichen Lagen eingesetzt?

In Polen gibt es ein altes Sprichwort: »Wenn der Teufel selbst nicht kann, schickt er sein Weib hin«. Das heißt, dass wir natürlich auch in unserer Heimat, wenn eine Polizeieinheit eine bestimmte Situation nicht lösen kann, eingesetzt werden.

Können Sie kurz den Unterschied zwischen der GROM und den polizeilichen Antiterror-Einheiten darstellen?

Der erste Unterschied ist, dass unsere Männer aus den Streitkräften rekrutiert werden und über eine hervorragende Ausbildung verfügen. Unsere Soldaten würde ich als Patrioten bezeichnen, die sich für alles begeistern lassen. Es gibt keine gute Einheit, wenn dabei keine engagierten Leute mitmachen, für die eine Idee und nicht die Belohnung eine Rolle spielt. Das charakterisiert unseren Verband. Der nächste Unterschied ist unsere Reaktionszeit, diese ist viel schneller als bei der Polizei. Unsere Ausstattung und Ausbildung ist besser. Das erlaubt uns, unter allen Bedingungen Einsätze durchzuführen.

Jeder der zu uns kommen will, muss eine Fremdsprache beherrschen, vor allem Englisch. Das ist sehr wichtig. Darüber hinaus spricht man in der Einheit sämtliche Sprachen Europas.

Können Sie uns etwas über spezielle Einsätze erzählen?

Wir hatten schon viele. Besonders ist mir noch der Einsatz 1994 in Haiti im Gedächtnis. Es war das erste Mal, dass die GROM im Ausland eingesetzt wurde. Dort waren wir hauptsächlich für den Personenschutz der amerikanischen Generäle zuständig. Oder 1996/97 zum Schutz des UN-Stabes in Ostslowenien. Anfang 1999 erhielten unsere Soldaten den Auftrag, den UN Befehlshaber im Kosovo zu beschützen. Das ist der Beweis dafür, dass unsere Einheit international einsetzbar ist. Bei uns gibt es keine chinesische Mauer. Deswegen wurde die GROM 1996 auf Initiative des polnischen Präsidenten Kwasniewski als Truppe der schnellen Einsatzbereitschaft in das »stand-by-system« aufgenommen.

Ein sehr lustiger Einsatz ereignete sich während einer Trainingseinheit mit der regulären Armee an der deutsch-polnischen Grenze. Natürlich auf unserer Seite. Alle waren mit voller Ausrüstung, u.a. Nachtsichtgeräte auf dem Kopf, ausgestattet. Ein Arbeiter ging durch den stockdunklen Wald. Er sah mich, zitterte am ganzen Körper, fasste nach mir und sprach mich an. Als er meine Stimme hörte, war er froh, dass es sich um einen Menschen handelte – er dachte zuerst, ich wäre ein Außerirdischer!

Haben Sie besondere Auswahl- und Trainingsmethoden?
Ja, einige. Eine der beliebtesten, die auch der britische SAS pflegt, ist der Gewaltmarsch in der Grundausbildung. Zuerst wird ein Fußmarsch von etwa 40 bis 50 km absolviert, mit 50 bis 80 kg Gepäck auf dem Rücken, je nach Statur. Am Ziel angekommen, wenn die Leute psychisch und physisch am Ende ihrer Kräfte sind, werden sie von den Ausbildern aufgefordert, weitere 20 km zu marschieren. Jetzt zeigt es sich, wer jammert oder wer es zumindest versucht. Hier wird vor allem der Wille zum Sieg trainiert. Am Ende der Ausbildung, wenn der Anwärter die Abzeichen der Einheit erhält, muss er an einer Linie aller Soldaten der GROM entlang laufen. Jeder haut ihm so kräftig auf den Hintern, wie es nur geht. Das tut weh. Danach kann er tagelang nicht richtig sitzen. Auf polnisch heißt das »szalowanie«, es ist ein altes Soldatenritual, das wir übernommen haben.

Möchten Sie den Lesern des Buches sonst noch etwas mitteilen?
Ja, das Motto unserer Einheit. »Polonia sempre viteris« (Polen immer treu).

Portugal:

Grupo de Operações Especiais (GOE)

Ultima razâo lautet der Leitspruch* der portugiesischen *Grupo de Operações Especiais (GOE,* auf Deutsch: Sondereinsatzgruppe). Diese Spezialeinheit ging aus der *Policia de Segurança Pública (PSP,* auf Deutsch etwa: Sicherheitspolizei) hervor, die nach den Olympischen Spielen 1972 in München rasch aufgestellt worden war. Die PSP holte sich ihre Leute zunächst sowohl von der Polizei als auch notgedrungen vom Militär, da ein ausgesprochener Mangel an geeigneten Bewerbern herrschte. Die mit Datum vom 24. Dezember 1979 gegründete GOE konnte sich ihre Männer dagegen in Ruhe aussuchen. Bereits ein Jahr vor der Gründung stand die nötige Infrastruktur; außerdem hatten die Portugiesen Verbindungen zum britischen SAS geknüpft. Das *22 SAS Regiment* leistete Aufbauhilfe und schulte die GOE-Führungsgruppe, die zu regelmäßigen Besuchen nach Hereford reiste, jahrelang in bewährten Einsatztaktiken und Trainingskonzepten. Nachdem der Kader alles Nötige beherrschte, fand vom 29. März bis zum 18. November 1982 der erste Auswahllehrgang für Freiwillige aus den Reihen der PSP statt, dem bis zum Jahr 2000 acht weitere folgten. Zwar haben sich im Laufe der Jahre Methoden und Techniken geändert, doch die Grundlagen sind immer noch die gleichen geblieben.

Das Hauptquartier der GOE befindet sich nahe der Hauptstadt Lissabon. In Quinta das Águas Livres in Belas stehen neben den Unterkünften und Büros auf 152 Hektar Land u.a. Trainingsräume, Übungs- und Schießhäuser zur Verfügung.

* Das lateinische *Ultima ratio* bedeutet »Letztes Mittel« und fand als Motto schon in vergangenen Jahrhunderten Verwendung. So wurden preußische Kanonenrohre stets mit der Aufschrift »Ultima ratio regis« – »Das letzte Mittel des Königs« – gegossen.

Die rund 100 Mann starke Einheit unterteilt sich in eine *UEI (Unidad Especial de Intervençâo,* auf Deutsch etwa: Sondereingreifkommando oder Einsatzabteilung) und einen *Secçâo de Instruçâo (SI,* auf Deutsch: Ausbildungszug). Die UEI glie-

Rechts: Ein GOE-Trupp vor dem Eindringen. Hier erkennt man deutlich den geschlossenen Einsatzanzug und die Gasmaske. In Anlehnung an ihr Vorbild, den britischen SAS, arbeitet die GOE häufig mit CS-Gas. Man beachte die auf die MP 5 montierte Stabtaschenlampe.

Unten: Im Aufenthaltsraum ihrer Kaserne zeigen GOE-Angehörige ihre fünf verschiedenen Einsatzanzüge, die je nach Lage variieren können.

dert sich in vier Einsatzgruppen. Die erste und zweite Gruppe ist speziell für Geiselbefreiungen unter Berücksichtigung aller möglichen Einsatzlagen ausgebildet. Die Dritte hat in etwa das gleiche Tätigkeitsfeld, ihr sind jedoch noch die Präzisionsschützen zugeteilt. Die vierte Gruppe umfasst die Techniker und die medizinische Notfallbetreuung sowie Observations-Spezialisten.

Die enge Orientierung am SAS und die guten Verbindungen zur spanischen GEO schlugen sich auch in der Ausrüstung und Bewaffnung nieder, wobei die Portugiesen eine Reihe exotischer Waffen und Eigenentwicklungen in ihre Rüstkammer aufnahmen, darunter beispielsweise Armbruste mit Leuchtpunkt-Zielgeräten oder schwere *Desert-Eagle*-Pistolen im Kaliber .357 Magnum.

Eine sorgfältige Auswahl und Ausbildung legte die Grundlagen für spätere Erfolge; etwa, als am 27. Juli 1983 ein armenisches Terrorkommando (ASALA) die Residenz des türkischen Botschafters in Lissabon überfiel. Dabei töteten die Armenier einen Sicherheitsmann durch einen Schuss mit einer 9-mm-Pistole in den Kopf. Die türkischen Sicherheitskräfte der Botschaft setzten sich zu Wehr und verwundeten mindestens einen Terroristen. Dank eines ausgefeilten Sicherheitssystem konnten die Angreifer nicht in das Hauptgebäude gelangen. So verschanzten sie sich und nahmen Geiseln. Nun trat GOE in Aktion. Der Zugriff verlief zunächst nicht nach Plan: Als ein Sturmtrupp die Haupteingangstür sprengte, explodierte zugleich eine Sprengstoffvorrichtung der Terroristen. Beim folgenden Eindringen kam es zu einem heftigen Schusswechsel, bei der sämtliche Terroristen aber auch ein türkischer Diplomat und seine Frau ihr Leben verloren.

Des Weiteren wurden von GOE vor allem Einsätze im Personenschutz bekannt, die sich u.a. in Angola (1992), Bosnien, Zaire (1997) und Guinea (1998) abspielten.

Rumänien: Spezialeinheit

Ein Spezialeinsatztrupp der rumänischen Polizei in der Ausstattung für Geisellagen.

Das Umsteigen vom Hubschrauber auf ein Kfz ist schwierig und riskant, wird aber von den rumänischen Spezialisten dennoch geübt.

Russland:

Specjalnyj Oddziel Bystrowo Reagolania (SOBR)

Abzeichen einer russischen Antiterror-Einheit

»*Wozu brauche ich zwei gesunde Beine, ich will doch kein Ballett machen!*« kommentierte Witalij Nikolajewitsch Serdjukow, Kommandeur der russischen Spezialeinheit SOBR einen Einsatz, bei dem er lebensgefährliche Schussverletzungen erhielt. Einer Operation in der Würzburger Uni-Klinik, vermittelt durch die Gewerkschaft der Polizei (GdP), verdankt er das Vermögen, heute wieder gehen zu können. Zurück blieb nur eine leichte Einschränkung. Witalij Nikolajewitsch Serdjukow humpelt zwar ein bisschen, kann sich aber im Gegensatz zu der Zeit vor der Operation wieder bewegen. Bezüglich seiner Verwundung teilte er mit, er sei siebenmal operiert worden, wobei er bei drei Operationen schon als klinisch tot galt. Zu dem deutschen Chirurgen, der ihn unter dem Messer hatte, so teilte er den Verfassern mit, bestehe noch heute eine freundschaftliche Verbindung. Er äußerte darüber hinaus, dass er zu den Deutschen aus diesem Grunde ein besonderes Verhältnis entwickelt habe, was die beiden Autoren aus eigenem Erleben bestätigen können.

Bei besagtem Einsatz wurde der SOBR-Leiter von einem Straftäter angeschossen. Es handelte sich um einen ehemali-

Als sondergeschützte Fahrzeuge nutzt die Einheit schwimmfähige Radpanzer der BTR-Baureihe.

gen *Speznas*-Soldaten,* der in seiner Wohnung festgenommen werden sollte, da gegen ihn ein Haftbefehl wegen verbotenen Handels mit Betäubungsmittel vorlag. Der Täter erhielt Wind von der Festnahme und erwartete die SOBR-Beamten in seiner Wohnung. Mit Schüssen aus einer Vorderschafts-Repetierflinte (»Pumpgun«) verletzte er Witalij Serdjukow lebensgefährlich. Ein SOBR-Beamter erwiderte das Feuer und erschoss den *Speznas*-Dealer.

Die SOBR wurde zwar offiziell mit Datum vom 10. Februar 1992 aufgestellt, existierte zu diesem Zeitpunkt aber schon rund drei Jahre. SOBR ist die Abkürzung von *Spezialnyj Oddziel Bystrowo Reagolania*, was soviel wie »Schnelle Sondereingreiftruppe« bedeutet.

Wie viele andere Einheiten verdankt auch SOBR ihr Entstehen der ausufernden Gewaltkriminalität und der Zunahme terroristischer Aktivitäten nach dem Zusammenbruch der Sowjetunion. In deren früheren Teilstaaten, insbesondere in Russland, schnellte die Verbrechensrate astronomisch in die Höhe und die Polizei stand dieser Entwicklung geradezu machtlos vis-à-vis – zumindest in den ersten Jahren. Zu den Aufgaben der SOBR gehören außer Geiselbefreiungen, Festnahme von gefährlichen Straftätern, Ergreifung bewaffneter Deserteure und Marodeure usw; auch die Unterstützung der Armee im Tschetschenien-Konflikt. Jeder SOBR-Beamte muss drei Monate Dienst im rebellischen Kaukasus ableisten, kehrt für sieben Monate zur Stammeinheit zurück, und der Turnus beginnt von Neuem. Kommandeur Serdjukow fliegt mindestens zweimal in der Woche nach Grosny, der Hauptstadt Tschetscheniens, um sich um seine Leute zu kümmern, die hohen psychischen Belastungen ausgesetzt sind. Die SOBR genießt im Übrigen das volle Vertrauen des russischen Staatspräsidenten Putin.

Der Kampf in Tschetschenien wird, wie man aus Medienberichten weiß, auf brutalste Weise geführt. Oft geht es nur um das nackte Überleben – eine Erfahrung, die Polizeibeamte anderer Staaten glücklicherweise so nie machen müssen. Dass der Einsatz im wilden Kaukasus alles andere als Streifendienst in Moskau ist, erkennen Besucher des SOBR-Areals an den zahlreichen Gedenktafeln für die Toten der Einheit, die im Übrigen ein kleines Mausoleum und ein eigenes Museum eingerichtet hat. Dass sich die Führung um die Beamte und deren Angehörigen nach Kräften kümmert, belegen auch verschiedene Einrichtungen wie der Grillplatz zum Feiern im Familien- und Freundeskreis.

Für die Angehörigen der gefallenen SOBR-Beamten wurde im Übrigen ein Fond eingerichtet, der etwa den Kindern der ums Leben Gekommenen eine Schulausbildung sicherstellt. Der Kommandeur ging selbst mit gutem Beispiel voran: Er nahm den Sohn eines bei einem Einsatz ums Leben gekommenen Freundes in seiner Familie auf und zog ihn groß.

* *Speznas* ist die Abkürzung von *Wojska Spezialnogo Nasnatschenia (WSN)*, was soviel wie *Truppen zur Besonderen Verwendung* bedeutet. Zu den Aufgaben dieser lange Jahre geheimgehaltenen Sondertruppe, die dem militärischen Nachrichtendienst GRU unterstand, gehörten Fernaufklärung, Entführungen und Attentate, Sabotage usw. Mehr darüber im *Speznas*-Kapitel bei *Terry White: Eliteverbände der Welt. Ausbildung, Bewaffnung, Einsätze.* Motorbuch Verlag, Stuttgart 1995.

Die SOBR legt großen Wert auf Nahkampftechniken. Hier die offene Sandsackhalle, in der bei jeder Witterung trainiert wird.

Angesichts knapper Haushaltsmittel ist die SOBR sehr gut ausgestattet, sie verfügt nicht nur über hochwertige Fahrzeuge, sondern auch über die entsprechende Ausrüstung. Dennoch liegt sie nicht auf westlichem Niveau. Geradezu geschockt zeigen sich Besucher beim Betreten der Unterkunft, die innen so baufällig und marode ist, dass sie jeder Beschreibung spottet. Im Gebäude befindet sich ein einziges Faxgerät, Telefone sind eine Seltenheit.

Im Gegensatz dazu ist das Gerät, wie schon erwähnt, nicht sämtlich vom Allerneuesten, aber durchaus einsatztauglich und brauchbar. Ebenso sind die Trainingsmöglichkeiten recht gut. Von der Härte und Professionalität des Trainings konnten sich die Autoren mit eigenen Augen überzeugen, dürfen aber im Detail nicht darüber schreiben. Zur Ausbildung der SOBR gehört nicht nur das übliche Schießtraining, Kletterübungen, taktische Übungen, sondern auch der Umgang mit einer ganzen Reihe von militärischen Waffen. Die weiterführende Ausbildung beinhaltet unter anderem einen achtmonatigen Lehrgang für den Umgang mit Sprengstoffen und Minen. Die Absolventen eignen sich dabei nicht nur ein umfassendes Wissen über Sprengvorrichtungen und Bomben aller Art und deren Entschärfung an, sondern lernen beispielsweise auch, ein Nachtlager mit Sprengfallen zuverlässig abzusichern. Hintergrund sind zum einen die Einsätze in Tschetschenien und zum anderen die gute Ausstattung der russischen Unterwelt. Es ist allgemein bekannt, dass nach Auflösung der Sowjetunion eine Vielzahl militärischer Waffen und Ausrüstung verschwand. Ein Teil steht der so genannten Russen-Mafia zur Verfügung.

Mit bewährtem Gerät, geschickter Taktik und einem überdurchschnittlich hohen Kampfgeist führt die SOBR ihre Übungen durch. Im Trainingslager befindet sich eine überdachte Fläche, wo man angesichts der strapazierten Sandsäcke den Rückschluss auf ein hartes Ausdauertraining ziehen konnte.

Durch die Einsätze in Tschetschenien gewitzt und durch das harte Training geschult, konnte die SOBR bisher unzählige gefährliche Einsätze meistern. Die SOBR greift hart durch. Kaum verwunderlich angesichts der Tatsache, dass die russische Mafia auf Angehörige russischer Spezialeinheiten zum Teil hohe »Kopfgelder« ausgesetzt hat. Zahlreiche Angehörige der Gegenseite haben eine Ausbildung beim KGB genossen oder als Angehörige von Eliteeinheiten Kampferfahrung in Afghanistan sammeln können, während andere in erbärmlichen Verhältnissen aufwuchsen und sich mit brutalsten Mitteln »durchzubeißen« lernten. Angesichts solcher Bedingungen kann auch der Polizei ein gewisser Ruf nicht schaden. Viele Kriminelle geben auf oder stellen sich freiwillig, wenn Sie erfahren, dass die SOBR anrückt. In einigen Fällen ließen sich gesuchte Verbrecher mit dem Taxi direkt zur Polizei fahren, um sich der Festnahme durch einen SOBR-Greiftrupp zu entziehen.

Die russische Polizei kannte zwar schon zu Zeiten des Kommunismus Strukturen einer organisierten Kriminalität, musste aber nach dem Zerfall der Sowjetunion den unaufhaltbaren Anstieg brutalster Verhaltensweisen und einer ausufernden Korruption im Behördenapparat feststellen. Kaum verwunderlich, wenn man sich beispielsweise das Gehalt eines höheren Staatsanwaltes vor Augen führt, der sich damit nicht

Maschinenpistolen in der Waffenkammer der SOBR.

Abzeichen der OMON.

einmal einen Kleinwagen leisten kann. Die Unterwelt dagegen lebt in Saus und Braus, protzt mit Luxuskarossen und teurer Kleidung, wohnt in verschwenderisch ausgestatteten Appartements usw. Während die Autoren in Moskau zu Besuch bei der SOBR weilten, wurden sie Zeuge, wie die Einheit einen bekannten armenischen Mafiosi, einen in einflussreichen Kreisen verkehrenden Millionär, festnahm und Waffen, Rauschgift, Fahrzeuge sowie eine große Menge Bargeld beschlagnahmte.

Welchen Idealismus bzw. Patriotismus müssen die SOBR-Beamten wohl haben, die für kargen Lohn täglich ihre Haut zu Markte tragen? Geld spielt für diese Männer mit Sicherheit eine untergeordnete Rolle.

Die Geschichte der russischen Polizei-Spezialeinheiten beginnt nicht erst mit der SOBR in den Jahren des Zusammenbruchs des Kommunismus. Auch zuvor gab es bereits Ereignisse, welche die Aufstellung von Spezialeinheiten erforderlich machte. 1981 ereignete sich ein Vorfall, der für die damalige Zeit fast unvorstellbar war. Eine Handvoll ehemaliger Soldaten – andere Quellen berichten von Deserteuren – nahm eine Schulklasse in ihre Gewalt. Die Geiselnehmer forderten eine Unsumme Geld und ein Fluchtfahrzeug zu einem Flugzeug, das sie außer Landes fliegen sollte. Regierungsvertreter hatten bereits mit den Verhandlungen der Geiselnehmern begonnen, als ein Schüler einen Zettel aus dem Fenster warf, der die Mitteilung enthielt, dass die Geiselnehmer betrunken seien. Die Situation war nicht mehr kalkulierbar – die Täter wussten, dass sie nichts mehr zu verlieren hatten und im Falle des Scheiterns bestenfalls mit einigen Jahren Sibirien davonkämen.

Der KGB, der die Koordination vor Ort leitete, gab deshalb den Zugriffsbefehl. Eine herangeführte Spezialeinheit stürmte die Örtlichkeit und tötete zwei Geiselnehmer beim Schusswechsel, die anderen wurden überwältigt. Unter den Kindern gab es keine Verletzte. Nach diesem Vorfall wurde die Aufstellung weiterer Spezialeinheiten forciert.

Außer SOBR sind derzeit in Russland die polizeilichen bzw. paramilitärischen Sondereinheiten OMON, Krecht und OSOM aktiv. Sie unterscheiden sich hauptsächlich durch ihre Zugehörigkeit zu Polizei, Justiz, Zoll oder anderen Behörden.

Schweiz:

Sondereinheiten Enzian, Argus, Barrakuda, Einsatzgruppe Diamant (EGD)

Ein gut getarnter Präzisionsschütze der Sondereinheit *Enzian* mit der schallgedämpften Ausführung des Präzisionsgewehrs Accuracy AW im Kaliber 7,62 mm x 51 mm.

Selbst die schöne Schweiz mit ihren rund 7 Millionen Einwohnern blieb vor Terrorismus und Schwerstkriminalität nicht verschont. Ein Schlüsselereignis am 18. Februar 1969 schockierte die Eidgenossenschaft und führte letztlich zur Aufstellung spezieller Reaktionseinheiten der Polizei.

Vier palästinensische Terroristen (darunter eine Frau) beschossen gegen 17.35 Uhr auf dem Rollfeld von Zürich-Kloten das startende Flugzeug LY 432 der El Al. Mit Kalaschnikow-Sturmgewehren, die als Diplomatengepäck in die Schweiz gebracht wurden, gaben sie insgesamt 184 Schuss auf das Flugzeug ab, wobei sie 64 Treffer erzielten. Des Weiteren warfen sie noch Thermit-Brandgranaten und eine Offensiv-Handgranate auf das Flugzeug.

Die Besatzung brach den Startvorgang ab. Ein Flugbegleiter (*»Sky-Marshal«)* erschoss einen Täter und schlug einen weiteren nieder, die beiden anderen nahmen die Flughafenfeuerwehr und die Kantonspolizei Zürich fest.

Verantwortliche in Politik und Polizeiführung erarbeiteten nachfolgend verschiedene Konzepte für über eine Polizeieinheit, die bei besonders schwierigen Lagen einschreiten sollte. Ein erster Vorschlag war die Aufstellung einer zentralen Einheit, die für das gesamte Bundesgebiet der Schweiz zuständig sein sollte. Doch dieser wurde abgelehnt, so dass alle Kantone danach strebten, eine eigene Einheit aufzubauen.

Die Berner erwiesen sie sich als die Schnellsten: Schon 1972 meldete ihre Kantons-Spezialeinheit, die heutige **Sondereinheit *Enzian*,** Einsatzbereitschaft.

Der originelle Name stammte vom damaligen Polizeikommandanten Oberst Hans Amet, einem passionierten Bergsteiger, der nicht nur die azurblaue Alpenblume, sondern auch das aus der Wurzel ihrer gelben Variante gebrannte Feuerwasser geschätzt haben soll. Die Einheit wurde der Kriminalpolizei angegliedert, was in der Schweiz ein Unikum ist. Aber dadurch konnte eine enge Zusammenarbeit mit der Observationsgruppe und den Dezernaten der Kripo gewährleistet werden. Die *Enzian* stellt regelmäßig Beamte zu anderen Dienststellen ab, so arbeitet z.B. immer ein Beamter bei der kriminalpolizeilichen Personenfahndung. Aufgrund dessen können die dortigen Beamten fortgebildet und unterstützt und der Bezug zur Basis gepflegt werden.

Ein »Frischer« durchläuft zunächst eine achtwöchige Grundausbildung. Danach wird er in einem Einsatzzug verwendet, allerdings im »zweiten Glied«. Nach Erfahrungswerten der *Enzian* benötigt ein Neuer etwa ein Jahr Eingewöhnungszeit und erbringt erst nach drei Jahren 100% Leistung. Dann hat er noch fünf Jahre, bevor er die Einheit (nach insgesamt acht Dienstjahren) wieder verlassen muss. Als besonderen Anreiz erhalten *Enzian*-Polizisten eine um zwei Lohnklassen höhere Besoldung als üblich. Damit lassen sich zwar keine Reichtümer anhäufen, aber zumindest einige Unkosten (Sportausrüstung, Fachliteratur usw.) berappen.

Wappen der Sondereinheit eines französisch sprechenden Kantons.

Sondereinheit DARD des Kantons Waadt.

Interventionseinheit der Stadtpolizei Zürich.

Sondereinheit *Basilisk* der Stadt Basel.

Als persönliche Bewaffnung sind bei der *Enzian*, wie bei fast allen Einheiten der Schweiz, Pistolenmodelle der SIG-Sauer-Reihe im Einsatz; vor allem die P 226 mit Sure-Fire-Lampe und Munition *Action I* und *Winchester Super X.* Da jeder *Enzian*-Beamte als Präzisionsschütze ausgebildet wird, erhält auch jeder ein eigenes Dienstgewehr der Marke Accuracy International im Kaliber .308 Winchester, mit 10-Zoll-Lauf, Schalldämpfer Brügger & Thommet sowie Simrad-Restlicht-

Sondereinsatzkommando *Enzian* der Kantonspolizei Bern.

Sondereinheit *Barrakuda* der Kantonspolizei Basel-Land.

Einsatzgruppe *Diamant* der Kantonspolizei Zürich.

Adapter. Als Munition wird u.a. die Swiss P 308 Styx Action eingesetzt. Natürlich dürfen auch die H&K MP 5 mit Reflexvisier Trijicon 1-fach, Laser und Schalldämpfer sowie das Sturmgewehr SIG 551P im Kaliber .223 mit Trijicon 3,5-fach nicht fehlen.

Generell darf festgestellt werden, dass die Schweizer mit über die beste Ausrüstung unter den europäischen Sondereinsatzkräften verfügen. Gute Beziehungen zur einheimischen Waffenindustrie spielen dabei sicher eine Rolle.

Eine weitere bekannte schweizer Sondereinheit ist die 1973 errichtete *Sonderformation Polizeigrenadiere* der Kantonspolizei Zürich, die 1995 in **Einsatzgruppe *Diamant***

Die Sondereinheiten der schweizer Polizei

Kanton	Name der Einheit	Status: Profi (P)/Miliz (M)
Nordwestschweiz		
Aargau	Argus	M
Bern (Kanton)	Enzian	P
Bern (Stadt)	Stern	M
Basel (Land)	Barrakuda	M
Basel (Stadt)	Basilisk	P
Solothurn	Falk	M
Zentralschweiz		
Luzern	Luchs	P
Nidwalden/Obwalden	Luchs	M
Zug	Luchs	M
Schwyz/Uri	Luchs	M
Ostschweiz		
Appenzell-Ausserrhoden	Säntis	M
Glarus	Adler	M
Graubünden	Kristall	M
Schaffhausen	Sika	M
St. Gallen	-	M
St. Gallen (Stadt)	STEP[1)]	M
Thurgau	Leu	M
Westschweiz		
Freiburg	GRIF[2)]	P
Genf	-	P
Jura	-	M
Neuenburg	COUGAR[3)]	P
Waadt	DARD[4)]	P
Lausanne (Stadt)	-	M
Wallis	-	P
Diverse Kantone		
Tessin	-	P
Zürich (Kanton)	Diamant	M
Zürich (Stadt)	Skorpion	M

1) STEP = Spezielle Taktische Einsätze der Polizei
2) GRIF = *Groupe Intervention Fribourg* = Interventionsgruppe Freiburg
3) COUGAR = *Courage –Organisation –Unité –Groupe Action Rapide* = Mut, Organisation, Einheit, Schnelle Eingreifgruppe
4) DARD = *Detachment Action Rapide et Dissuasion* = Kommando für Schnelles Eingreifen und Abschreckung

Polizeigrenadiere der Einsatzgruppe *Diamant* beim Personenschutz anlässlich des Besuches von US-Präsident Bill Clinton in der Schweiz.

(EGD) umbenannt wurde. Zu den Hauptaufgaben der EGD gehört der Personenschutz. Im März 1977 hatte sie ihren wohl Aufsehen-erregendsten Einsatz zu bewältigen. EGD-Chefausbilder *(Instruktor)* V. war dabei:

Kurz nach dem Start brachte der Italiener Luciano Porcari am 14. März 1977 die Boing 727 auf dem Weg nach Palma de Mallorca in seine Gewalt. Nach einem Irrflug über Abidjan, Sevilla und Turin landete die Maschine in Zürich-Kloten. Nach dem Auftanken wollte der Verbrecher nach Lyon, aber während des Fluges überlegte er es sich anders und der Pilot musste erneut in Zürich-Kloten landen. Dann wollte er nach Moskau fliegen, aber die Sowjetunion verweigerte die Einreise, so dass die Boeing nach Warschau flog. Nach einem weiteren Auftanken wollte der Geiselnehmer wieder nach Turin (um von seiner Ex-Frau seine Tochter mitzunehmen), aber ein Fluggast hatte starke gesundheitliche Probleme. Porcari hatte auch schon bei den anderen Zwischenstopps Passagiere »freigelassen« (insgesamt neun) und zwang den Piloten zum dritten Mal, Zürich-Kloten anzusteuern. Dort gab er dann den herzkranken Passagier und einen Begleiter frei.

Zugleich sollte nun die Crew ausgewechselt werden. Das war eine große Chance für die Polizei. Als erster betrat nun der spanische Pilot das gekaperte Flugzeug. Dann folgten als Co-Pilot und als Mechaniker getarnt Angehörige der Sondereinheit der Kantonspolizei Zürich. Während der echte Pilot langsam zum Cockpit schritt, fixierte ihn der Entführer aufmerksam. Als der Geiselnehmer für einen Augenblick auf die beiden anderen Ankömmlinge schaute, hieb der beherzte Spanier mit einem Handkantenschlag auf die Waffe des Entführers ein. Die Ablenkung nutzend, sprang nun der verkleidete Polizist auf den Entführer und riss ihn zu Boden. Im gleichen Moment zog der Entführer den Abzug seiner Waffe durch, die Kugel durchschlug den Oberschenkel des Beamten (»Co-Pilot«). Während die eindringenden Grenadiere den Entführer vollends überwältigten, der sich dabei heftig zur Wehr setzte, rannten die übrigen 15 Passagiere aufs freie Feld hinaus. Nach wenigen Sekunden war der Spuk vorbei.

Porcari hatte sich auf die Tat akribisch vorbereitet. Im Februar 1977 besuchte er verschiedene Flugplätze in Algerien, Frankreich, Italien, Portugal und Spanien. Er wählte dann den Flughafen von Barcelona als am »geeignetsten« aus. Im März fuhr er im Auto nach Foix in Südfrankreich, um mit Bus und Bahn Andorra zu erreichen. Einen Tag vor der Geiselnahme erstand er in einem Waffengeschäft ein KK-Selbstladegewehr (Marke Unique) nebst 100 Schuss sowie einen Gasrevolver (Marke Rhöner-Sport) mit zehn Patronen Schreckschussmunition. Die Funktion der Waffen ließ er sich noch genau von dem Verkäufer erklären. In einer nahegelegenen Garage kürzte er dann den Lauf des Gewehres um 27,5 cm und klebte sich das zerlegte Gewehr an die Innenseite der Unterschenkel. Um diese wickelte er dann einen Verband, um eine Verletzung vorzutäuschen.

So ausgerüstet fuhr Porcari mit dem Autobus nach Barcelona. Am Morgen des 14. März 1977 ließ er sich von einem Freund zum Flughafen fahren. Da es sich um einen Inlandflug handelte, gab es dort damals keine besonderen Sicherheitsvorkehrungen. Nach dem Abflug aus Barcelona suchte er die Toilette auf, löste seine »Verbände« und setzte das Gewehr zusammen, welches er mit neun Patronen lud und auf Schnellfeuerposition stellte. Er steckte es in eines seiner Hosenbeine, die mit sechs Schuss geladene Gaswaffe in den Hosenbund und verließ die Toilette in Richtung Cockpit. Mit der Pistole in der Hand schüchterte er den Stewart der Ersten Klasse ein, riss das Gewehr hervor, bedrohte die Kanzelbesatzung und forderte Kapitän R. auf, seinen Anweisungen zu folgen. Der Ausgang der Geschichte ist bekannt.

Porcari wurde am 25. Januar 1979 zu zehn Jahren Zuchthaus und zur anschließenden Ausweisung für 15 Jahre aus dem Gebiet der Eidgenossenschaft verurteilt. Am 13. Juli 1981 entwich er aus der Strafanstalt R., um im August von der Züricher Kantonsregierung unter Androhung einer erneuten Flugzeugentführung 430.000 Franken zu erpressen. Danach hörte man nie mehr etwas von ihm.

Aber überlassen wir *Instruktor* V. von der EGD wieder das Wort: *Nach der Gründung der Grenadiere wurden diese schon bald für das Bewältigen von Flugzeugentführungen ausgebildet. In ständiger Schulung mit den Nachbarstaaten wurden immer wieder neue und effizientere Zugriffsmöglichkeiten erprobt und eingeübt. So kann heute gesagt werden, dass die EG Diamant mit der Untergruppe EG Porto nicht nur topp motiviert, sondern auch taktisch und technisch auf hohem Niveau ist.*

Die EGD handelt nach dem Leitsatz: *»Jede Kette ist nur so stark wie ihr schwächstes Glied.«*

Die **Sondereinheit *Argus*** der Aargauer Kantonspolizei machte sich europaweit durch die Ausrichtung eines Combat-Wettkampfes einen Namen, an dem sowohl Spezialeinheiten als auch Privatschützen teilnehmen können. Die Wertung erfolgt aber in verschiedenen Kategorien. Geschicklichkeit, Kondition und Präzision werden bei den einzelnen Stationen gefordert. Zusätzlich gibt es u.a. noch Übungen, die in der Gruppe mit verschiedenen Schusswaffen und durch Geschicklichkeit bewältigt werden müssen. Die *Argus* konnte schon zahlreiche Wettkampferfolge erringen; darunter diverse erste Plätze im Combatschießen, im Präzisionsschießen mit Langwaffen und sogar einen Sieg beim CTC der GSG 9. Besonders erwähnenswert hierbei ist, dass die *Argus* über keine Wettkampfmannschaft wie andere Einheiten verfügt, sondern hauptsächlich privat für Wettkämpfe trainiert. .

Abzeichen der Sondereinheit *Argus* der Kantonspolizei Aargau.

Razzia der *SE Argus* in einer Gastwirtschaft. Der Auftrag lautete: Überraschender Zugriff, Situation »einfrieren« und Lokal der Kripo übergeben.

Der zehnjährige Sohn des Zugführers der *SE Argus* sah dem Vater über die Schulter, als dieser zuhause das Video einer Einsatzübung begutachtete. Seine Eindrücke brachte der Kleine zu Papier und schenkte die Zeichnung dem stolzen Papa mit dem Begleitspruch: »Hallo Papi, Du bist der Größte und auch so lieb, Du schnappst jeden Gangster und jeden Dieb!«

Barrakudas beim Eindringen in einen Raum. Man beachte die nach hinten absichernden Beamten mit dem Schild.

Die Beamten haben den Raum betreten und sichern diesen.

SE Barrakuda beim Zugriff aus mobiler Lage (dort als »dynamische Anhaltung« bekannt).

Eine weitere Sondereinsatztruppe, die zu den besten der Schweiz zählt, ist die für Basel Land zuständige **Sondereinheit *Barrakuda***. Sie wurde 1973 als Interventionseinheit parallel mit der Präzisionsschützengruppe *Mamba* aufgestellt. Im Zug der Überarbeitung des Einsatzkonzeptes wurden die PSK-Schützen 1998 in die SE *Barrakuda* integriert.

Auch diese Einheit arbeitet wie *Argus* im Milizsystem, d.h. die Beamten versehen »normalen« Polizeidienst und werden nur zum Training und zu Einsätzen zusammengezogen. Dies hat den Vorteil, dass gewonnene Erfahrungen direkt in die Stammdienststellen getragen werden. Da die *Barrakudas* natürlich auf dem neuesten Stand in Sachen Schießtechnik, Material, Eigensicherung und Selbstverteidigung sind, sind sie begehrte Ratgeber.

Teamfähigkeit und an oberster Stelle Verlässlichkeit nehmen bei den rund 30 »*Barrakudas*« einen hohen Stellenwert ein. Diese Eigenschaften werden nicht nur im harten Training geschult, sondern auch außerhalb des Dienstes bei gesellschaftlichen und privaten Anlässen gelebt. Der Einheitsführer: »*Die Barrakudas sollen eine verschworene Gemeinschaft sein!*«! Auch in der Freizeit tragen alle *Pager* und Handtelefon, um schnell verfügbar zu sein. In Fachkreisen bekannt sind die *Barrakudas* auch durch ihre speziell umgebauten Waffen, die hier z. T. erstmals einem breiteren Publikum vorgestellt werden (siehe ab Seite 231). »Alte Hasen«, insbesondere M.B. – ein bei Herstellern und Firmen gern gesehener und gefragter Ratgeber – haben ihre jahrzehntelangen Erfahrungen in die Waffentechnik einfließen lassen und etliche Verbesserungen entwickelt. Besonders erwähnenswert sind die Tuningmaßnahmen an der H&K MP 5. Der verlängerte Sicherungshebel, um schneller und stresssicher mit Handschuhen agieren zu können sowie die umgebaute Schulterstütze, welche die am Helm befestigte Hör-Sprech-Garnitur nicht mehr behindert und auch bei heruntergelassenem Visier nicht mehr stört, sind nur zwei von vielen Innovationen.

Spanien:

Grupo Especial de Operaciones (GEO)

GEO-Trupp beim Beseitigen eines Hindernisses mit dem Schneidegerät.

Die *Grupo Especial de Operaciones (GEO*, zu deutsch: Sondereinsatzgruppe) ist die Antiterror-Einheit des spanischen *Cuerpo Nacional de Policia*, also der Polizei und nicht der *Guardia Civil*, die eher mit der Gendarmerie vergleichbar ist. Die *Guardia Civil* verfügt über eigene Spezialeinheiten: Die *Unidad Especial de Intervención (UEI)* und die *Grupos Antiterroristas Rurales (GAR)*, die 1978 gegründet wurden. Ihre Hauptaufgabe ist der Kampf gegen den Terrorismus, bei dem sie schon große Erfolge nachweisen konnten. Über 13 terroristische Gruppen wurden zerschlagen, 40 Schiesswütige

Abzeichen der GEO.

Abzeichen der UEI (Ihr Leitsatz: »Fürs Vaterland schnell und gründlich«)

festgenommen (wobei acht bewaffnete Täter in Notwehr erschossen werden mussten) und eine Unmenge belastendes Material beschlagnahmt. Einer der größten Erfolge war die Befreiung des spanischen Politikers Ortega Lara aus den Händen der ETA.

Dieser Abschnitt beschäftigt sich schwerpunktmäßig aber mit der GEO, die 1978 auf Anraten des spanischen Innenministers Villa gegründet wurde. Rund 50 km vor Madrid in Guadalajara stationiert, dienen in der Einheit derzeit rund 100 Polizisten in zwei Zügen (Einsatz- und Unterstützungszug). Die Züge untergliedern sich in drei Einsatzgruppen unter Leitung eines Chefinspektors, die sich wiederum in je drei Untergruppen auffächern, die von je zwei Unterinspektoren geleitet werden. Jede Untergruppe besteht aus zwei Kommandos zu je fünf Mann. Ein Kommando besteht aus zwei Scharfschützen, einem Techniker, einem Taucher sowie einem Experten für Spezialsysteme.

Eine zehnköpfige *Ausbildungs- und Spezialeinsatzgruppe* veranstaltet Kurse und kümmert sich gleichermaßen um Auswahl und Ausbildung innerhalb der GEO wie um die Schulung und Weiterbildung von Angehörigen befreundeter Sondereinheiten. Die Gruppe führt außerdem die regelmäßigen Wiederholungsprüfungen und Auffrischungskurse durch und unterstützt die Einsatzgruppen bei der täglichen Ausbildung.

Eine ebenfalls zehnköpfige *Gruppe Technik/Forschung* erprobt neues Material, entwickelt Einsatztechniken und -taktiken, analysiert mögliche Ziele von Terroristen und Kriminellen und wertet Einsätze anderer Spezialeinheiten aus.

Eine wichtige Rolle spielt die *Unterstützungsgruppe*. Sie ist verantwortlich für Zustand und Unterhalt der Ausrüstung, für die Bereitstellung der Logistik und für administrative und

Tafel der GAR.

technische Angelegenheiten. Das Personal setzt sich aus Spezialisten verschiedener Sachgebiete zusammen (Fahrzeuge, Waffen, Büro, Kommunikation/Technik, Gesundheitsbereich, Sicherheit der Unterkunft usw.).

Während sich andere Spezialeinheiten bei der Frage nach der Bewaffnung eher bedeckt hielten, gestattete GEO den Verfassern bereitwillig Einblicke in das vorhandene Arsenal:

- Heckler & Koch MP 5 (in den Varianten A2, A3, A5, SD, K und PT)
- SIG Sauer P 226 in der Ganzstahlausführung (mit Laserzieleinrichtung)

Synchroner Zugriff: Üben der Zugangssprengung an einer Trainingsanlage.

- Präzisionsgewehre HK PSG 1, Mauser 66 SP, SIG Sauer SSG 2000, SAKO A-II, SAKO TRG-21 (alle im Kaliber .308) und das SAKO TRG-41 (Kaliber .338)
- HK 33 SG1 für den Einsatz gegen Heckenschützen
- SIG Sauer 551 SWAT und 552 Command (5,56 mm) für Einsätze auf Schiffen
- Repetier-Schrotflinten Franchi 350 und 230, HK 512 und Remington M 870

Das Hauptaufgabengebiet der GEO ist die Bekämpfung des Terrorismus. Auf der iberischen Halbinsel sind verschiedene Terror- und Separatistengruppen aktiv, die teilweise weltweit agieren. Die bekanntesten sind

- die baskische ETA *(Euskadi Ta Askatasuna)*,
- die galizische EGPGC *(Exercito Guerrilheiro do Povo Galego Ceive)*
- sowie die linksextremen Vereinigungen GRAPO *(Grupos de Resistencia Antifascista Primero de Octobre)*, CAA *(Comandos Autónomos Anticapitalistas)* und NAR *(Núcleos Armados Revolucionarios)*.

Folgende Einsätze gegen diese Gruppen erfuhren starke Beachtung in der spanischen Öffentlichkeit:

1984: Bewaffnete Konfrontation mit fünf Mitgliedern der CAA, die für den Tod eines Senators verantwortlich waren, in der Pasajes Stuary. Vier Terroristen wurden dabei getötet.

Aushebung eines ETA-Kommandos in Baracaldo/Baskenland. Bei der Durchsuchung eines Wohnblockes nach dem Terrorkommando wurde ein GEO-Polizisten aus einem Zimmer heraus beschossen. Seine ballistische Schutzweste rettet ihm das Leben. Im anschließenden Kreuzfeuer wurde der Terrorist erschossen.

1985: Schlag gegen die Terroristengruppe GRAPO im Rahmen eines Großeinsatzes in den Städten Madrid, Barcelona, Badalona, Valencia und León. Diese Operation lähmte die GRAPO über Jahre hinaus.

1987: Ausschaltung des ETA-Kommandos »Madrid«, eine der gefährlichsten ETA-Gruppen; verantwortlich für über 30 Morde an Generälen, Richtern und Polizeioffizieren. Obwohl die Terroristen Maschinengewehre, Bomben und Handgranaten einsetzten, konnten sie überwältigt werden.

Festnahme eines Bombenlegers vom ETA-Kommando »Barcelona«. Ein Terrorist brachte eine Autobombe vor einem großen Einkaufszentrum zur Detonation, wobei 21 Menschen ums Leben kamen. Der Täter konnte später lokalisiert und überwältigt werden.

1988: Festnahme zweier Kommandos des *Exercito Guerrilleiro do Povo Galego Ceibe (EGPGC)* in Orense. Diese Aktion bedeutete praktisch das Ende der galizischen Terrorgruppe.

1990: Schlag gegen GRAPO in Madrid. Bei dieser Operation wurde der Führer der Gruppe, Fernando Silva Sande, gefangengenommen. Er entwich später wieder aus dem Gefängnis.

1991: Einsatz gegen das ETA-Kommando »Goiherri Costa« in Zaráuz (1991). Beim Eindringen in eine Wohnung, in der sich mehrere Terroristen befanden, wurde ein GEO-Beamter von einigen Kugeln getroffen. Seine ballistische Weste rettete ihm das Leben. Der Terrorist, der auf ihn feuerte, wurde niedergeschossen und schwer verwundet.

Einsatz gegen das ETA-Kommando »Matalaz« in Baracaldo, nachdem dieses einen GEO-Beamten enttarnt und dessen Familie bedroht hatte. Es handelte sich um die erste Bedrohungsaktion gegen GEO-Angehörige in großem Stil. Mehrere ETA-Angehörige wurden beim Deponieren einer Bombe unter dem Fahrzeug des Polizeibeamten überrascht und nach einem Feuergefecht festgenommen.

1992: Vereitelung eines geplanten Anschlags des ETA-Kommandos in Tarragona anlässlich der Olympischen Spiele in Barcelona.

1995: Verhinderung eines Attentats auf König Juan Carlos I. Ein ETA-Kommando auf Mallorca hatte sich vorgenommen, den Monarchen mittels einer Schalldämpferwaffe zu töten.

1999: Festnahme eines Angehörigen des ETA-Kommandos »Donosti« im Zentrum von San Sebastian nach Feuergefecht.

Verhaftung mehrerer Angehöriger des ETA-Kommandos in Irún unmittelbar vor einem geplanten Anschlag.

2000: Verhaftung mehrerer Angehöriger des ETA-Kommandos in Madrid unmittelbar vor der Durchführung eines Anschlags.

2001: Festnahme des ETA-Kommando »Xoxua« in Mondragón, verantwortlich für die Detonation einer 50-kg-Bombe im Zentrum der Stadt.

Verhaftung eines flüchtigen italienischen Terroristen, der in Italien und Frankreich wegen mehrerer Morde zu lebenslanger Haft verurteilt worden war.

In Sachen Geiselbefreiung dürfte die GEO mit über 400 geretteten Menschen den Rekord innerhalb der europäischen Spezialeinheiten halten – wenigstens was die Zahl der Geretteten angeht. Von diesen Einsätzen sind besonders erwähnenswert:

1981: Befreiungsaktion in einer Zweigstelle der *Banco de Vizcaya* in Bilbao. Erst Beendigung einer Geiselnahme durch die GEO.

Geiselbefreiung in der *Banco Central* in Barcelona, bei der mehr als 250 Geiseln genommen wurden. Die Geiselnahme endete nach einen Notzugriff der GEO, bei der alle Geiseln befreit und die Bankräuber festgenommen werden konnten. Ein Geiselnehmer musste während des Sturms getötet werden, um das Leben der Geiseln zu retten.

1982: Befreiung des in Trasmoz entführten Dr. Julio Iglesias Puga, Vater des bekannten Sängers Julio Iglesias, aus den Händen der ETA.

1986: Geiselbefreiungsoperation in einer Zweigstelle der *Banco de Sabadell* in Barcelona nach über 20 Stunden Verhandlung.

GEO-Trupps beim Erstürmen eines mehrstöckigen Gebäudes. Das Eindringen erfolgt durch Seiltechnik und über Sturmleitern. Unten links sieht man einen sichernden Beamten neben dem Spezialfahrzeug der GEO.

Die maritime Komponente der GEO auf ihren schnellen Einsatzbooten.

Befreiung des Industriemagnaten Guzmán Uribe, den die ETA in Basauri entführt hatte.

Befreiung der kleinen Tochter einer bekannten andalusischen Familie, die von einer ausländischen kriminellen Gruppe gekidnappt worden war.

Befreiung von zwei Kinder in Madrid, die von kolumbianischen Kriminellen festgehalten wurden.

1988: Befreiung von drei Menschen, die von einer Bande in Madrid entführt worden waren.

2000: Befreiung von zwei Männern aus den Händen kolumbianischer Krimineller in Madrid.

Die GEO wurde auch bei diversen Geiselnahmen in Gefängnissen eingesetzt. Hierbei sind besonders die Interventionen zu erwähnen, die in Carabanchel (1983 und 1985) und in Basauri (1986) stattfanden und die mit der Befreiung aller Geiseln und der Verhaftung der Aufrührer endeten.

Bei der Geiselbefreiung aus Flugzeugen ist die GEO bei allen Vorfällen, die sich auf spanischem Boden ereigneten, eingesetzt worden, obwohl niemals ein Zugriff durchgeführt werden musste. Die letzten beiden Flugzeugentführungen, die sich 1998 und 1999 ereigneten, konnten die psychologischen Verhandlungsgruppen der spanischen Polizei lösen. Diese werden u.a. von der GEO trainiert und verrichten ihre Arbeit in perfekter Abstimmung mit den Zugriffstrupps.

Zu den Aufgaben von GEO gehört des Weiteren der Objekt- und Personenschutz für spanische Botschaften im Ausland.

1986: Einige GEO-Teams wurden an die spanischen Botschaften in den arabischen Ländern beordert, als diplomatische Beziehungen zwischen Spanien und Israel hergestellt wurden. Bei einem dieser Einsätze wurde ein GEO-Mitglied gefangen genommen und konnte erst nach einem Monat wieder befreit werden.

1990: Evakuierung der spanischen Botschaft in Liberia während des Bürgerkrieges. Dabei wurde das Land teilweise durchquert, um einer Karawane aus liberianischen, spanischen und anderen europäischen Flüchtlingen Begleitschutz zu geben, die schließlich von amerikanischen Hubschraubern evakuiert und zu einem Flugzeug gebracht wurden.

1991: Während des Golfkrieges kümmerten sich GEO-Trupps um den Schutz der spanischen Botschaften in den Arabischen Emiraten.

1993: Seit 1993 Schutz des spanischen Botschafters in Algerien.

1997/: Schutz der spanischen Botschaft in Kinshasa während
1998 des Bürgerkrieges im Kongo und der ersten Phase des neuen Regimes in Zaire.

Die GEO war schon immer der Ansicht, dass eines der Elemente, welches die Professionalität von Anti-Terroreinheiten aufzeigt, die Zahl der Verluste ist, die bei Einsätzen entstehen. Eine hohe Zahl von Verletzten oder Toten auf der eigenen Seite oder bei dem polizeilichen Gegenüber ist nach Meinung der GEO-Leitung immer auf inadäquate Vorgehensweise zurück zu führen.

In diesem Zusammenhang wurden bei lediglich drei Aktionen der GEO einige Terroristen getötet, da immer versucht wird, die Operation so »sauber« wie möglich durchzuführen, obwohl das ein erhöhtes Risiko für die Polizisten bedeutet.

Es gab dabei nur eine Schußverletzung, da alle Aktionen auf dem Überraschungsmoment beruhen, um den Terroristen keine Chance für den Gebrauch der Schußwaffe zu lassen.

Ein UEI-Trupp in der Sturmausgangsstellung unmittelbar vor dem Zugriff.

Tschechien:

Utvar Rychleho Nasazeni (URNA)

Die *Utvar Rychleho Nasazeni (URNA,* zu Deutsch etwa: Einheit der schnellen Reaktion) wurde 1981 zur Bekämpfung »spezifischer« Kriminalität aufgestellt. In den 80er-Jahren verstand man darunter auch die Bekämpfung von politischen Bewegungen und Demonstranten, die ein freies, demokratisches Land einforderten. So löste die URNA 1988 und 1989 auf Anweisung des kommunistischen Regimes gewaltsam Proteste auf.

Nach den tiefgreifenden Umwälzungen im ehemaligen Ostblock und dem politischen Wandel in der ehemaligen Tschechoslowakei, die mittlerweile in Tschechien und die selbstständige Slowakei zerfallen war, fand die URNA 1990 zu ihrem ursprünglichen Tätigkeitsfeld der Verbrechens- und Terrorbekämpfung zurück. Sie ist direkt dem Innenminister unterstellt und erhält alle Anweisungen von ihm persönlich. Die rund hundertköpfige Einheit mit Sitz bei Prag gliedert sich in drei Züge. Der Einsatzzug setzt sich aus drei Gruppen zu je 20 Mann zusammen, die wiederum aus Drei- bis Fünf-Mann-Trupps bestehen. Sämtliche Einsatzkräfte haben u.a. die militärisch orientierte Ausbildung zum Fallschirmspringer (Freifaller) durchlaufen. An die 25 für spezielle Lagen ausgebildete Polizisten fungieren als

Abzeichen der URNA.

Zu den Hauptaufgaben der URNA gehört die Sicherung des Prager Flughafens. Hier wird ein Notzugriff trainiert. Aus Gründen der internen Koordination tragen die Männer Nummern.

Speziell ausgerüstete Mercedes-Geländewagen sind bei vielen Einsätzen von Nutzen. Beim Personen- und Begleitschutz können die URNA-Polizisten schnell von den Trittbrettern abspringen, über Leitern können sie in obere Stockwerke gelangen und gegen Handwaffenbeschuss schützt das Panzerglas.

Ein URNA-Polizist im schwarzen Einsatzanzug.

Auch Tarnen will gelernt sein. Der Mann führt ein tschechisches Sturmgewehr vz 58 mit Leuchtpunktvisier.

Präzisionsschützen, Kommunikationsexperten, Dokumentationstrupps und als Verhandlungsgruppen in einem weiteren Zug. Den dritten Zug bildet die Verwaltungs- und Führungsgruppe. Von der Ausrüstung und Bewaffnung ist bekannt, dass die URNA aus nahe liegenden Gründen vor allem auf die Waffenproduktionen des eigenen Landes zurückgreift. Auch im Ausland sind z.B. die 9-mm-Pistolen CZ 75 (15 Schuss) und die CZ 85 (16 Schuss) wohlbekannt.

An Einsätzen besonders zu erwähnen sind die Festnahme mehrerer albanischer, bulgarischer und russischer Mafiabosse in den 90er-Jahren sowie der Personenschutz anlässlich der Papstbesuche 1992 und 1996.

Türkei:
Spezialeinheit der Polizei

Diese Gruppenaufnahme der Sondereinsatztruppe der türkischen Polizei lässt einen Teil der Ausrüstung und Bewaffnung erkennen, darunter Steyr-Mannlicher Scharschützengewehre SSG 69, Uzi-Maschinenpistolen, halbautomatischen Schrotflinten Franchi SPAS-15 und Sturmgewehre M 16 A1 mit Granatgerät M 203.

Obwohl die Türkei, streng genommen, nicht zu Europa gehört, sollen ihre Sondereinsatzgruppen dennoch kurz umrissen werden. Dies ist einfacher gesagt als getan, denn die Einheiten halten sich mit Informationen sehr bedeckt. Das Einzige, was die Verfasser in mehreren Anläufen in Erfahrung bringen konnten, sind nachfolgende Angaben.

Die Sondereinsatzgruppen sitzen in den großen Städten wie Ankara, Istanbul und Izmir, da sich hier auch ein Großteil der Kriminalität konzentriert. Neben ihrem Spezialauftrag finden die Polizisten eine tägliche Verwendung im normalen Polizeidienst.

Im Unterschied zu vergleichbaren anderen Einheiten sind Einsatzlagen gegen innere wie äußere Feinde denkbar (z.B. Putschversuche). Ein türkischer Einsatzleiter lapidar: *»Damit die Souveränität des türkischen Staates gewahrt bleibt, gehen wir mit unseren Einsatzmitteln dagegen vor«.*

Einer der beliebtesten Trainingsabschnitte ist das Schießen auf dem freien Übungsgelände. Beim Schießen aus der Hüfte greift die linke Hand weit nach vorn und drückt die Waffe (M 16) nach unten, wodurch sich das Gewehr auch im Dauerfeuer grob im Ziel halten lässt.

Die Aufstellung erfolgte 1982. Nur ein Jahr später ereignete sich einer der größten Terroranschläge in der Türkei, in dessen Folge die Einsatzmittel und Befugnisse der *Spezialeinheit* entscheidend erweitert wurden.

Anfang der 90er-Jahre wurde eine weitere türkische Behörde in die Sondereinsatzgruppen integriert und die Zusammenarbeit mit den vier wichtigsten Behörden vertieft. Die Aufgabe der Einheiten umreißt der Stellvertretende Kommandeur Ibrahim S.:

»In unserem Land werden die Terroranschläge bis zum Letzten bekämpft, damit unser Volk in Ruhe leben kann.«

Ukraine:

Einsatzgruppe Alpha

Die so genannte *Alpha*-Gruppe stellt die Sondereinsatzkräfte der ukrainischen Polizei dar. Als die Ukraine noch zum Sowjetreich gehörte, gab es die Einsatzgruppe *Alpha* bereits – sie unterstand dem KGB und hatte auch Ableger in Moskau. Insofern ist es wenig verwunderlich, dass der ukrainische Inlandsgeheimdienst und KGB-Nachfolger SBU auch heute noch eng mit *Alpha* zusammenarbeitet.

Mit Bezug auf den ersten Buchstaben im Alphabet und da die Männer der Gruppe als »Erste Garde« der ukrainischen Polizei gesehen werden, war die Namensgebung naheliegend. *Alpha* ist eine rein polizeiliche Einheit; Militär und der Grenzschutz unterhalten ebenfalls Spezialeinheiten, auf die die Polizei in besonderen Notfällen zurückgreifen kann.

Das *Alpha*-Hauptquartier nebst Übungszentrum befindet sich in der Hauptstadt Kiew. Ein Polizeigeneral führt die rund 300 Polizisten der Einheit und koordiniert die Antiterror-Einsätze, die in der Ukraine der *Alpha*-Einsatzgruppe vorbehalten sind.

Ein *Alpha*-Einsatztrupp positioniert sich vor einem Gebäude.

Wappen der Einsatzgruppe *Alpha*.

Ungarn:

Antiterror-Einheit

Die Ursprünge der ungarischen Spezialeinheiten lassen sich bis ins Jahr 1970 zurückverfolgen, als zwei bewaffnete Männer in der kleinen Stadt Balassagyrmat ein Mädcheninternat überfielen und dort Geiseln nahmen. Obwohl die Polizei damals in keinster Weise auf derartige Lagen vorbereitet war, konnte sie das Geiseldrama beenden. In langen Verhandlungen wurden die beiden Geiselnehmer mürbe gemacht. Als sich ein günstiger Augenblick bot, schaltete ein mit einem Zielfernrohrgewehr bewaffneter Polizist einen der Täter aus, der andere wurde von Einsatzkräften überwältigt. Keine der Geiseln kam dabei zu Schaden.

Ein *Alpha*-Polizist mit seinem Kalaschnikow-Sturmgewehr AK 105, Kaliber 5,45 mm x 39.

Die Reformen der ungarischen Antiterror-Einheit spiegeln sich in der Veränderung des Wappens wider.

Die Bildreihe zeigt Angehörige der Antiterror-Einheit bei der Festnahme gefährlicher Straftäter.

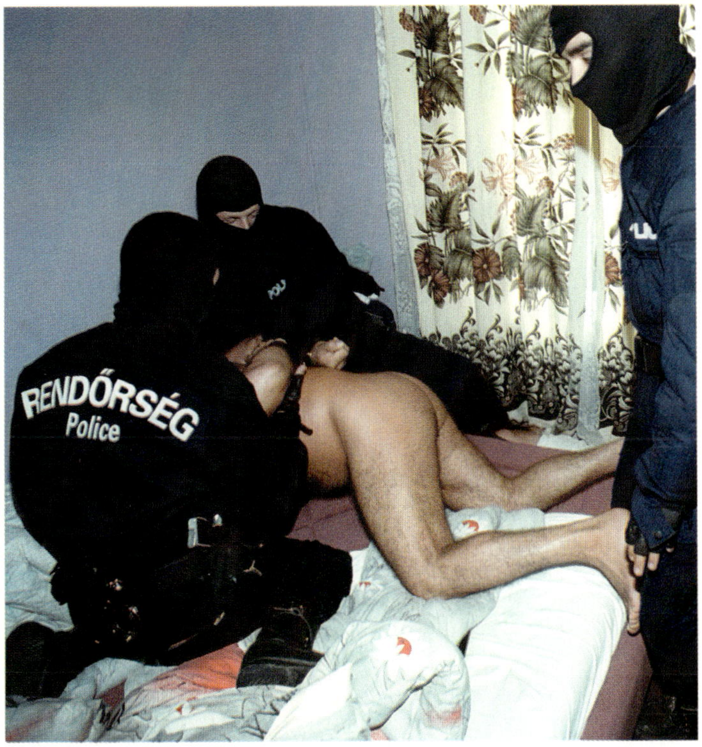

Morgenstund hat nicht immer Gold im Mund: Festnahme eines Straftäters im Bett.

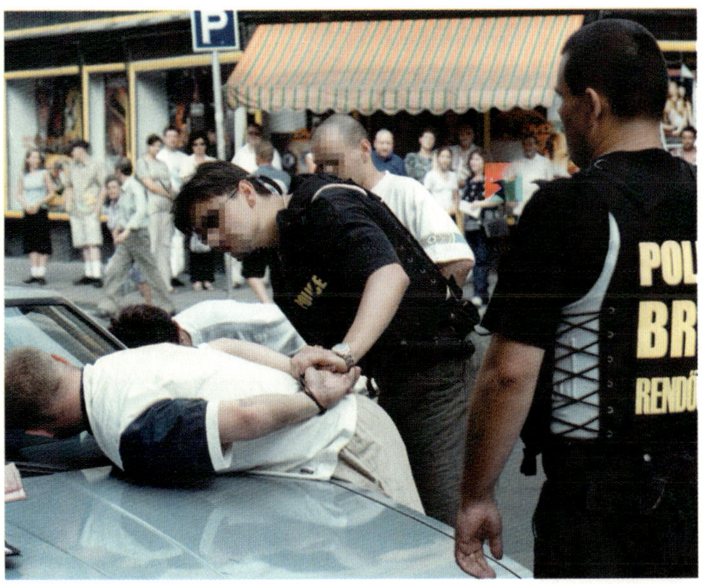

Straftäter werden aus dem Fahrzeug geholt und gefesselt.

Festnahme an der Haustür.

Festnahme zweier Straftäter in einem Café. Sollte eine der Personen während der Durchsuchung eine versteckte Waffe ziehen, lösen sich die Beamten sternförmig. Die sichernden Beamten, links im Bild, können das Feuer sofort eröffnen.

Dieser Verdächtige wurde mittels Armstreckhebel aus dem Fahrzeug geholt.

Zu Beginn der 80er-Jahre stellte die ungarische Polizei nach Analysen verschiedener Bedrohungslagen erste Antiterror-Kräfte auf, indem sie jedem ersten Zug eines (Schutz-) Polizeiregiments Sonderaufgaben zuwies. Die Männer verrichteten Schichtdienst – vier Wochen Spezialtraining wechselten sich mit acht Wochen regulärem Streifen- oder Polizeidienst ab. Im Herbst 1987 erfolgte eine Umstrukturierung, indem diese Einsatzzüge zum so genannten *Komondor*-Dienst zusammenfasst wurden. Die Bewaffnung bestand aus Pistolen PA 63, Maschinenpistolen vz 61, Sturmgewehren AMD 65 und AMP (ungarischen Kalaschnikow-Varianten) sowie Dragunow-Scharfschützengewehren.

Nach dem Fall des Eisernen Vorhangs wurde der *Komondor*-Dienst neu strukturiert. Er wandelte sich zunächst zur *Antiterror-Einheit der obersten Polizeiführung,* um sich im Frühjahr 1991 nach weiteren Umbauten schließlich zur *Einheit für Sonderoperationen der Polizei* zu mausern. Anlässlich des Papstbesuchs in Ungarn erhielt die Truppe neue Waffen und Ausrüstung, darunter Jericho-Pistolen 941 F, Maschinenpistolen Mini-Uzi, Präzisionsgewehre SIG-Sauer SSG 2000 und Steyr-Mannlicher SSG 69 mit Nachtzieloptik, schwere Gepard-Scharfschützengewehre im Kaliber .50, Nachtsichtgeräte NV-SAS-1, Laserzielgeräte sowie ballistische Schutzwesten RAV-100 und RAV-300.

1998 wurde die Einheit nochmals reformiert. Sie verlor ihre Unabhängigkeit, indem sie fortan nicht mehr direkt der obersten Polizeiführung, sondern der Bereitschaftspolizei unterstellt wurde. Sie wird schlicht als *Antiterror-Einheit* bezeichnet. Die Aufgaben sind dennoch dieselben geblieben: Geiselrettungen, Beendigung von Flugzeugentführungen, Kampf gegen Terrorismus und schwere Gewaltkriminalität.

Zypern: MMAD

Wappen der MMAD.

In diesem Übungshaus trainiert die MMAD das Vorgehen im scharfen Schuss. Anlässlich einer simulierten Geiselnahme wird ein synchroner Zugriff vorbereitet.

Die Geiselnehmerscheibe. Nach dem überlappenden Eindringen wird der »Täter« kampfunfähig geschossen. Auch die zypriotische Spezialeinheit ist mit der deutschen MP 5 ausgestattet.

Vereinte Nationen (UN)

Das Special Team 6

Abzeichen des *Special Team 6* (oben) und der vereinten Polizeikräfte im Kosovo, UNMIK.

Nach der militärischen Lösung des Kosovo-Konfliktes begann aufgrund des Beschlusses des Weltsicherheitsrates der Aufbau einer zivilen Polizei. Da keine landeseigene Polizei mehr existierte, mussten die Vereinten Nationen (UN) erstmals in ihrer Geschichte eine »*Law and Order*«-Funktion für ein ganzes Land übernehmen. Die UN-Mitgliedsstaaten entsandten im Juli 1999 die ersten Polizeikontingente, die sich vor völlig neue Aufgaben gestellt sahen. Neben dem Aufbau herkömmlicher Polizeistrukturen wie Polizeirevieren, Verkehrsdienst, Polizeiverwaltung und Führungsebenen wurde zunächst ein Begleitkommando für den Polizeichef und seinen Vertreter zusammengestellt. Es war direkt dem *UN Police Headquarter*, also dem Polizeihauptquartier der Vereinten Nationen in Pristina unterstellt, der Hauptstadt des Kosovo. Unter der Bezeichnung *Team 6* (Gruppe 6) begannen vier Polizisten der schwedischen Antiterror-Einheit und zwei deutsche Beamte des SEK Rheinland-Pfalz sowie des MEK Sachsen mit dem Personenschutz. Nach kurzer Zeit verzichtete die Polizeiführung auf die besonderen Schutzmaßnahmen. Die

Gruppe bekam – obwohl sich kein britischer oder amerikanischer Polizist unter ihr befand – nun nach UN-Manier den englischen Namen *Special Team 6* und wurde mit Angehörigen deutscher (SEK, MEK und GSG 9), norwegischer (Delta), österreichischer (WEGA, GEK) sowie weiterer europäischer Sondereinsatzkräfte auf rund 20 Mann aufgestockt. Sie erhielt Aufgaben einer Spezialeinheit zugewiesen; unter anderem die Beendigung von Geisellagen, den Schutz hochrangiger Kosovo-Besucher und die Festnahme gefährlicher Täter. Es handelte sich im Übrigen um die erste, direkt den Vereinten Nationen unterstellte polizeiliche Spezialeinheit dieser Art.

Der Personenschutz einheimischer gefährdeter Personen (Parteiführer, Politiker) sowie gefährdeter UN-Funktions- und Entscheidungsträger vor Ort wurde in der Folge von der CPU, also der so genannten *Close Protection Unit* (Personenschutz-Einheit) übernommen. Die rund 90-köpfige CPU garnisoniert ebenfalls in Pristina.

Es mag auf den ersten Blick überraschen, dass sich die Aufträge des *Special Team 6* im Gewalt-geschüttelten Krisengebiet vom Grundsatz her kaum vom polizeilichen Alltag in Deutschland oder anderen Ländern Europas unterscheiden. Umfeld, Mentalität, »Multi-Kulti«, Gewaltbereitschaft und ein erhöhtes Gefährdungspotential machen im Kosovo »die Musik«. Insbesondere die Gefahren durch Sprengfallen und die vielen »in Umlauf« befindlichen Kriegs-

Oben: Abschiebung eines Polizistenmörders nach Albanien. Der Auftrag musste unter strengster Geheimhaltung am frühen Morgen durchgeführt werden, Komplizen hatten mehrfach eine gewaltsame Befreiung angekündigt.

Rechts: Ein Abschlussfoto nach Personenschutzauftrag für den damaligen NATO-Generalsekretär Javier Solana (Mitte).

Straßenzustand und Zeitdruck machen immer wieder Luftverlastungen des *Team 6 erforderlich.*

Einsatztaktik für lange Flure: *»The Train«.*

waffen »würzen« zweifellos den Alltag der Einsatzkräfte in den Schluchten des Balkan.

Für das *Special Team 6* können sich nur Polizeibeamte bewerben, die von ihren Heimatländern zur Polizeimission in den Kosovo entsandt werden. Vor Ort erfolgt die Bewerbung bei der Abteilung *Special Operation* des UN-Hauptquartiers, der ein persönliches Gespräch folgt. Alle Bewerber müssen eine aktive Tätigkeit in einer Spezialeinheit mit Ausbildung für Geisellagen vorweisen, einen gesonderten Schießtest bestehen und eine Probezeit von vier Wochen ableisten. Die multinationale Zusammensetzung der Einheit machte eine Angleichung der Einsatztaktiken und ein gemeinsames Training erforderlich. Aufgrund der Tatsache, dass alle Polizisten Sondereinsatz-Erfahrung mitbringen, gestaltet sich dies relativ einfach. Es wird eben überall nur mit Wasser gekocht…

Für die Fahrzeugausstattung – darunter *sondergeschützte Fahrzeuge* – sorgte die UN. Bei der technischen Ausstattung waren die Männer zunächst auf ihr Improvisationstalent angewiesen. Zwei Kisten Bier für die erste Ramme gingen an einen britischen Instandsetzungszug und ein schwedisches Kontingent lieh dem *Special Team 6* »auf Dauer« verschiedene Brechstangen. Ballistische Schutzschilde spendierte das österreichische GEK, Einsatzhelme kamen vom SEK Bayern und Overalls von der Polizei aus Baden-Württemberg. Erst ab Mitte 2000 lief die Materialversorgung über einen gesonderten UN-Antragsweg in geordneteren Bahnen.

Deutsche Polizisten im Auslandseinsatz

Abgesehen vom Schutz deutscher Botschaften durch den BGS sowie Ermittlungs- oder Überführungsangelegenheiten, halten sich deutsche Polizisten vorwiegend zu Ausbildungszwecken im Ausland auf. So etwa in den Staaten des ehemaligen Jugoslawiens, um beispielsweise deren Polizeieinheiten Starthilfen zu geben. Außerdem finden im Rahmen längerfristiger Abordnungen Einsätze in diesen und anderen Staaten statt. Meist sind die Deutschen dabei nur Teil eines Kontingentes von Polizeiabordnungen verschiedener Nationen. Polizeistreifen mit internationaler Besetzung sind auf dem Balkan beispielsweise keine Seltenheit. Die Beamten haben teilweise Eingriffsrechte und können ihre Dienstwaffen führen und ggf. auch einsetzen.

Der *Personenschutz* von hochrangigen bzw. gefährdeten Besuchern wie z.B. Politikern ist eine weitere, nicht ganz unproblematische Variante, da nicht alle Staaten bewaffnete Polizeibeamte eines fremden Landes tolerieren. Manche Staaten untersagen dies entweder ganz oder verbinden es mit bestimmten Auflagen. In Italien dürfen ausländische Personenschützer bzw. Polizeibeamte beispielsweise nur Revolver tragen.

■ Deutscher Beamter des *Special Team 6* mit UN-Blauhelm und MP 5 im Anschlag.

■ Mit Bundesratspräsident Eichel und Palästinenserpräsident Arafat im Gazastreifen.

Eine weitere Spielart des Auslandseinsatzes ist die so genannte *Nacheile*, die vorwiegend Polizeidienststellen in Grenznähe betrifft, die Straftäter verfolgen, welche die Staatsgrenze überschreiten. Dies hat vor allem praktische Gründe – zum einen käme es zu einem Zeitverzug bis zur Übernahme der Verfolgung durch die Polizei des Nachbarlandes, zum anderen können unterschiedliche Funkfrequenzen Probleme nach sich ziehen. Meist funktioniert die Zusammenarbeit zwischen den im grenznahen Bereich liegenden Dienststellen beider Seiten sehr gut.

■ Zugriff auf den Fahrzeugführer im Pkw. Deutsche Polizeibeamte unterrichten in der polnischen Polizeiführungsschule Szczytno.

Tätigkeitsfelder, Ausbildung und Ausrüstung

Die nachfolgenden Abschnitte geben dem Leser einen Einblick in verschiedene Sparten der Ausbildung und des Trainings, wie sie von Sondereinsatzkräften besonders intensiv betrieben werden.

Sport, Klettern, Körperausbildung

Körperliche Fitness ist eine Grundvoraussetzung für den Dienst in einer Sondereinheit. Generell muss jeder Mensch, der Polizist/Polizistin werden möchte, beim Einstellungstest gewisse sportliche Fähigkeiten nachweisen. Sollte nach der mehrjährigen qualifizierten Ausbildung die Bewerbung um einen Ausbildungsplatz bei einer Sondereinheit anstehen, muss (neben anderen Kriterien) ein erweiterter Test im Bereich physische Eignung absolviert werden.

Jeder kennt hochmoderne chromblitzende Fitness-Studios. Es geht aber auch anders, wie hier im Hydropark in Kiew. Hier trainiert auch die *Alpha*.

Als Beispiel geben wir hier die Mindestanforderungen eines SEK aus Nordrhein-Westfalen wieder:

1.) Sechs »saubere« Klimmzüge.
2.) 75 % des Körpergewichts einmal zur Hochstrecke bringen (Bankdrücken).
3.) 25 m Wechsellauf (unter bestimmten Bedingungen) in höchstens 22 Sekunden.
4.) SEK-Parcours (eine Strecke von 150 m ist mit Hindernissen/Übungen in einer Zeit von max. drei Minuten und 30 Sekunden zu bewältigen). Hierbei werden insbesondere die Bereiche Kraft, Ausdauer, Schnelligkeit und Motorik überprüft.
5.) Stuhlsteigen (nach einem festgelegten Ablaufschema ist ein normaler Stuhl innerhalb von maximal fünf Minuten mindestens 115 mal zu besteigen).

Viele Bewerber liegen weit über diesen Anforderungen. Der Rekord beim Stuhlsteigen liegt heute z. B. bei 158 Wiederholungen.

Die Anforderungen sind von Land zu Land verschieden, jedoch geben die oben aufgeführten fünf Übungen einen guten Querschnitt wieder. Teilweise werden auch andere Übungen mit eingebunden. Bei den italienischen NOCS sind z.B. 135 cm im Hochsprung zu bewältigen. In enger Verbindung zum Sport steht die »Mutprobe«, bei der der Bewerber zeigen soll, dass er seine Ängste kontrollieren kann. Dies kann z.B. ein Höhentest oder ein (Freistil-) Boxkampf sein.

In der Grundausbildung, die je nach Einheit zwischen 5 und 36 Wochen dauert, steht die Steigerung der Leistungsfähigkeit an erster Stelle.

Hier finden altbekannte Weisheiten wie: *»Kraft ist nicht alles, aber ohne Kraft ist alles nichts«* und *»Schweiß spart Blut«* ihre Umsetzung. Neben Kondition und Kraft wird Geschicklichkeit trainiert. Da der Beamte im Einsatz immer in eine Gruppe eingebunden ist, wird auf Übungen im Trupp- oder Gruppenrahmen großer Wert gelegt.

Vorhergehende Seite: Polizeigrenadiere der Einsatzgruppe *Diamant* bei der Kletterausbildung am 28-m-Turm.

Rechte Seite: Leistungstabelle der SE Enzian, an der sich jeder interessierter Leser orientieren kann.

Wertungstabelle Sport-Test Dezernat Enzian

Name/Vorname .... Nr. .... | Datum..................... | 20 ......

Punkte		12'-Lauf		100m-Lauf		Hindernisparcours Halle		Pendellauf 4 x 10m		Klimmzug Lat. 60 kg		Schwimmen 40 m		Punkte	
100	50	3500		11.54	13.54	1' 10.5	1' 35.5	8.77	9.77	45		18.25	30.75	100	50
99	49			11.58	13.58	1' 11.0	1' 36.0	8.79	9.79		28	18.50	31.00	99	49
98	48	3475	2975	11.62	13.62	1' 11.5	1' 36.5	8.81	9.81			18.75	31.25	98	48
97	47			11.66	13.66	1' 12.0	1' 37.0	8.83	9.83	44		19.00	31.50	97	47
96	46	3450	2950	11.70	13.70	1' 12.5	1' 37.5	8.85	9.85		27	19.25	31.75	96	46
95	45			11.74	13.74	1' 13.0	1' 38.0	8.87	9.87			19.50	32.00	95	45
94	44			11.78	13.78	1' 13.5	1' 38.5	8.89	9.89	43		19.75	32.25	94	44
93	43	3425	2925	11.82	13.82	1' 14.0	1' 39.0	8.91	9.91		26	20.00	32.50	93	43
92	42			11.86	13.86	1' 14.5	1' 39.5	8.93	9.93			20.25	32.75	92	42
91	41	3400	2900	11.90	13.90	1' 15.0	1' 40.0	8.95	9.95	42		20.50	33.00	91	41
90	40			11.94	13.94	1' 15.5	1' 40.5	8.97	9.97		25	20.75	33.25	90	40
89	39			11.98	13.98	1' 16.0	1' 41.0	8.99	9.99			21.00	33.50	89	39
88	38	3375	2875	12.02	14.02	1' 16.5	1' 41.5	9.01	10.01	41		21.25	33.75	88	38
87	37			12.06	14.06	1' 17.0	1' 42.0	9.03	10.03		24	21.50	34.00	87	37
86	36	3350	2850	12.10	14.10	1' 17.5	1' 42.5	9.05	10.05			21.75	34.25	86	36
85	35			12.14	14.14	1' 18.0	1' 43.0	9.07	10.07	40		22.00	34.50	85	35
84	34			12.18	14.18	1' 18.5	1' 43.5	9.09	10.09		23	22.25	34.75	84	34
83	33	3325	2825	12.22	14.22	1' 19.0	1' 44.0	9.11	10.11			22.50	35.00	83	33
82	32			12.26	14.26	1' 19.5	1' 44.5	9.13	10.13	39		22.75	35.25	82	32
81	31	3300	2800	12.30	14.30	1' 20.0	1' 45.0	9.15	10.15		22	23.00	35.50	81	31
80	30			12.34	14.34	1' 20.5	1' 45.5	9.17	10.17			23.25	35.75	80	30
79	29			12.38	14.38	1' 21.0	1' 46.0	9.19	10.19	38		23.50	36.00	79	29
78	28	3275	2775	12.42	14.42	1' 21.5	1' 46.5	9.21	10.21		21	23.75	36.25	78	28
77	27			12.46	14.46	1' 22.0	1' 47.0	9.23	10.23			24.00	36.50	77	27
76	26	3250	2750	12.50	14.50	1' 22.5	1' 47.5	9.25	10.25	37		24.25	36.75	76	26
75	25			12.54	14.54	1' 23.0	1' 48.0	9.27	10.27		20	24.50	37.00	75	25
74	24			12.58	14.58	1' 23.5	1' 48.5	9.29	10.29			24.75	37.25	74	24
73	23	3225	2725	12.62	14.62	1' 24.0	1' 49.0	9.31	10.31	36		25.00	37.50	73	23
72	22			12.66	14.66	1' 24.5	1' 49.5	9.33	10.33		19	25.25	37.75	72	22
71	21	3200	2700	12.70	14.70	1' 25.0	1' 50.0	9.35	10.35			25.50	38.00	71	21
70	20			12.74	14.74	1' 25.5	1' 50.5	9.37	10.37	35		25.75	38.25	70	20
69	19			12.78	14.78	1' 26.0	1' 51.0	9.39	10.39		18	26.00	38.50	69	19
68	18	3175	2675	12.82	14.82	1' 26.5	1' 51.5	9.41	10.41			26.25	38.75	68	18
67	17			12.86	14.86	1' 27.0	1' 52.0	9.43	10.43	34		26.50	39.00	67	17
66	16	3150	2650	12.90	14.90	1' 27.5	1' 52.5	9.45	10.45		17	26.75	39.25	66	16
65	15			12.94	14.94	1' 28.0	1' 53.0	9.47	10.47			27.00	39.50	65	15
64	14			12.98	14.98	1' 28.5	1' 53.5	9.49	10.49	33		27.25	39.75	64	14
63	13	3125	2625	13.02	15.02	1' 29.0	1' 54.0	9.51	10.51		16	27.50	40.00	63	13
62	12			13.06	15.06	1' 29.5	1' 54.5	9.53	10.53			27.75	40.25	62	12
61	11	3100	2600	13.10	15.10	1' 30.0	1' 55.0	9.55	10.55	32		28.00	40.50	61	11
60	10			13.14	15.14	1' 30.5	1' 55.5	9.57	10.57		15	28.25	40.75	60	10
59	9			13.18	15.18	1' 31.0	1' 56.0	9.59	10.59			28.50	41.00	59	9
58	8	3075	2575	13.22	15.22	1' 31.5	1' 56.5	9.61	10.61	31		28.75	41.25	58	8
57	7			13.26	15.26	1' 32.0	1' 57.0	9.63	10.63		14	29.00	41.50	57	7
56	6	3050	2550	13.30	15.30	1' 32.5	1' 57.5	9.65	10.65			29.25	41.75	56	6
55	5			13.34	15.34	1' 33.0	1' 58.0	9.67	10.67	30		29.50	42.00	55	5
54	4			13.38	15.38	1' 33.5	1' 58.5	9.69	10.69		13	29.75	42.25	54	4
53	3	3025	2525	13.42	15.42	1' 34.0	1' 59.0	9.71	10.71			30.00	42.50	53	3
52	2			13.46	15.46	1' 34.5	1' 59.5	9.73	10.73	29		30.25	42.75	52	2
51	1	3000	2500	13.50	15.50	1' 35.0	2' 00.0	9.75	10.75		12	30.50	43.00	51	1
1.Versuch														1.Versuch	
2.Versuch														2.Versuch	
Punkte														Punkte	
Punkte total															

Mindestanforderung: Pro Disziplin mindestens 1 Punkt; jedoch total in 6 Disziplinen mind. **150 Pt.**

Mindestanforderung Klimm- und Lat-Zug: **5** Klimmzüge, jedoch Klimm- und Lat-Züge zusammengezählt mind. **12**

Ausser beim 12'-Lauf, wird auf den nächstunteren Wert abgerundet ! Die Wertungstabelle ist nach oben offen.

Die Hindernisbahn

Hindernisbahnen und -parcours stellen hervorragende Instrumentarien für die Körperertüchtigung unter wirklichkeitsnahen Bedingungen dar. Jeder Sondereinheit weltweit sind sie vertraut. Hindernisbahnen werden einzeln, paarweise oder in der Gruppe, bei Tag oder bei Nacht, nur im Trainingsanzug oder mit Waffe und Einsatzausrüstung bewältigt. In der Regel kombinieren die Bahnen Lauf- und Kletterübungen. Schnellkraft, Kraftausdauer, Geschicklichkeit, Motorik und Mut sind nur einige Fähigkeiten, die dabei geschult werden.

Moderne Bahnen verfügen meist über eine weiche Laufbahn (z.B. Rindenmulch) und eine spezielle dämmende Füllung der Aufsprunggruben (z.B. feiner Sand). Dies schont die Gelenke und beugt Verletzungen vor. Die Holzbalken sind abgerundet und geschliffen, scharfe Kanten und hervorstehende Nägel gibt es nicht. Meistens werden bei der Erstellung der Anlagen Fachleute und Sportmediziner mit einbezogen. Regelmäßige Sicherheitsüberprüfungen durch die verantwortlichen Ausbilder sind selbstverständlich. Leider ist das bei älteren Anlagen nicht immer der Fall. Einer der Autoren erinnert sich mit Schaudern an eine Parcoursanlage in einer alten Russenkaserne bei Frankfurt/Oder. Nicht nur der Zustand der Anlage war schlecht, auch der Aufbau war katastrophal. Komplett aus brüchigem Beton gefertigt, traten überall scharfe Kanten hervor; von den mit spitzen Steinen geschotterten Bahnen und Gruben ganz zu schweigen. Selbst mit Handschuhen bekam man zwangsläufig blutige Hände. Übungen in größerer Höhe fanden ohne Sicherung statt. Solcherart musste z.B. eine 7 m hohe, 10 m lange und nur 12 cm breite Mauer der Länge nach überwunden werden. Ein Fehltritt, ein Windstoß oder dergleichen hätten unweigerlich den sofortigen Absturz nach sich gezogen.

Die Kletterwand mit den Autoreifen wird gern unterschätzt.

Über eine der besten Hindernisbahnen in Deutschland verfügt das SEK Schleswig-Holstein, das in einer sehr schön gelegenen Bereitschaftspolizeiabteilung mit großzügigen Übungsmöglichkeiten untergebracht ist. Im hinteren Teil des Geländes befindet sich auf einer Rasenfläche die Hindernisbahn, die außer vom SEK auch noch von der BFE und dem MEK Schleswig-Holstein benutzt wird. Die 16 Stationen – u.a. eine Eskaladierwand, zwei Tunnel, ein Hangelseil, ein Geschicklichkeitsbalken – verbinden kurze Laufstrecken. Jeder SEK-Beamte muss sie mindestens einmal jährlich unter der Grenzzeit von 5 min unter Aufsicht bewältigen. Der schon vor einigen Jahren aufgestellte Rekord beträgt 4 min und 5 sek.

Die Bahn der GSG 9 ist international berühmt. Da die GSG 9 weltweit für Sondereinheiten Aufbauhilfe leistete, orientierten sich diese Einheiten in vielen Belangen an ihr. Die amerikanische *Delta Force* baute den deutschen Parcours sogar haargenau nach. Es müssen aber nicht immer Bahnen sein, die speziell auf polizeiliche Belange ausgelegt sind. Die schweizer Einheiten (z.B. *SE Argus)* nutzen u.a. auch Übungseinrichtungen der Feuerwehr, in denen die Floriansjünger das Vorgehen in brennenden Gebäuden üben. Es handelt sich um Anlagen mit engen Gängen und Röhren, die mit den verschiedensten Hindernissen bestückt werden können. Der Schwierigkeitsgrad eines Durchgangs lässt sich durch Rauch, Musik (»Lärm«) und Lichtblitze problemlos steigern. Den Übenden wird mit dichtem Qualm jegliche Sicht genommen und ein wahrer Höllenlärm veranstaltet, so dass sie ausschließlich auf Gefühl und Tastsinn angewiesen sind.

Jeder, der einmal einen Parcours auf Zeit gelaufen ist, kennt die körperliche Belastung und das Gefühl, an die eigenen Leistungsgrenzen zu stoßen. Minuten können da zur Ewigkeit werden. Ein Beamter des österreichischen GEK beschreibt einen Wertungslauf über die Hindernisbahn in Wiener-Neustadt:

Ich sprinte 50 m zum Tau, hangle 32 m über ein Biotop, der Kopf ist 3,5 m über dem Wasser, die Unterarme beginnen sich

Hangelstrecke auf der Hindernisbahn des SEK Schleswig-Holstein in Eutin.

zu verkrampfen und schmerzen, nur nicht auf die Uferböschung stürzen – geschafft. Kopf einziehen, Oberkörper weit vorbeugen und 20 m durch ein Drahtgeflecht hasten, dann folgt der Sprung in den Fuchsbau. Meine Arme ziehen mich durch eine finstere, enge, schmutzige 5 m lange Röhre. Da passiert es: Durch eine ungeschickte Bewegung schleift mein Knie auf dem Beton, ich fühle einen stechenden Schmerz, dann erreiche ich den Ausstiegsschacht. Keuchend stemme ich die Füße an die vordere, den Rücken und die Hände flach gegen die hintere Wand. So presse ich meinen bleischweren Körper 3 m nach oben, dem Licht entgegen. Ich lasse mich von der Kante des Schachtes fallen und lande hart. Der Overall ist am Knie aufgerissen und blutverschmiert. Dieses Mal will ich nicht nachgeben und versuche die Muskeln bewusst zu entspannen und locker zu laufen! Mit einem Satz hechte ich durchs Fensterhindernis, um mit mächtigen Sprungschritten die Stolperdrähte zu überwinden. Ich werfe mich auf den Bauch, feiner Staub blockiert die Atmung, ich drehe den Kopf zur Seite, um genügend Luft zu bekommen. Auf allen Vieren geht es durch das nicht enden wollende, 20 m lange Feld. Ein Kamerad ruft mir zu: »Eine Minute achtunddreißig!«. Ich will es erst nicht glauben, die Zuversicht steigt. Verdammt! – Ein dumpfer Schlag, der Kopf wird brutal zurückgerissen – ich bin in voller Wucht gegen die Drahtabdeckung geprallt. Nach wenigen Metern ist die nächste Station erreicht. Ich springe die senkrechte Mauer an und greife die in 2,4 m Höhe verankerte Dachrinne. Während sich das rechte Bein in der Rinne einhakt, ziehe ich den Körper nach oben, nun eine Drehung um die Achse, aufsitzen und abspringen. Zwölf Sprossen die Hängeleiter hoch, Überschlag in 5 m Höhe und wieder abspringen. Das Herz rast, die Lungen gieren nach Luft, der gequälte Körper ist unendlich träge geworden, der Durchhaltewille schwindet. Das Spalier und den Balancebaum überfliege ich halb in Trance. Mit Schwung laufe ich über die schräge Mauer und springe aus 3 m Höhe zu Boden. Der Sand stiebt zur Seite, die Knie schlagen gegen Brust und Kinn; die Gewissheit, mehr als die Hälfte bereits geschafft zu haben, verleiht mir neue Kraft. Die Balkenwelle versuche ich locker zu nehmen, um dann kräftig auszuatmen und mich auf die Balkenwelle zu konzentrieren.

Der Drahtverhau wird in »tiefster Gangart« überwunden.

Mit mächtigen Sprungschritten geht es höher und höher. Das Reck, das Minenfeld, die Grube und der Zickzackbalken werden ohne Schwierigkeiten passiert. Die 5 m hohe Reifenwand stellt eine schwere und nicht ungefährliche Hürde dar. Ich springe kräftig ab, reiße gleichzeitig die Arme hoch, um so hoch wie möglich die Kette am Rand zu erfassen. Mit ausholenden Schritten und Griffen steige ich auf die schaukelnden Reifen, greife über den oberen Baum und vollführe einen Überschlag. Mit dem Rücken zur Wand trete ich in die Reifen und springe federnd in den Sand. Nun folgt die Hängeleiter, das letzte Hindernis. Ich springe in die Leiter, fange mich an der zweiten Sprosse mit beiden Händen ab, reiße das linke Knie zur Balance hoch und greife mit der rechten Hand zur nächsten Sprosse. Im Rhythmus schwinge ich mich zur letzten Sprosse, tippe an und springe ab. Mit ermunternden Zurufen feuern mich meine Kameraden an und mit letzter Kraft sprinte ich durch die Schikane ins Ziel. »Drei Minuten fünfzig« ruft der zur Kontrolle und Sicherheit mitlaufende Ausbilder, dann sinke ich zu Boden. Nach wenigen Minuten sind Schmerz und Erschöpfung vergessen, ich dehne und lockere meine Muskeln und führe ein Auslaufprogramm aus. Die Gratulation meiner Kameraden über die hervorragende Laufzeit erzeugen ein starkes Glücksgefühl.

Klettern

Ich stand kreidebleich da, meine Beine zitterten leicht im Wind und das Herz schlug mir bis zum Hals. Obwohl ich an einem Seil, das allerdings durchhing, gesichert war, kostete es mich einige Überwindung den Höhentest zu bestehen. Dazu musste ich eine Strecke in 30 m Höhe passieren und auf Zuruf des Ausbilders stehen bleiben, mich umdrehen oder setzen, auf einem Bein balancieren und lange in die Tiefe schauen. Um die mentale Stärke zu testen, musste ich leichte Rechenaufgaben lösen oder freie Texte ohne zu stottern aufsagen. Obwohl ich mir nichts anmerken ließ, hatte ich noch nie so viele Probleme dabei, zwei und zwei zusammenzuzählen.

So der Teilnehmer eines SEK-Kletterlehrgangs.

Der Höhentest (Laufen am Abhang, Ersteigen einer Feuerwehrleiter, etc.) ist bei einigen Sondereinheiten Bestandteil des Auswahlverfahrens. Hierbei kommt es weniger auf die Technik, sondern eher auf die Überwindung der Angst an.*

Nach einigen Trainingsstunden und ersten Erfolgserlebnissen lässt die Angst erfahrungsgemäß schnell nach. Erfahrene Ausbilder, die behutsam vorgehen, tragen ihren Teil dazu bei.

Bei der Kletterausbildung wird stets mit dem *Toprope*-Klettern begonnen. Ein geeigneter Umlenkpunkt befindet sich am Ende einer Kletterroute. Das Seil verläuft vom Sichernden auf dem Boden zum Umlenkkarabiner am Routenende, der meist mit einer Schlinge mit einem fest im

* Es gibt mehrere Arten der Angst und diese Mutprobe sagt allein nur wenig über den Charakter aus. Es gibt durchaus Männer (und Frauen), die in schwindelerregender Höhe furchtlos herumklettern, aber in der direkten Konfrontation »Mann gegen Mann« erhebliche »Probleme« haben.

SEK-Männer beim Klettern am Schornstein einer Industrieanlage.

Der Gründer der luxemburgischen Spezialeinheit bei Kletterübungen in den 70er-Jahren.

Fels verankerten Haken verbunden ist, um ein Durchreißen des Seiles an etwaigen scharfen Kanten zu vermeiden und von dort hinunter zum Kletternden. Der Auszubildende kann so sicher und angstfrei immer höhere Routen in Angriff nehmen. Bei Ermüdung kann der Sichernde ihn durch Blockieren des Seils kurz halten, bis er wieder Kraft geschöpft hat oder ihn im Notfall vorsichtig ablassen. Polizist Robin G., der in eingeweihten Kreisen für seine spektakulären Klettervorführungen bekannt ist, zu dieser Technik:

Hierbei kann der Einsteiger die grundlegenden Griffe und Fußtechniken erlernen. Gerade der Einsatz der Beine ist sehr wichtig, denn dort sitzen die stärksten Muskeln des Körpers. Mit den Händen und Armen wird anfangs der eigene Körper an der Felswand nur in Position gehalten. Dann wird mit den Füßen ein neuer, etwas höhergelegener Stand gesucht und die Beine einfach wieder gestreckt. So kann man locker Höhe überwinden. Völlig falsch ist das Hochziehen mit den Armen, wie es fast alle Anfänger zu tun versuchen. Damit ist meist nach wenigen Metern Schluss. Die Arme beginnen zu zittern und der Kletterer muss loslassen. Mit der richtigen Technik kann er Balance und den richtigen Rhythmus finden. Die Beachtung der 3-Punkte-Regel ist sehr wichtig: Immer nur eine Hand oder ein Fuß sucht einen neuen Griff oder Tritt. Die anderen Körperteile sorgen für den sicheren Halt. Durch diese Kletterart und durch das Wissen, dass ihm nichts passieren kann, da er ja gesichert ist, kann der Anfänger sehr schnell ein

Eine Knotentafel des SEK Baden-Württemberg.

Gefühl für geeignete Griffe entwickeln. Das Ausprobieren (Versuch und Irrtum) ist risikofrei. Zusätzlich erhält er noch theoretischen Unterricht, lernt die Sicherheitsregeln, die Grundlagen der Materialkunde und die wichtigsten Knoten (Achter, Bandschlinge, Bowline, Mastwurf, Prusik, Spierenstich).

Danach, mit wachsendem Selbstvertrauen, wird er in die fortgeschrittenen Methoden eingeführt. Für die polizeiliche Praxis ist das *Kaminklettern* und die *Piaztechnik* wichtig.

Der Polizist Jürgen G.: *Das Erklettern einer Hausfassade ist, abgesehen von den Sicherungstechniken, mit dem Felsklettern fast identisch. Es gibt kleine und große Griffe an Hauswänden in Form von Absätzen, Fensterrahmen, Fugen, Simsen etc. und es gibt Regenrohre und Blitzableiter, die den Kanten, Rissen und Verschneidungen einer Felswand sehr ähnlich sind. Im Rahmen des polizeilichen Einsatzes liegt die Problematik der Fassadenkletterei nicht nur an den Griffen und Tritten die eine Wand hergibt, sondern vor allem auch an der mangelnden Reibung und der Form der Einsatzstiefel. Die Möglichkeit der Trittnutzung ist hier natürlich nicht sehr hoch (im Vergleich zum richtigen Kletterschuh). Besonders gerne wird beim Fassadenklettern die Piaztechnik angewandt; eine sehr wichtige, aber auch anstrengende Technik. Sie wird zum Hochklettern an Kanten und Rissen verwendet; in der Stadt vor allem an Regenfallrohren. Mit den Händen wird am Hindernis gezogen, gegen die entgegengesetzte Seite müssen die Füße gedrückt werden. Die Arme sind gestreckt, um Kraft zu sparen, während sich die Füße zu den Händen hinaufarbeiten. Je dichter sich die Füße an den Händen befinden, desto instabiler wird die Position, jedoch wird auch der Gegendruck immer größer. In der Piazposition (gestreckte Arme und gebeugte Beine) greift zuerst die obere und dann die untere Hand nach oben. Erst tritt man mit dem oberen, dann mit den unteren Fuß nach. Das ist schon alles. Es ist aber dennoch etwas schwieriger als es sich anhört. Vor allem ist auf die Qualität der Route zu achten. Bei alten, rostigen oder in der Verankerung lockeren Rohren besteht stets die Gefahr eines Ausrisses oder des Zerbrechens.*

Selbstverständlich kann beim Klettern auch auf andere Hilfsmittel, wie z.B. Steckleitern, zurückgegriffen werden. Diese sind in der Regel schwarz eloxiert und lassen sich in Bausteintechnik bis auf rund 15 m Höhe verlängern. Besonders erwähnenswert sind Teleskopleitern, die eingefahren nur rund 1 m lang sind und sich bis auf 6 m Leiterhöhe ausziehen lassen.

Der Kletterturm des GEK in Wiener Neustadt. Auf der abgewandten Seite befinden sich zwei fest installierte Leitern, ein Fallrohr sowie Scheinwerfer zur Beleuchtung.

Klettern auf der Strickleiter (Jakobsleiter). Links die alte Methode, rechts die neue. Die Nutzung beider Seiten bringt ein höheres Maß an Stabilität.

Mit der »*Schwabenstange*« lassen sich untere Stockwerke erreichen.

Es geht aber auch ohne Hilfsmittel, wie die EG *Diamant* hier demonstriert. In der Schweiz wird diese Technik als »*Chinesische Leiter*« bezeichnet.

Abseil-Methoden

Am wichtigsten von allen Techniken dürften aber dennoch die Abseilmethoden angesehen werden. Meistens wird sich vom Dach eines Hauses auf einen Balkon abgeseilt, um gleichzeitig mit den Kollegen, die beispielsweise durch die Türe eindringen, einen Zugriff durchzuführen. Außerdem kann noch ein Fenster gesichert werden, wobei der klassische Fenstersprung (»mit den Füssen zuerst durchs Fenster«) immer seltener angewandt wird, da viele Häuser inzwischen eine Doppelverglasung haben.
Die klassische Abseilmethode stellt nach wie vor der gute, alte *Abseilachter* dar. Jürgen Wittmann, staatlich geprüfter Bergführer und Ausbilder einer Spezialeinheit des Zolls, erklärt die Technik:

■ **Zwei Ausbilder der russischen SOBR führen verschiedene Abseiltechniken am Kletterturm vor.**

■ **Abseilen vom Hubschrauber. Das Seil wird »am Mann gehalten« und nicht zu Boden geworfen, so dass man von unten weder auf das Seil einwirken noch es sehen kann. Diese Grundart der Abseiltechnik wurde vom britischen SAS entwickelt und erprobt.**

In das Seil wird eine Schlaufe gelegt. Diese wird dann durch das große Loch des Abseilachters und anschließend um den kleinen Ring des Gerätes geführt. Danach hängt man einen Schnapp- oder Schraubkarabiner in den kleinen Ring, der wiederum an der Anseilschlaufe des Klettergurts befestigt wird. Dann wird vorsichtig, mit dem Rücken zum Abgrund, über die gepolsterte Kante gegangen und mit den Händen das Seil kontrolliert. Mit den Füssen kann sich dabei kräftig abgestoßen werden und das Seil läuft locker durch die Hände. Gut trainierte Leute können so an glatten Gebäuden quasi in einem Rutsch bis unten gelangen.
Teilweise wird auf Abseilgeräte (Rollgliss, usw.) zurückgegriffen, bei denen sich die Abseilgeschwindigkeit mit einem Brems- oder Steuerhebel regulieren lässt. Erfahrene Troupiers verlassen sich dennoch lieber auf den bewährten Achter. Lothar M.:

Blick von einem Frankfurter Wolkenkratzer auf den abseilenden Beamten der ZUZ. Dieses Hochhaus nutzen viele deutsche Einheiten zum Training.

Unten: Für Fortgeschrittene: Ein Angehöriger der SEG/V feuert im *»Australian Rappel«* mit seiner Schrotflinte. Der Kamerad links oben lässt den Schützen hinunter (passives *Rappeling)*, während die beiden Kollegen rechts sichern.

Bei sämtlichen mechanischen Bremseinrichtungen besteht grundsätzlich die Gefahr, dass die Funktionalität durch Fremdeinflüsse (Kälte, Nässe, etc.) oder durch falsches Handling im Stress eingeschränkt oder sogar verloren gehen kann. Daher ist meiner Meinung nach das Abseilen mit dem Achter die zuverlässigste Methode. Beim Klettern findet nach wie vor der klassische *Dülfersitz* Anwendung, wie Ausbilder M. von der BFE Kassel weiß: *Militärische Spezialeinheiten nutzen beim Klettern gerne den klassischen Dülfersitz, auch »Ranger Rappel« genannt. Obwohl dies eine sehr unsichere Methode ist, hat sie den Vorteil, dass keine weiteren Hilfsmittel benötigt werden. Der Erfinder Hans Dülfer seilte sich 1913 an einer 600 m hohen Westwand im Wilden Kaiser mit dieser Methode ab.*

Beim *Dülfersitz* lässt man das Seil vor der Mitte des Körpers nach unten laufen. Von hinten durch den Schritt greifend, wird das Seil unter den rechten Oberschenkel gezogen und vor der Brust laufend über die linke Schulter gelegt. Die Hand des gestreckten linken Armes greift das Seil über dem Kopf vor dem Körper. Die rechte Hand erfasst das Seil des herabhängenden Teiles hinter dem Rücken und führt es zum rechten Oberschenkel. Durch gefühlvolles Öffnen und Schließen der Hände wird die Geschwindigkeit reguliert.

Besondere Taktiken verlangen spezielle Techniken. Jürgen G.: *Es gibt verschiedene fortgeschrittene Methoden, wie den »Australian Rappel«. Hierbei läuft das Seil durch einen Ring, der an der Rückseite des Klettergurtes angebracht ist. Das Seil läuft dann weiter um die Hüfte oder um die Schulter nach vor-*

ne und wird mit einer Hand gefühlvoll beim Ablassen gebremst. (Um beide Hände frei zu haben, ist auch der Einsatz eines selbstblockierenden Abseilgerätes möglich). Hierbei läuft der Einsatzbeamte mit der Bauchseite voran, förmlich an der Wand hinab. Der »Australian Rappel« ist auch passiv möglich, indem ein Polizist am oberen Seilende steht und den Abzuseilenden ablässt.
Eine gute Methode, ein Fenster von außen zu sichern, ist die so genannte Kopfüber- oder »Head-Down«-Methode. Diese funktioniert in etwa wie das normale Abseilen mit dem Achter, allerdings dreht sich der Beamte kurz vor dem Fenster, hakt sich der Stabilität wegen mit den Beinen im Seil ein, so dass er quasi mit den Händen kopfüber an der Wand entlang läuft. Er kann so vorsichtig von oben in ein Zimmer schauen, sein Körper erscheint nicht im Fenster. So bleibt er unauffällig und bietet wenig Trefferfläche.

Männer der litauischen *Aras* bei der Nutzung einer seltenen Technik – *»Australian Rappel«* mit Kletter-«Enter«-Haken.

Beim Überwindung von (Häuser-)Schluchten helfen das *Schleusseil* oder der *Indianersteg*. Beim *Schleusseil* werden, wie bei einer Seilbahn, die beiden Enden eines Seiles an Bäumen, Fensterrahmen, Masten etc. zu beiden Enden eines zu überwindenden Hindernisses befestigt. Die bequemere Möglichkeit der Streckenbewältigung erfolgt in der Bauchlage. Dazu ruht die Vorderseite des Körpers auf dem Seil. Das linke Bein hängt möglichst senkrecht runter und gleicht Schaukelbewegungen des Seiles und des Körpers aus. Das rechte Bein wird angezogen, das Knie liegt rechts vom Seil, der Spann ruht auf dem Seil, die Fußsohle zeigt nach links. Fortlaufend gegriffen, wird der Körper gleichmäßig über das Seil gezogen. Die kraftraubende Alternative ist der *Bärenhang*. Dabei hängt der Körper unter dem Seil und wird durch Vorsetzen von Händen und Beinen fortbewegt. Damit lassen sich größere Strecken und Höhen überwinden. Bei der GIGN wird sowas in luftiger Höhe (bis zu 200 m über Grund) durchgeführt.

In kräfteschonender Bauchlage auf dem Schleusseil.

SEK-Männer am Indianersteg. Truppenübungsplatz Hammelburg, Mitte der 70er-Jahre. Es ging 80 m in die Tiefe.

Den *Indianersteg* erklärt Robin G:

Der Indianersteg dient zum Überwinden von Schluchten. Hierbei werden zwei Seile im Abstand von ca. 1,60 m zu beiden Seiten eines Hindernisses angebracht. Das untere Seil ist das Laufseil, das obere das Führungsseil. Beim Überwinden steht man quer zum Seil und mit den Schuhen auf dem Laufseil. Der Körper ist aufgerichtet, beide Hände erfassen nebeneinander das Führungsseil über dem Kopf. Der Fuß, welcher der Bewegungsrichtung am nächsten steht, wird auf dem Seil schleifend seitwärts gesetzt. Dazu greift die der Bewegungsrichtung am nächsten liegende Hand zur Seite. Jetzt werden Fuß und Hand der entgegengesetzten Seite gleichzeitig nachgezogen. Wichtig ist hierbei, dass der Körper steif gemacht wird, um Schwankungen besser auffangen zu können. Als Sicherung kann ein Seil am Gürtel oder besser am Brustgeschirr des Beamten angebracht werden, das mittels eines mitlaufenden Karabiners am Führungsseil eingehängt ist.

Alle Klettertechniken sind nur Mittel zum Zweck und ihr praktischer Einsatzwert sollte nicht überschätzt werden. In realen Lagen sind selten schwierige Klettertechniken vonnöten, meist genügen einfache Abseiltechniken. Dagegen ist die Unfallgefahr im Training recht hoch. Es gibt wohl keine Einheit, die nicht auf schwere Kletterunfälle zurückblicken muss. Einige ausländischen Einheiten haben über ein halbes Dutzend Tote zu beklagen.

Schießen

Schießen ist einer der wichtigsten Teile der Aus- und Fortbildung. Ein besonderer Schwerpunkt bildet bei Sondereinheiten das Schießen mit der Kurzwaffe. Für den Einsatz einer Schusswaffe gelten in Deutschland die »sieben goldenen Regeln«:

1.) Eine Waffe darf nur dann auf einen Menschen gerichtet werden, wenn es keine andere Möglichkeit mehr gibt.
2.) Die rechtlichen Grundlagen für den Schusswaffengebrauch nach dem Polizeigesetz oder der Notwehr müssen vorliegen.
3.) Der Finger darf erst unmittelbar vor der Schussabgabe den Abzug berühren. Beim Vorgehen, in den Sicherungshaltungen etc. muss sich der Finger längsseits am Griffstück/Abzugsbügel befinden.

EKAM-Polizisten bei einer Übung für Fortgeschrittene: Während der vordere Schütze den »Täter« in Schach hält, bekämpfen die beiden hinteren verschiedene Scheiben. Eine nicht ganz ungefährliche Übung, die von den Schützen einen absolut sicheren Umgang mit der Waffe erfordert.

4.) Das Ziel muss dabei klar identifiziert sein. Schatten, Umrisse oder Vermutungen reichen auf keinen Fall aus.
5.) Der Hintergrund und das Umfeld des Ziels müssen beachtet werden. Jeder das Ziel durchschlagende oder verfehlte Schuss kann unbeteiligte Dritte gefährden.
6.) Es gibt keine ungeladene Waffe, jede Waffe gilt als geladen. Die meisten Unfälle passieren mit angeblich »ungeladenen Waffen«. Bei jeder Übergabe ist auf den Ladezustand hinzuweisen, nach Möglichkeit ist dieser zu überprüfen.
7.) Es gibt keinen »Spaß«. Bei Übungen sollten spezielle Trainingswaffen (mit zugeschweißtem Lauf oder aus Plastik) verwendet werden. Nach Möglichkeit sind diese farblich zu markieren (am besten in Blau) um die Übungslage aufzuzeigen.

Polizeioberkommissar J. nahm an der Grundausbildung einer deutschen Spezialeinheit teil:

Das Schießen habe ich erst dort richtig gelernt. Wir waren jede Woche zweimal auf dem Schießstand. Zuerst sind wir in die Grundzüge wie sicherer Umgang mit Waffe und Munition, das richtige Ziehen sowie die theoretischen Grundlagen des Schießens und der Ballistik eingewiesen worden. Dann haben wir die ersten Wochen nur Präzisionsübungen geschossen, bis sie jeder beherrschte.

Dies ist nach Meinung von Fachleuten der richtige Weg. Obwohl sich in den letzten Jahren auch in der »normalen« Polizeiausbildung vieles getan hat, legen die meisten Einheiten großen Wert darauf, noch einmal ganz von vorne zu beginnen. Dies hat teilweise etwas mit der vernachlässigten Ausbildung an der Waffe zu tun, aber auch damit, dass jeder neue Beamte den gleichen Wissens- und Praxisstand haben soll.

Einer der wichtigsten Punkte ist die Handhabung und der Umgang mit der Waffe. Das Zerlegen (und vor allem das richtige Zusammensetzen) in alle Einzelteile, das richtige Ziehen,

Oben: *Barrakudas* beim Schießen mit der Kurzwaffe, wobei sie den Übergang von der Pistole zur Maschinenpistole üben.

Schießen im Barrikadenanschlag beim MEK Hamburg, das den .357 Magnum-Revolver nach wie vor als Primärkurzwaffe bevorzugt.

Einsatzbeamte der BFE Mecklenburg Vorpommern beim Training mit Übungswaffen (blau gekennzeichnet) in einer Kampfanlage in Brandenburg.

Angehörige des SEK Niedersachsen üben das Vorgehen in Gebäuden mittels Spiegel. Sie führen blaue Übungswaffen.

Beamter der Interventionseinheit Liechtenstein beim »Trockentraining« mit der MP 5k. Er demonstriert die Schießhaltung mit gestreckten Armen. Der Beamte ist Brillenträger, was unter Beachtung bestimmter Schießregeln kein größeres Problem darstellt.

Abgabe von Reihenfeuer mit der MP 5. Man beachte die unterschiedlichen Schießhaltungen.

die verschiedenen Anschlagsarten, das Zielen etc. müssen absolut sicher beherrscht werden. Später werden diese Übungen dann unter körperlicher Belastung wiederholt (Stress) und alles wird nochmals schwieriger. Der Ausbilder F.:

Alles beginnt mit der richtigen mentalen Einstellung. Ich muss mich vollkommen konzentrieren und dennoch meine Umgebung im Auge behalten. Meine Waffe habe ich normalerweise vor gefährlichen Situationen schon in der Hand. In der rechten Hand habe ich die Waffe fest umschlossen und die linke Hand liegt locker mit der Handinnenseite um die rechte Faust.

Der rechte Zeigefinger ist gestreckt am Abzugsbügel, nur unmittelbar vor der Schussabgabe nehme ich diesen an den Abzug. Meine Ellenbogen habe ich eng am Körper, damit ich mich sicher bewegen kann und meine Kameraden nicht einschränke. Die Waffe ruht in meinen Händen, mit dem Lauf nach unten zeigend, am Brustbein. So kann ich noch sehr gut sehen (Fächer- nicht Tunnelblick), warne den Gegner nicht zu früh (z.B. beim Umlaufen von Ecken) und gebe keinem die

Für besondere Situationen üben Spezialeinsatzkräfte das Schießen durch die Windschutzscheibe. Schutzbrillen schirmen die Augen vor den gefährlichen Splittern des Verbundglases.

Möglichkeit der Einwirkung auf meine Waffe. Dorthin, wo ich den Oberkörper drehe, kann ich sofort schießen. Sollte ich gezwungen werden zu schießen, steche ich mit meiner Waffe gerade ins Ziel. Der rechte Arm drückt dabei nach vorne, die linke Hand zieht leicht zurück. Die entgegenwirkenden Kräfte geben der Waffe eine gute Stabilität. Ich schaue mit beiden offenen Augen über die Visierung in Richtung Ziel. Mit dem ersten Glied der rechten Hand ziehe ich gleichmäßig den Abzug durch, um nicht zu verreißen.

Hauptsächlich werden dabei zwei verschiedene Anschlagsarten angewandt. Beim so genannten *Isocecles* steht der Körper mit der Brust zum Ziel, beide Arme bilden mit der Brust ein gleichschenkliges Dreieck.

Beim *Weaver Stance,* benannt nach dem San Diego-Sheriff Jack Weaver und bekannt geworden durch »Combat-Papst« Jeff Cooper, ist der Oberkörper leicht abgedreht und (beim rechtshändigen Schützen) der rechte Arm durchgedrückt. Der

Schießraum, der eine Wohnung darstellt. Die Scheiben lassen sich mittels Seilzug bewegen.

Der »Clinton-Parcours« in Frankreich. Die Schöpfer dieses durchaus ernst gemeinten Szenarios waren sehr gut über aktuelle Ereignisse der Weltpolitik informiert.

linke Arm ist leicht angewinkelt, der Ellenbogen zeigt nach links unten. Das Kinn ruht auf dem geraden rechten Arm.

Bei beiden Anschlagsarten ist der Oberkörper leicht nach vorne geneigt, die Füße in Schrittstellung mit 60% Gewichtsverteilung auf dem vorderen Bein und 40 % auf dem hinteren. Meist wird eine leicht geduckte Haltung eingenommen. Wichtig ist dabei, dass die Schießhaltung entschlossen auf das Gegenüber wirkt und von dem Schützen in Trainingslagen erprobt wurde.

Ein bekannter ehemaliger SEK-Ausbilder betonte immer und immer wieder: »*Basics, Basics, Basics*« (»Grundübungen und nochmals Grundübungen!«) und »*Die Wiederholung ist die Mutter des Erfolges*«. Damit hat er zweifelsohne Recht. Auch der Leitsatz: »*Das Training muss härter sein als der Ernstfall*« hat seine Berechtigung.

Hauptsächlich wird mit der Faustfeuerwaffe auf Entfernungen bis 10 Meter trainiert. Hier steht für Zugriffseinheiten der schnelle Präzisionsschuss *(»Schnellpräz«)* im Vordergrund. Dabei werden blitzartig Kimme, Korn und Ziel in eine gedachte Linie gebracht und geschossen.

Bei Personenschützern, bei denen die Reaktion im Vordergrund steht, spielt der Deutschuss eine wichtige Rolle. Ein Attentäter greift meistens überraschend an und die Beamten haben auch in aller Regel ihre Waffen noch im Holster. (Gleichwohl bei den meisten Anschlägen der Einsatz von Schusswaffen nicht möglich ist aufgrund der Zeit/Raum-Distanz und wegen Unbeteiligten). Schießausbilder M. beschreibt den Deutschuss:

Es handelt sich um instinktives Schießen. Beide Augen sind offen, der Blick ist auf den Gegner – nicht das Visier – gerichtet. Mit der Waffe wird in Richtung des Gegners gezeigt und geschossen. Um hierbei sicher zu treffen, ist einiges an Übung erforderlich. Eine stabile Schrittstellung, Körperspannung, verriegelte Arme und Handgelenke sind unerlässlich.

Schießraum, der zu einem »Fotogeschäft« umfunktioniert wurde. Im vorderen Bereich ein Täter, im hinteren Bereich zwei unbeteiligte Personen, die nicht beschossen werden dürfen.

Waffentabelle

Diese Tabelle listet eine Auswahl der gebräuchlichsten Handwaffen polizeilicher Spezialeinheiten auf. Die Daten stammen hauptsächlich aus Herstellerkatalogen, die Angaben gelten für das Grundmodell.

Faustfeuerwaffen

Hersteller	Modell	Kaliber	Magazinkapazität (Patronen)	Gewicht (leer)	Gesamtlänge
Waffenwerke Brünn	CZ 75	9 mm x 19	15	1000 gr	206 mm
Glock	17	9 mm x 19	17	625 gr	186 mm
Glock	26	9 mm x 19	10	560 gr	160 mm
FN Herstal	Five-seven	5,7 mm x 28	20	618 gr	208 mm
Heckler & Koch	P7 M13	9 mm x 19	13	850 gr	175 mm
Heckler & Koch	USP Compact	9 mm x 19	13	730 gr	173 mm
Heckler & Koch	USP	9 mm x 19	15	770 gr	194 mm
Heckler & Koch	USP Tactical	.45 Auto (11,4 mm x 23)	12	922 gr	218 mm
SIG Sauer	P 226	9 mm x 19	15	885 gr	196 mm
SIG Sauer	P 226 (Stahl)	9 mm x 19	15	1200 gr	196 mm
SIG Sauer	P 228	9 mm x 19	13	825 gr	180 mm
SIG Sauer	P 229	9 mm x 19	13	865 gr	180 mm
Smith & Wesson	M 66 / M 19 (4 Zoll)	.357 Magnum (9,1 mm x 33)	6	1050 gr	242 mm
Smith & Wesson	Bodyguard (2,5 Zoll)	.38 Special (9,1 mm x 29)	5	660 gr	168 mm
Smith & Wesson	M 686 (3 Zoll)	.357 Magnum (9,1 mm x 33)	6	1030 gr	195 mm

Die Kurzwaffen-Modellpalette von SIG-Sauer (v.l.o.): P 225 (P 6), P 226, P 239 und P 2009.

Heckler & Koch USP mit Schalldämpfer und am Magazinboden montierter ASP-Lampe. Unter der Waffe spezielle Unterschall-Munition *(Subsonic)*, durch die der Geschossknall vermieden wird.

Verschiedene Ausführungen der Heckler & Koch MP 5: Normalversion mit einschiebbarer Schulterstütze und Zielfernrohr, kurze MP 5k und schallgedämpfte MP 5 SD.

Die MP 5k im Koffer (3,5 kg leer, ca. 6,5 kg mit Waffe). Die Waffe lässt sich ...

... blitzschnell zum Schießen aus dem Koffer nehmen.

Maschinenpistolen und Sturmgewehre

Hersteller	Modell	Kaliber	Magazinkapazität (Patronen)	Gewicht (leer)	Gesamtlänge
FN Herstal	P 90	5,7 mm x 28	50	2685 gr	500 mm
Colt	M 16 A2	5,56 mm x 45	30	2860 gr	990 mm
Heckler & Koch	MP 5 A5	9 mm x 19	30	3050 gr	490 mm
Heckler & Koch	MP 5 SD 6	9 mm x 19	30	3570 gr	610 mm
Heckler & Koch	MP 5 KA 4	9 mm x 19	15	2120 gr	325 mm
Heckler & Koch	HK 53	5,56 mm x 45 (.223)	30	3270 gr	590 mm
Heckler & Koch	G 36K	5,56 mm x 45 (.223)	30	3905 gr	620 mm
Heckler & Koch	PDW	4,6 mm x 30	20	1400 gr	340 mm
Kalaschnikow	AKM 47	7,62 mm x 39	30	3850 gr	878 mm
Kalaschnikow	AK 74 / AKS 74	5,45 mm x 39	30	3100 gr	943 mm (420 mm)
SIG Arms	SG 551	5,56 mm x 45 (.223)	20	3495 gr	607 mm
SIG Arms	SG 552 Commando	5,56 mm x 45 (.223)	20	3295 gr	504 mm
Steyr	Sturmgewehr 77 (AUG)	5,56 mm x 45 (.223)	30	3600 gr	790 mm

Die P 90 Submachine Gun von FN. Das oben liegende Magazin bringt Vorteile im Liegendanschlag.

Vorderschafts-Repetierflinte Remington 870 mit extrem gekürzten Lauf. Für Schrotflinten steht eine breite Palette an Einsatzmunition zur Verfügung.

Präzisionsgewehre

Hersteller	Modell	Kaliber	Magazinkapazität (Patronen)	Gewicht (leer)	Gesamtlänge
Accuracy International	Arctic Warfare (AW)	7,62 mm x 51 (.308)	10	5900 gr	1180 mm
Accuracy International	AW 50	.50 BMG (12,7 mm x 99)	5	15.000 gr	1420 mm
AMP	DSR No. 1 Police	.300 Win. Mag. (7,62 mm x 67)	5	5800 gr	980 mm
Blaser	R 93 Tactical	7,62 mm x 51 (.308)	10	7310 gr	1120 mm
Dragunow	SWD	7,62 mm x 54 R	10	4300 gr	1225 mm
Heckler & Koch	PSG 1	7,62 mm x 51 (.308)	5	8290 gr	1208 mm
PGM	Ultima Ratio Hecaté II	.50 BMG (12,7 mm x 99)	7	13.800 gr	1380 mm
Sako	TRG 21	7,62 mm x 51 (.308)	10	4700 gr	1150 mm
Sako	TRG 41	.338 Lapua Mag.(8,7 mm x 69)	5	5100 gr	1200 mm
SIG Arms	SSG 550 Sniper	5,56 mm x 45 (.223)	20	4195 gr	1130 mm
SIG Sauer	SSG 3000	7,62 mm x 51 (.308)	5	5400 gr	1180 mm
Steyr-Mannlicher	SSG 69	7,62 mm x 51 (.308)	5	4050 gr	1113 mm
Steyr-Mannlicher	SSG Police	7,62 mm x 51 (.308)	5	4250 gr	1113 mm
Steyr-Mannlicher	SSG Police kurz	7,62 mm x 51 (.308)	5	3680 gr	978 mm

Schrotflinten

Hersteller	Modell	Kaliber	Magazinkapazität	Gewicht (leer)	Gesamtlänge
Benelli	M 1	12/76	7	3350 gr	1015 mm
Mossberg	ATP 8	12/76	7	2950 gr	1025 mm
Remington	870 Express	12/76	7	3300 gr	1025 mm
Winchester	Defender 1300 / Police	12/76	7	2800 gr	985 mm

Sonderwaffen

Hersteller	Modell	Kaliber	Kapazität (Patronen)	Gewicht (leer)	Gesamtlänge
Arwen	Mod. 37	37 mm x ?	5	3100 gr	760 mm
Heckler & Koch	MZP 1	40 mm x 53	1	2500 gr	463 mm
Heckler & Koch	P 2 A1	26,5 mm x 80	1	520 gr	200 mm
Heckler & Koch	P 11	7,62 mm x 36	5	1200 gr (geladen)	200 mm

Das Steyr-Mannlicher SSG 69 in seinen verschiedenen Ausführungen mit Holz-/Schichtholzschaft und mit Schalldämpfer.

Ein BFE-Beamter mit der Heckler & Koch MZP 1, mit der sich u.a. Reizstoffmunition verschießen lässt.

Arwen 37

Wie für die MZP 1 wurden für das multifunktionale Abschussgerät Arwen 37 Geschosse für verschiedene Einsatzszenarien entwickelt. Die Nummerierungen beziehen sich auf die verschiedenen Sorten, die zur Unterscheidung in der Dunkelheit mit Reißzwecken gekennzeichnet sind.

AR-1 Gummigeschoss (direkter Schuss). Verschossen wird ein Plastikprojektil, um einen gezielten wuchtigen Körperschlag gegen ein Einzelziel zu führen. Es besitzt eine äußere Kappe, die vor dem Laden entfernt werden muss.

AR-2 Geschoss mit mehrquelligem Reizrauch (indirekter Schuss). Enthält 4 Kapseln mit Reizrauch, die durch eine pyrotechnische Luftdetonationsvorrichtung ausgeworfen werden, um eine Fläche zu bedecken. Es besitzt eine innere Kappe, die nicht entfernt werden darf. Bei einem Abschusswinkel von 15-20 Grad wird die gewünschte Flächendeckung in einer Entfernung von 80 – 90 m erreicht.

AR-3 Reizstoffgeschoss mit zerbrechlicher Kappe (direkter Schuss). Für gezielte Körperschläge in Verbindung mit einer angemessenen Reizstoffdosis in Form von mikronisiertem Pulver, das beim Aufschlag freigesetzt wird. Ein nicht pyrotechnisches Geschoss, das sich besonders zur Verwendung innerhalb von Gebäuden und Fahrzeugen eignet. Die äußere Kappe muss vor dem Laden entfernt werden.

AR-4 Geschoss mit mehrquelligem Tarnnebel (indirekter Schuss). Wie AR-2, nur dass die Kapsel ein schnell brennendes, nicht ausströmendes Tarnnebelmittel enthält.

AR-5 Barrikadenbrechendes Reizstoffgeschoss (direkter Schuss). Gezieltes Abschießen eines Reizstoffes in Form von mikronisiertem Pulver durch verschiedene Arten von Barrikaden, z.B. Kfz-Windschutzscheiben aus Einscheibensicherheitsglas oder 13 mm dickes Sperrholz. Darf nicht auf Personen geschossen werden. Die äußere Kappe muss vor dem Laden entfernt werde. In den Übungspatronen AR 2 P und AR 3 P ist der Reizstoff durch farbigen Rauch ersetzt.

Vorführung in der polnischen Polizeiführungsschule Szczytno. Das Fangnetz wird mittels eines trichterförmigen Aufsatzes und spezieller Treibpatronen von einer Kalaschnikow abgefeuert. Es schlägt über der Zielperson zusammen und schränkt sie in ihrer Bewegungsfähigkeit erheblich ein. Das Netz wird u.a. gegen Täter eingesetzt, die ohne Waffengewalt überwältigt werden können, beispielsweise bei volltrunkenen und besonders aggressiven Personen.

Und noch ein Einsatzmittel: Das GEK setzt die Impulslöschpistole von IFEX zum Löschen von Fahrzeug- und anderen Bränden ein. Für die hohe Schussgeschwindigkeit von 400 km/h sorgt ein Druck von 25 bar, der das Löschmittel in Sekundenbruchteilen verteilt.

Präzisionsschießen mit Langwaffen

Im Unterschied zum militärischen Scharfschützen muss der polizeiliche Präzisionsschütze das Ziel mit dem ersten Schuss nicht nur kampfunfähig machen, sondern hundertprozentig ausschalten, um Gefahren für Geiseln, Unbeteiligte usw. abzuwehren. Der Präzisionsschütze, der wie sein militärischer Kamerad ein gerüttelt Maß an Ruhe, Ausdauer und Geduld mitbringen muss, hält sich genau an eine Gedächtnisfolge, die er im Training einübt und in Reallagen abruft:

1.) Das Ziel lokalisieren.
2.) Eine stabile, getarnte, nicht einsehbare Position einnehmen.
3.) Die Entfernung abschätzen.
4.) Das Ziel optisch erfassen. Eine Identifizierung muss zu 100 Prozent erfolgt sein.

Oben: Präzisionsschütze der ESI bei der Beobachtung eines Flugzeuges.

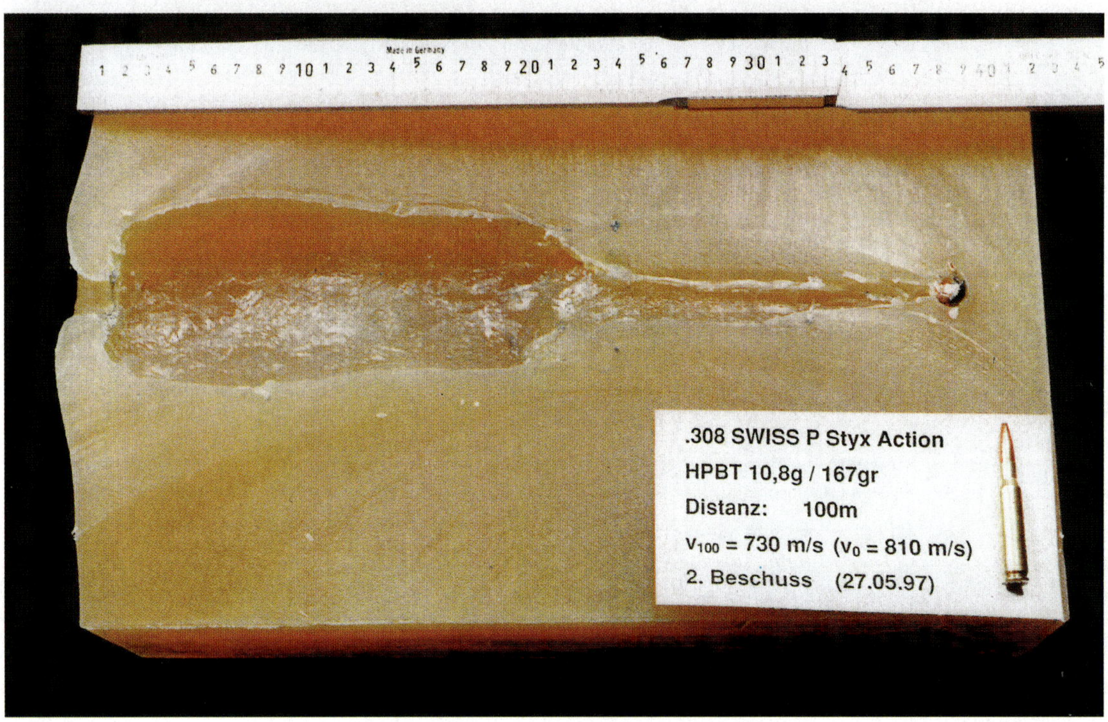

Wirkung eines Geschosses der Patrone .300 Swiss in einem Gelatineblock. Mittels dieser nicht ganz unumstrittenen Methode kann der Einschuss in einen menschlichen Körper simuliert werden.

Präzisionsschütze des GEK mit dem PGM Hecaté II im Kaliber .50 BMG (12,7 mm x 99).

5.) Die Richtung und die Geschwindigkeit des Windes schätzen.
6.) Die sonstigen Abweichungsmöglichkeiten des Geschosses erkennen und ausgleichen.
7.) Zielen und feuern
8.) Feuererfolg sofort prüfen und nachladen.
9.) Eventuell weiter bekämpfen oder andere Ziele aufnehmen (optional).

Der Schütze arbeitet grundsätzlich mit einem oder zwei Aufklärern zusammen. Der Aufklärer oder Beobachter hilft Ziele auszumachen und zu identifizieren. Er hilft bei der Schätzung der Entfernung und des Windeinflusses, lenkt und meldet das Schussergebnis. Der Aufklärer hält außerdem die Funkverbindung aufrecht und fertigt (je nach Einheit) ein schriftliches Protokoll an.

Als Waffen werden meist Präzisionsgewehre im NATO-Kaliber 7,62 mm x 51 (.308 Winchester) verwendet (siehe Tabelle).* Dieses Kaliber ist präzise und hat eine gestreckte Flugbahn auf der geforderten Einsatzentfernung und einen schwachen Rückstoß. Ein Präzisionsschütze: »*Für den polizeilichen Einsatz ist das Kaliber .308 optimal. Auf eine Entfernung von ca. 100 Metern hat es kaum Abweichungen. Es gibt eine riesige Munitionsauswahl, die auch überall erhältlich ist. Hauptsächlich nehmen wir Schrägflächen-, H-Mantel oder die klassischen Teilmantelgeschosse*«.

Für größere Entfernungen und speziell für das Schießen durch Fensterscheiben werden meistens Waffen im Kaliber .300 Winchester Magnum (7,62 mm x 67), .338 Lapua Magnum (8,7 mm x 69) oder gar im Mammut-Kaliber .50 BMG (12,7 mm x 99) verwendet. Letzteres eignet sich besonders zum Durchschießen von schusshemmendem Glas. Ein weiteres Einsatzfeld ist der Motorschuss. So könnte ein in einem Kfz fliehender Täter aufgehalten werden. Dazu müssen natürlich auch die selten vorhandenen Rahmenbedingungen stimmen.

---

* Einen Überblick mit detaillierten Angaben zu rund 50 Präzisions- und Scharfschützengewehren liefert *Ian Hogg: Moderne Scharfschützengewehre. Waffen und Gerät Band 7.* Motorbuch Verlag, Stuttgart 2000.

Eine moderne Zielhilfe-Einrichtung mit Übertragungsmöglichkeit auf einen Monitor (wie im Hintergrund simuliert). Der Polizeiführer kann sich, unabhängig vom Einsatzort, so ein direktes Bild von der Zieldarstellung verschaffen und mehrere Präzisionsschützen koordinieren.

Ebenso wichtig wie die Waffe ist das *Zielfernrohr.* Eine wahre Flut von Modellen mit den verschiedensten, teilweise beleuchteten Absehen und Stärken steht zur Verfügung. Die Waffe und das festmontierte Zielfernrohr wird immer nur *ein und demselben Schützen* zugeteilt. Auf keinen Fall dürfen andere Personen damit schießen, da es zu Verstellungen u.ä. kommen kann.

Der finale Rettungsschuss

Als Ziel beim Schuss auf einen Gewaltverbrecher/ Geiselnehmer wird meist das Kleinhirn gewählt. Ein Treffer mit einem geeigneten Geschoss bewirkt die sofortige, vollkommene Handlungsunfähigkeit des Täters. Selten wird ein Schuss ins Herz in Erwägung gezogen, da dieser nicht die *sofortige* Wirkung gewährt. In vielen Fällen erfolgte nach Herztreffern noch ein Angriff auf Geiseln, sprich: Der Täter konnte sie noch verletzen oder töten. Experten sprechen von den »fünf Sekunden des toten Mannes«. Fünf Sekunden sind eine lange Zeitspanne, wenn es um das Leben Unschuldiger geht.

Andere Möglichkeiten, wie z.B. der Schuss in den waffenführenden Arm, führen selten zum gewünschten Ergebnis. Deswegen kommt bei Geisellagen eigentlich nur der Kopftreffer in Betracht. In der Praxis ist die Anwendung dieser Möglichkeit *(ultima ratio)* – von der moralischen Komponente einmal ganz abgesehen – sehr schwierig. Selten geben Täter leichte Ziele ab, da sie sich bewegen und sich hinter Deckungen aufhalten. Selbst gut trainierte Schützen können nicht zu 100% garantieren, den Täter mit dem ersten Schuss »auszuschalten«. Aus diesem Grund werden nach Möglichkeit mehrere Schützen auf ein Ziel angesetzt.

Ein bewegtes Ziel kann auf zwei Arten beschossen werden:

1. Der Schütze zielt auf einen vor ihm liegenden Punkt und schießt, wenn der Täter den Punkt erreicht hat. Diese Methode wird *Trapping* (Fallenstellen) genannt.
2. Der Schütze verfolgt das Ziel mit der Waffe – »zieht mit« –, überholt es und schießt, wenn er einen gewissen Vorhalt erreicht hat, ohne mit dem »Mitschwenken« aufzuhören. Fachleute nennen diese Technik *Tracking* (Verfolgen in der Spur). Dazu, wie auch zum Schuss aus verschiedenen Winkeln, gehört sehr viel Erfahrung, Übung und eine genaue Kenntnis der Waffe. Ein SEK-Präzisionsschütze weiß davon zu berichten:

Im Einsatzfall würde ich warten, bis das Ziel steht. Ich spreche immer abstrakt von »Ziel«, damit ich keine psychische Hemmung bekomme. Ich muss den Menschen als Schwerverbrecher sehen, der ein Leben auslöschen will. Das kann nur ich verhindern. Ich nehme im Einsatzfall seines und rette dafür ein anderes. Keine leichte Vorstellung, aber anders geht es wohl nicht. Wenn ich zum Zuge kommen sollte, sind alle rhe-

torischen Mittel und weniger drastische polizeiliche Maßnahmen nicht mehr möglich, bzw. ausgeschöpft.

Es ist schwer, ein bewegtes Ziel zu treffen. Sicher kann ich nur sein, wenn ich ein ruhiges Ziel vor mir habe. Dann brauche ich auch noch etwas Glück, da ja auch der Wind, das Wetter, eine mögliche winzige Munitionsschwankung, der kalte Lauf, Tagesform usw. mitspielen. Dazu kommt noch der Zeitverzug. Der Verbrecher steht ruhig, ich betätige den Abzug und das Projektil wird abgefeuert. Vom Entschluss abzuziehen bis zum Auftreffen kann noch bis zu einer Sekunde verstreichen. Aus diesem Grund trainieren wir auch den Feuerschlag. Dazu nehmen zwei Präzisionsschützen ein Ziel oder vier Schützen zwei Ziele gleichzeitig ins Visier. Auf Kommando feuern alle gleichzeitig. Das findet z.B. Anwendung, wenn ein Täter schwierig zu treffen ist oder mehrere Täter im selben Moment angriffsunfähig geschossen werden müssen, damit nicht noch ein verbleibender Täter die Geiseln ermordet.

In der polizeilichen Praxis kommt der gezielte Todesschuss zum Glück nur sehr selten vor. Einer der ersten Fälle ereignete sich im Winter 1972 am Flughafen Frankfurt/Main. Ein Geisteskranker hatte sich mit einer Geisel in einem Flugzeug verbarrikadiert. Nach langen, zähen Verhandlungen, in denen immer wieder die aussichtlose Lage deutlich wurde, musste die Polizei handeln, zumal der Täter auch die Absicht äußerte, die Geisel zu töten. Dem Verbrecher wurde ein Radiogerät angeboten. Er ging darauf ein und es wurde ihm gebracht. Als er danach griff, gelang es einem Präzisionsschützen (damals noch mit dem G 3), den so genannten *finalen Rettungsschuss* anzubringen. Es musste so entschlossen gehandelt werden, um das Leben der Geisel zu retten. Dies war nicht nur die Meinung der politischen Vertreter am Tatort und der Einsatzleitung, sondern auch der Psychologen, die sich zeitweise sogar Ratschläge von Kollegen aus den USA eingeholt hatten.

Der Leiter der Staatsanwaltschaft beim Landgericht in Frankfurt/Main, Dr. Rahn, fertigte mit Datum vom 19. Dezember 1972 folgenden Bericht dazu an:

In der Todesermittlungssache betr. Viktor Widera, geb. 1914, zuletzt wohnhaft gewesen in Duisburg, wird von der Einleitung eines Ermittlungsverfahrens abgesehen, weil keine ausreichenden tatsächlichen Anhaltspunkte für das Vorliegen einer strafbaren Handlung erkennbar sind.

Der von dem Beamten der Frankfurter Polizei abgegebene Schuss, der zur Tötung des Victor Widera führte, erfüllt deshalb nicht den Tatbestand einer strafbaren Handlung, weil die Handlung durch Notwehr – hier Nothilfe – geboten war.

Notwehr setzt zunächst voraus, dass ein gegenwärtiger, rechtswidriger Angriff vorliegt. Dazu rechnet auch eine unmittelbar bevorstehende Verletzung eines Rechtsgutes.

Widera hatte am 24. November 1972 gegen 16.01 Uhr ein Flugzeug der Air Canada betreten und alle Besatzungsmitglieder – mit Ausnahme der Stewardess M.S.- aufgefordert, die Maschine zu verlassen. Frau S. hielt er als Geisel zurück. Der Flugkapitän der betreffenden Maschine teilte daraufhin der Stationsleitung der Air Canada mit, dass die Geisel von dem Täter – der Name war zu diesem Zeitpunkt unbekannt – mit einer Schusswaffe bedroht werde. Der Täter habe verlangt, dass weder Polizei noch Feuerwehr in die Nähe des Flugzeuges kommen dürfen, andernfalls werde er die Maschine in die Luft sprengen.

Der technische Beauftragte der Air Canada, Herr G., der mit Widera gesprochen hatte, bestätigte auf ausdrückliches Befragen, dass es sich bei der Waffe um einen großkalibrigen, scharfen Trommelrevolver handele. Er stützte sein Urteil auf den langjährigen Umgang mit Schusswaffen während seiner vierjährigen Zugehörigkeit zur Bundeswehr. Herr G. gab weiter an, dass der Täter ein rot-weißes Päckchen bei sich gehabt habe, dessen Inhalt nach den Angaben des Unbekannten Sprengstoff enthielt. Schließlich erklärte er noch, dass nach dem von ihm von der Persönlichkeit des Täters gewonnenen Eindruck mit der Ausführung der angekündigten Tat – Sprengung der Maschine und Tötung der Geisel – gerechnet werden müsse. Auch der herbeigeholte Psychologe, Herr T., war überzeugt, dass der Täter fest entschlossen war, seine Forderungen zu verwirklichen. Dieser hatte zunächst gefordert, dass ein Herr P. – Entführer eines Flugzeuges aus der Tschechoslowakei nach Nürnberg – innerhalb von 24 Stunden freigelassen und zur Maschine gebracht werde. Später änderte er seine Forderung ab und verlangte die Freilassung von 20 in der BRD inhaftierten Spionen. Kurz darauf forderte er die Freilassung von Mitgliedern der Baader-Meinhof-Bande. Auf zahlreichen Zetteln, die er aus dem Flugzeug herauswarf, drückte er immer wieder seine Entschlossenheit zum Handeln aus, falls seinen Wünschen nicht entsprochen werde. Auf einem Zettel, den er am Vormittag des 25. November 1972 gegen 10.30 Uhr aus dem Flugzeug warf, heißt es: »Mein letzter Wunsch: Der Presse und Fernsehen gebe ich Möglichkeit, in meinen letzten Stunden uns beide zu fotografieren. 30 m vom Flugzeug entfernt.« Später verlangte er gegen 12.20 Uhr – wiederum mit Hilfe eines herausgeworfenen Zettels -, dass man ihm noch einen letzten Wunsch erfülle und eine Frau U.F. aus Frankfurt-Niederrad herbeibringen solle, damit diese für seine Sachen, insbesondere seinen PKW sorgen könne.

Nachdem bereits das gesamte Verhalten des Täters und der Text seiner schriftlichen Nachrichten den Eindruck vermittelt hatten, dass es sich um einen Psychopathen handele, ließen seine Erklärungen in den Mittagsstunden des 25. November 1972 die Sorge aufkommen, dass er nicht mehr Herr seiner Entschlüsse war und jeden Augenblick seine Drohungen in die Tat umsetzen könnte. Er kündigte auch schließlich seinen Selbstmord unter »Mitnahme« der Geisel an. Es bestand mithin für diese unmittelbare Lebensgefahr. Weitere Voraussetzung für das Vorliegen einer rechtfertigenden Nothilfehandlung ist, dass die Verteidigung zur Abwendung des Angriffs nach der objektiven Sachlage erforderlich sein muss. Das bedeutet: Stärke und Gefährlichkeit des Angriffs bestimmen Art und Maß der Abwehr. Falls mehrere wirksame Mittel für die Verteidigung zur Verfügung stehen, hat der Verteidiger, wenn ihm Zeit zur Auswahl bleibt, das Mittel zu wählen, das für den Angreifer oder etwaige Dritte am wenigsten gefährlich ist. Bei der Zeit des Schusses gegen 14.40 Uhr bestehenden Situation gab es kein anderes Mittel, das für den Angegriffenen eine geringere Gefahr mit sich gebracht hätte.

Mit dem Täter war bereits am 24. November 1972 gegen 18.25 Uhr über eine Lautsprecheranlage Verbindung aufgenommen worden, um ihm die Aussichtslosigkeit seines Unternehmens vor Augen zu führen und ihn zur Aufgabe seines Vorhabens zu veranlassen. Dabei wurde Wert darauf gelegt, eine gute Verhandlungsatmosphäre zwischen der Polizei und dem Täter zu schaffen und dadurch die Gefahrenlage nach Möglichkeit zu verringern. Ferner wurde dem Täter für die Freilassung der Geisel ein Geldbetrag in einer Höhe angeboten, die er vorschlagen sollte. Hierzu gab er keine Stellungnahme ab. Weiter wurde dem Täter von Kriminaldirektor K. im Einvernehmen mit den zuständigen Behörden freier Abzug und Straflosigkeit zugesichert. Auch auf dieses Angebot ging er nicht ein.

Die Prüfung der Frage, ob die Zuführung von betäubendem oder einschläferndem Gas – z B. Lachgas – die Gefahrensituation beseitigen könne, ergab auf Grund der Auskunft eines herbeigeholten Mediziners, dass bei den gegebenen Umständen eine solche Maßnahme nicht erfolgversprechend sei.

Die Möglichkeit, in die Maschine zu gelangen und den Täter dort ohne Anwendung von Schusswaffen zu überwältigen, war nicht gegeben. Wie schon oben dargelegt, hatte der Täter die Annäherung jeglicher Personen untersagt. Auch bei den Verhandlungen, die mit ihm über die Modalitäten bei der Übergabe des von ihm geforderten Radios geführt wurden, war er nicht zu veranlassen, auch nur einer Person den Zutritt zum Flugzeug zu gestatten. Es musste das Gerät auf der Gangway am Cockpit abgestellt werden. Der Täter war auch in der Lage, seine Forderungen durchzusetzen, weil er von der Maschine aus die gesamte Umgebung übersehen und ggf. von seiner Schusswaffe Gebrauch machen konnte. Der Trommelrevolver, der zu Beginn des Geschehens bei ihm gesehen worden war, stellte sich später als ein Revolver im Kaliber 9 mm heraus, der mit vier scharfen Patronen geladen war. Später wurde neben ihm noch eine Packung mit 50 Patronen gleichen Kalibers vorgefunden.

Schließlich war vor Abgabe des Schusses durch genaue Beobachtung festgestellt worden, dass sich die Geisel von dem Täter in einer Entfernung befand, die ihre Gefährdung ausschloss.

Bei dieser Sachlage können auch keine rechtlichen Bedenken dagegen erhoben werden, dass der Schuss auf die Herbeiführung der Kampfunfähigkeit des Täters gerichtet war. Eine nur unbedeutende Verletzung hätte die oben dargelegte unmittelbare Lebensgefahr für die Geisel nicht nur beseitigt, sondern sogar noch erhöht.

Nach alledem stellen die Abgabe des Schusses und die hierdurch verursachte Folge keine strafbare Handlung dar. Das Verhalten des Schützen wie auch derjenigen Beamten, die den Schuss angeordnet haben, war rechtmäßig.

Heute wird der *finale Rettungsschuss* in den meistens Fällen über das Polizeigesetz geregelt. In einigen Bundesländern (Polizeirecht ist Ländersache), ist der finale Rettungsschuss speziell erwähnt, u.a. in Bayern.

Art. 66 (2), S. 2 PAG: *»Ein Schuss, der mit an Sicherheit grenzender Wahrscheinlichkeit tödlich wirken wird, ist nur zulässig, wenn er das einzige Mittel zur Abwehr einer gegenwärtigen Lebensgefahr oder der gegenwärtigen Gefahr einer schwerwiegenden Verletzung der körperlichen Unversehrtheit ist«.*

In anderen Bundesländer regelt sich der gezielte Todesschuss über die Angriffsunfähigkeit. §60 (2) HSOG: *»Schusswaffen dürfen gegen Personen nur gebraucht werden, um angriffs- oder fluchtunfähig zu machen.«*

In Extremsituationen, in denen sämtliche anderen Möglichkeiten, den Täter unschädlich zu machen, ausgeschöpft wurden oder nicht zum Ziel führen können, bedeutet der Begriff *angriffsunfähig* somit auch die gezielte Tötung. Sie ist die radikalste Form der Ausschaltung der Angriffsfähigkeit.

Kampfkunst

Glücklicherweise gibt es im Alltag der Spezialeinheiten nur wenig Situationen, die mit der Schusswaffe in der Hand gelöst werden müssen. Dies gilt sowohl in rechtlicher als auch in taktischer Hinsicht. Meist darf im Falle eines körperlichen Angriffs von der Schusswaffe sowieso kein Gebrauch gemacht werden. Andererseits kann es aus taktischen Gründen nicht opportun sein, da sich die Situation so entwickelt, dass einerseits die rechtlichen Voraussetzungen zwar vorliegen, andererseits aber keine Möglichkeit besteht, die Waffe schnell genug zum Einsatz zu bringen.

Escrima *Inside-Block* gegen einen Angriff mit dem Baseballschläger zum Oberkörper.

Die Kampfkunst schließt diese Lücke. Die Palette der Selbstverteidigungskünste ist facettenreich, es gibt eine Menge fernöstlicher und westlicher Kampfkünste. Nach dem 2. Weltkrieg stand bei der deutschen Polizei zunächst Boxen hoch im Kurs. Im Laufe der Jahre stellte man fest, dass es filigranerer und »sanfterer« Methoden bedurfte, um bestimmte Situationen angemessen zu lösen. In den 60er-Jahren entsann man sich der Schlag-, Tritt-, Wurf- und Hebeltechniken des Jiu Jitsu und des Judo, die von der deutschen Polizei schon in den 20er-Jahren praktiziert wurden. In Folge kreierten Beamte aus Karate, Aikido und Judo einen auf die Belange der Polizei zugeschnittenen Kampfsport – das Ju Jutsu. Doch nicht alle Polizisten konnten sich mit dem Ju Jutsu anfreunden, vor allem jene, die privat andere Kampfsportarten betrieben. Insbesondere Spezialeinheiten sahen sich nach anderen Arten der Selbstverteidigung um,

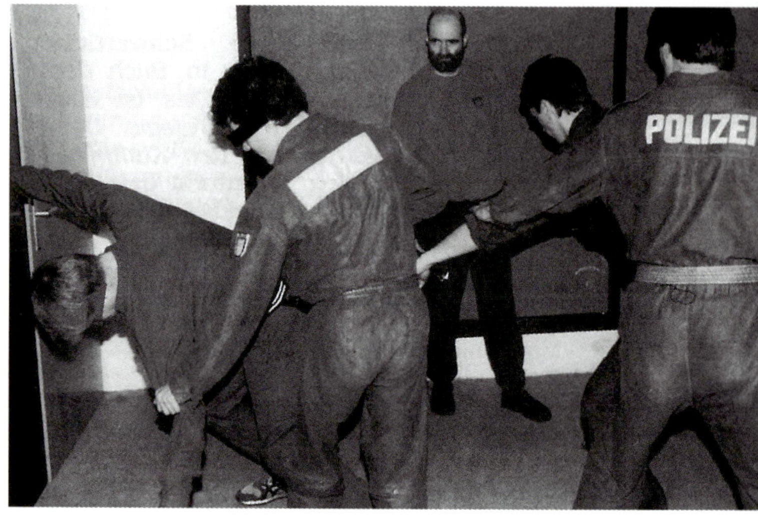

Großmeister Dr. Keith R. Kernspecht während eines Seminars für das SEK Baden-Württemberg.

Die Großmeister René Latosa (links) und Bill Newman (rechts) demonstrieren mit einem ihrer fortgeschrittensten Schüler den Räum- und Abdrängschild, den *Policebuckler* (Faustschild) und den *Staff* (Langstock).

denn gerade sie sind auf eine breite Reaktionspalette angewiesen. Auf der einen Seite müssen sie Personen ohne »Beschädigung« überwältigen, auf der anderen sehen sie sich oft mit sehr »handfesten« Auseinandersetzungen konfrontiert; insbesondere wenn Täter ebenfalls in Kampfkünsten geschult sind oder von Hieb- und Stichwaffen Gebrauch machen.

Mitte der 70er-Jahre führte Dr. K.R. Kernspecht, seines Zeichens Lehrer für westliche und fernöstliche Kampfkünste, das Selbstverteidigungssystem *WingTsun (WT)* in Europa ein. Er bat WT-Großmeister Dr. Leung Ting aus Hongkong, in seiner Schule einen Lehrgang durchzuführen. WT fand in einschlägigen Kreisen schnell Anerkennung und trat einen Siegeszug durch Deutschland an.

In seinen Verband EWTO nahm Dr. Kernspecht 1977 auch das vorwiegend mit Hieb- und Stichwaffen betriebene *Escrima* als weiteres wirkungsvolles Selbstverteidigungssystem auf. Der Vorreiter dieses Stiles, René Latosa, machte gemeinsam mit dem Engländer Bill Newman das *Escrima* in ganz Europa bekannt.

Wing Tsun und Escrima

■ **Großmeister Dr. Leung Ting bearbeitet den *Red Man.***

Wing Tsun ist eine eigenständig in sich geschlossene Kampfkunst, die sich auf die körperliche Konfrontation mit Tritt-, Faust, Knie- und- Ellenbogentechniken konzentriert. Hinzu kommen Wurf- und Hebeltechniken und ein Anti-Bodenkampfkonzept. Letzteres ist gerade für die Polizei von besonderer Bedeutung, da man den Ausgang eines Bodenkampfes kaum noch kontrollieren kann. Eine Einwirkung von bislang nicht erkannten Tätern, Unbeteiligten oder sonstigen Personen ist ebenso wenig kontrollierbar wie der Verlust der eigenen Waffe. *Wing Tsun* ist ein Selbstverteidigungssystem, das sich die Kraft des Angreifers zu eigen macht und wieder gegen ihn richtet. Dieser Vorzug bietet auch Schwächeren gute Verteidigungschancen. Des Weiteren spielt die Angstbewältigung eine wichtige Rolle. Nur durch häufiges Üben verschiedener, einsatzbezogener Szenarien kann es zu einer dauerhaften Kontrolle der Angst kommen. Ein alter Merksatz lautet: *Mut ist Widerstand gegen Furcht, Bezwingung der Furcht, nicht Fehlen von Furcht.*

Escrima bedient sich einer Reihe von Schlag-, Hieb- und Stichwaffen. Für die polizeiliche Praxis kommen vor allem der »Mehrzweckeinsatzstock« *Tonfa,* der *Escrima-Langstock (Staff)* und der Polizeischild in Frage. *Escrima* kann ebenso wie *Wing Tsun* auf eine lange Tradition praktischer Anwendung zurückblicken. Gerade für Polizisten ist diese Form der Selbstverteidigung von besonderer Bedeutung, da der Einsatz eines Schlaginstrumentes in der Regel das mildere Mittel gegenüber der Schusswaffe darstellt. Fortgeschrittene Anwender kombinieren *WT* und *Escrima.**

* Falls Sie weitere Informationen über Kampfkunst (speziell Wing Tsun und Escrima) oder Schießausbildung wünschen, generell Anregungen oder Material für eine Nachauflage dieses Buches zur Verfügung stellen möchten, wenden Sie sich bitte mit Rückporto an folgende Anschrift:
Trainingszentrum Metzner & Friedrich, P.O. Box 18 26,
D-63408 Hanau am Main, Germany

Auch die Polizei – insbesondere deren Spezialeinheiten – machte sich spezielle Techniken des *Wing Tsun* und des *Escrima* zu Nutze. Zunächst wurde Dr. Kernspecht von hochrangigen Ju Jutsukas der Polizei eingeladen, denen er das *Wing Tsun* näher brachte. Nachdem Angehörige von Spezialeinheiten unter seiner Anleitung selbst Ausbilder für *Wing*

Angehörige des SEK Schleswig Holstein üben den WT-Fauststoß.

Tsun wurden, gelang in den 90er-Jahren die Ausweitung auf nationaler und internationaler Ebene. Insbesondere die *Wing Tsun & Escrima*-Schule Maintal richtete zusammen mit den Großmeistern Lehrgänge aus, die zum Teil nur für Polizeibeamte bestimmt waren. Spezialeinheiten aus Österreich, Luxemburg, Schweiz etc. erteilten in Folge Lehr- und Trainingsaufträge. Viele deutsche Spezialeinheiten stellten ihr gesamtes Selbstverteidigungsprogramm auf *Wing Tsun* und *Escrima* um. Ein MEK-Beamter, der vorher schon jahrelang Kampfsport betrieb: *Ich hatte schon viel von WT und Escrima gelesen, aber Papier ist bekanntlich geduldig. Über meine Dienststelle wurde ich auf den Lehrgang im Jahre 2001 aufmerksam gemacht. Ich bin dann mit einigen Vorbehalten zu dem Lehrgang gefahren, da ja jeder meint, er wäre der Schönste und Stärkste. Was ich dann aber sah, hat mich eines Besseren belehrt. Vormals hatte ich bei verschiedenen Abwehrtechniken Probleme, wenn der Angreifer stärker war als ich und vor allem »richtig fest« schlug. Hier wurde mir auf sehr professionelle Weise deutlich gemacht, wie die Energie des Gegners wirklich genutzt werden kann. Zwar werben alle Kampfsportarten irgendwie damit, dass die Energie des Angreifers der Nutzen des Verteidigers ist, die wirkliche Umsetzung erfuhr ich aber dank des sehr engagierten Trainerteams erst dort.*

Police-Buckler im *Infight.* Hier wird dem Angreifer, der mit dem Baseballschläger ausholt, zuvorgekommen. Mit dem Griffende des Stocks erhält der Angreifer einen Stoß gegen den Oberkörper.

Das Training wurde auf die Erfordernisse der Spezialeinheiten abgestimmt, denn Kampfsport allein reicht für polizeiliche Bedürfnisse noch lange nicht aus. Ein Polizeiausbilder: *Praxis ist durch nichts zu ersetzen. Es hat keinen Zweck, sich*

Ein gefährlicher Handkantenschlag zum Hals wird mit einer fortgeschrittenen WT-Technik abgewehrt.

außenstehende Weltmeister zu holen, die noch nie einen Einsatz gefahren sind und die damit verbundenen Gefahren höchstens aus einem Samstagabend-Krimi zu kennen glauben.

In der Praxis geht die Selbstverteidigung einher mit der Schießausbildung und taktischen Konzepten (Vorgehen im *Team*, Einsatz von Gas, synchroner Zugriff u. v. m.). Für ein praxisorientiertes Training sind daher nicht nur Qualifikationen, sondern auch praxisbezogene Erkenntnisse notwendig. Hierbei ist die taktische Weiterbildung und der Austausch mit anderen Trainern unabdingbar, da sich nur so Aus- und Fortbildung auf einem hohen Niveau halten lassen.

12

Fahrtraining

Sondereinheiten verwenden moderne Fahrzeuge mit allen nur erdenklichen Extras. Die Kfz sind teilweise beschussfest und mit Mikrophonen versehen, um ein lautes Ansprechen aus dem sicheren Fahrzeug heraus zu ermöglichen. Eine Gegensprechanlage erlaubt eine gefahrlose Kommunikation. Eingebaute Peilsender und Zündunterbrecher, die per Fernsteuerung eingeschaltet werden können, kommen bei Geiselnahmen zum Einsatz. Als weitere Extras stehen u.a. eine Tränengassprühanlage zur Zerstreuung einer Menschenmenge, die das Kfz umringt hat; oder Scheiben, die nach einem Unfall herausgesprengt werden können, zur Verfügung.

Entscheidend ist jedoch die Beherrschung des Fahrzeugs. Und hier ist der Mensch entscheidend, der die Technik bedient. Für Angehörige von Spezialeinsatzkräften ist deshalb die Teilnahme am *Fahr- und Sicherheitstraining für Sondereinheiten* zwingend.

U.R., Fahrinstruktor bei einer deutschen Polizeischule, stellt die Lehrgänge in eigenen Worten vor:

Der Fachbereich Kraftfahrwesen auf der Polizeischule in W. ist sowohl für die Fahrausbildung des polizeilichen Einzeldienstes als auch für das Fahr- und Sicherheitstraining für die Sondereinheiten (MEK, Personen- und Begleitschutz, Provida und SEK) zuständig. Dieses Training besteht aus einem einwöchigem Grundlehrgang. Der erste Tag beinhaltet eine theoretische Einweisung über die Fahrmechanik, die Fahrphysik und einen praktischen Teil im Überschlagsimulator. In diesem sollen die Teilnehmer erleben, wie ein Fahrzeug infolge eines Überschlages auf dem Dach zum Liegen kommt. Hierbei wird in einem speziellen Gestell ein PKW um 180° gedreht. Aus dieser Lage heraus müssen sie sich nun zunächst orientieren, abschnallen und so schnell wie möglich den Pkw verlassen.

Ab dem zweiten Tag werden die theoretischen Kenntnisse auf einem angemieteten Übungsgelände in die Praxis umgesetzt. Den Teilnehmern wird hierbei eine Menge abverlangt. Ein hauptsächlicher Schwerpunkt ist hierbei, die Lenkarbeit zu minimieren. Dies soll anhand eines Slalomparcours verdeutlicht werden. Einige Teilnehmer stoßen bei dieser Übung bereits an ihre persönliche Grenze, da auf wechselnden Fahrbahnbelägen (Asphalt, Schnee, Eis, Sand oder Schotter) und unterschiedlichen Fahrzeugen sowie Antriebskonzepten (Allrad-, Front- und Heckantrieb) gefahren wird. Hierbei handelt es sich um so genannte Nullserien – neue Fahrzeuge ohne Fahrgestellnummern, die wir von einigen Herstellern gelegentlich zur Verfügung gestellt bekommen.

Das Ausweichen vor einem »plötzlich« auftretenden Hindernis unter erschwerten Bedingungen bei nasser Fahrbahn.

Ein Parcourstraining aus der Sicht des Fahrers.

»Driften im Kreis«.

Fahrzeuge beim Abdrängen. Eine Karosserie-Seitenverstärkung sorgt für die notwendige Stabilität.

Ein wichtiger Übungsbestandteil ist das Bremsen auf verschiedenen Fahrbahnbelägen, Bremsen und Ausweichen vor einem Hindernis, Stabilisieren eines ausbrechenden Kfz, eine 180° Wendung vorwärts und rückwärts und Kurvenfahren. Das sehr anspruchsvolle Programm geht weit über das Sicherheitsfahrtraining, wie es z.B. von anderen Institutionen angeboten wird, hinaus. Diesem Training schließt sich ein eintägiges Hochgeschwindigkeitstraining auf dem Hockenheimring an. Dort wird gezeigt, wie sich die verschiedenen Fahrzeuge in Extremsituationen und bei höheren Geschwindigkeiten verhalten. Speziell die Fahrer von gepanzerten Fahrzeugen müssen hier hoch konzentriert sein. Ein Eigengewicht von rund 2,5 Tonnen muss sowohl beim Anbremsvorgang als auch bei der Wahl der Kurvengeschwindigkeit berücksichtigt werden. Sie sollen erfahren, wie man z.B. Kurven mit höherer Geschwindigkeit anfahren muss, um sicher an das polizeiliche Ziel zu kommen. Auch werden dort verschiedene taktische Formationen gefahren, die eben nur auf einer gut ausgebauten Strecke möglich sind. Damit ist der fünftägige Grundlehrgang abgeschlossen. Manchmal wird Teilnehmern nahe gelegt, dass sie den hohen Anforderungen einer Spezialeinheit im Umgang mit einem Kfz nicht gewachsen sind. Dies ist jedoch Dank eines guten selektiven, vorherigen Auswahlverfahrens selten der Fall. Wer sich jedoch dem weiteren Schritt, ein erfolgreicher Autofahrer auch in Grenzbereichen zu werden, nähern möchte, muss das Erlernte permanent weiter trainieren. Aus diesem Grund schließen sich Weiterbildungen in halbjährigem Abstand an. Sie ergänzen die Fahrpraxis im täglichen Dienst, abgestimmt auf die Bedürfnisse der jeweiligen Sondereinheit. Es werden Neuerungen der Automobiltechnik, wie zur Zeit ASR und ESP, erläutert und mit herkömmlichen Fahrzeugen praktisch verglichen.

Weiterhin wird der Grenzbereich eines Autos ausgereizt, indem viele Übungen mit maximaler Geschwindigkeit, in Abhängigkeit von Fahrbahnzustand und Bereifung, gefahren werden. Hierzu wird zum Beispiel mit einer Geschwindigkeit von ca. 120 km/h auf eine bewässerte, aus Fliesen bestehende, spiegelglatte Gleitfläche gefahren. Das Kfz darf nicht aus der Spur geraten, sondern muss spurstabil verzögert an einem Hindernis vorbei gesteuert werden. In einer engen Gasse, dargestellt durch Pilonen, wird es dann abgebremst. Eine anspruchsvolle Aufgabe, die von den Teilnehmern ein Höchstmaß an feinfühliger Beherrschung erfordert.

Zur Steigerung lässt sich ein »Stressfaktor« integrieren. Die Teilnehmer müssen zunächst einige hundert Meter sprinten, um dann mit erhöhtem Pulsschlag den Parcours im Grenzbereich fehlerfrei zu bewältigen.

Ein weiterer Schwerpunkt ist das Abdrängen von Fahrzeugen aller Art. Da hierbei der »Schwund« sehr hoch ist, haben wir spezielle Pkw präpariert und sie rundherum mit Blech verstärkt. Die Fahrer lernen, wie unter Berücksichtigung der Verhältnismäßigkeit ein Täterfahrzeug abgedrängt werden kann. Es gibt Situationen, in denen ein gefährlicher Straftäter nicht anders gestoppt werden kann. Es gibt zwei Techniken für den Zugriff von vorne oder von hinten. Diese sehr wirksamen Methoden fallen jedoch unter die Geheimhaltungspflicht und werden nur an ausgesuchte Polizeibeamte weitervermittelt.

Des Weiteren bieten wir Lehrgänge für das Fahren bei Dunkelheit an (Nachtfahrtraining). Die Teilnehmer proben dabei verschiedene Szenarien unter schlechten Sichtbedingungen.

Die Instruktoren für das Fahr- und Sicherheitstraining müssen hohen Anforderungen gewachsen sein. Sie werden, nach vorheriger Auslese, nochmals gesondert im fahrerischen und taktischen Bereich geschult. Zudem ist ein enger Kontakt zu Spezialeinheiten wichtig, um Trainingsschwerpunkte zu erkennen und neue Erkenntnisse aus der Praxis zu bewerten. Wie für meine Kollegen ist es für mich eine große Ehre und besondere Herausforderung, für die Polizeischule tätig zu sein. Als aktiver Motorsportler erlebte ich schon oft die Grenzen der Fahrphysik. Ich fahre hauptsächlich Rallye- und Bergrennen und sammle dabei wichtige Erfahrungen, die ich als Ausbilder weitergeben kann. Bis zum heutigen Tag ist das »Rennfieber« nicht abgeklungen und wird mich hoffentlich noch viele Jahre erfreuen. Denn nicht alles war vom Erfolg gekrönt, und so erinnert man sich doch eher einmal einer Grenzsituation und regt die Teilnehmer zu einer etwas besonneneren Fahrweise an. Denn wer nicht ankommt, kann nicht gewinnen!

Fallschirmspringen

Ein Fallschirmspringer der RAID im freien Fall über einem Pariser Vorort.

Fallschirmspringer des GEK bei einer Übung in den österreichischen Alpen.

Als Rettungs- und Einsatzgerät fand der Fallschirm in den 70er-Jahren den Weg zur Polizei. Er bietet als Transportmittel große taktische Vorteile wenn es darum geht, aus der Luft an schlecht zugängliche Örtlichkeiten, wie z.B. Gebäude, Schiffe und andere Objekte, zu gelangen, und sich andere Arten der Annäherung verbieten. Im Unterschied zum polizeilichen Lufttransportmittel Nr. 1, dem Hubschrauber, ist der Fallschirm nahezu lautlos.

Im polizeilichen wie militärischen Einsatz wird zwischen HAHO- *(High Altitude High Opening)* und HALO-Verfahren *(High Altitude Low Opening)* unterschieden. Beim HAHO-Sprung öffnet der Springer den Schirm unmittelbar nach Verlassen des Luftfahrzeugs. Abhängig von der Höhe kann er so eine Wegstrecke von zehn bis 50 Kilometern gleitend zurücklegen. Der Vorteil liegt in der unbemerkten Annäherungsphase, die noch korrigiert werden kann, wenn sich der Zielort ändert oder verändert. Bei der punktgenauen Orientierung helfen idealerweise GPS-Geräte *(Global Positioning System)*.

Beim HALO-Sprung aus großer Höhe lässt sich der Springer durchfallen und öffnet erst in etwa 800 m über Grund (in ca. 800 m Höhe) den Schirm. Die Vorteile dieses Verfahrens liegen in der großen und für das Gegenüber nicht auffälligen Absprunghöhe, dem schnellen Weg zum Ziel und der damit verbundenen geringen Einwirkungsmöglichkeit.

Ein SAS-Soldat: *Diese Verfahren sind für unsre Zwecke optimal. Wir haben sie oft und mit großem Erfolg eingesetzt. Auch die Landung mit den modernen Schirmen nach so einem Sprung ist für uns sicherer als z.B. mit dem automatisch ausgelösten Schirm. Wir können die Sinkgeschwindigkeit kontrollieren und die Schirme beim Landen gegen den Wind drehen. Damit ist ein sanftes »Auslaufen« möglich und wir müssen die verletzungsträchtige Abrolltechnik nicht anwenden.*

Fallschirmspringer der GSG 9 unter der geöffneten »Matratze«.

Grundsätzlich wird ab 5000 Meter mit Sauerstoffgerät gesprungen. Besonders erfahrene Springer schaffen noch bis zu 6500 Meter ohne Sauerstoff. Sie »tanken« in der Maschine reinen Sauerstoff, springen, halten 20 Sekunden die Luft an und sind dann wieder in einer Höhe, die ein normales Atmen ermöglicht. Über 6500 Meter ist ohne zusätzlich Ausrüstung nichts mehr zu machen (den Höhenrekord im Fallschirmspringen stellte bekanntermaßen USAF-Captain J. Kittinger am 16. August 1960 auf, als er, versehen mit einem speziellen Anzug mit Druck- und Temperaturausgleich sowie Sauerstoffatmung, aus einem Ballon in 31 km Höhe sprang).

Für den polizeilichen Einsatz kommt nur der Flächenfallschirm (»Matratze«), auch Flächengleiter genannt, in Betracht. In Osteuropa wird allein aus Kostengründen teilweise noch mit Rundkappenschirmen gesprungen, die sich nicht so gut steuern lassen. Ein erfahrener Polizeispringer: *Flächenfallschirme sind Hochleistungsfallschirme mit sehr guten Flug- und Bedieneigenschaften. Mit den Steuerleinen sind Rechts- und Linksdrehungen, ein genauer Flug und eine punktgenaue Landung selbst auf Hochhäusern, Schiffen oder auf kleinen Lichtungen problemlos möglich. Selbstverständlich ist aber auch hier der Polizist entscheidend, der die Technik bedient.*

Eine weitere Möglichkeit der Annäherung aus der Luft ist das Gleitschirmfliegen *(Paragliding)*. Hierbei können Strecken über 200 km bewältigt und über zehn Stunden in der Luft verbracht werden. Aufgrund der für den polizeilichen Einsatz taktisch schwierigen Startphase spielt diese Möglichkeit aber eine eher untergeordnete Rolle.

Tauchen

Neben dem Fallschirmspringen stellt Tauchen eine weitere Möglichkeit der Annäherung an schwer zugängliche Objekte dar. Im polizeilichen Einsatz kommen hier Tauchgänge zu Schiffen, Plattformen oder auch Geisellagen in Ufernähe in Betracht. Taucher dienen als Vorhut, um gegen Straftäter an Schlüsselpunkten vorzugehen oder Aufklärung zu betreiben. Der eigentliche Zugriff wird nur bei so genannten kleineren Lagen ausgeführt, im Normalfall wird auf das Eintreffen der zweiten Welle gewartet, die nach dem Absichern der Taucher, z.B. mit Booten anfährt.

Ein Ausbilder: *Die Annäherung von Tauchern ist eine klare Einbahnstrasse. Wenn wir am Zielobjekt angekommen sind, versenken wir unsere Tauchausrüstung im Wasser. Das heißt bei uns »absaufen lassen«. (Selbstverständlich nicht bei Übungen, dort gibt es eine Unterbrechung und die Ausrüstung wird auf einem Boot gelagert.) Dann erfolgt der nächste Schritt, das Entern. Dies ist oftmals schwieriger als alles andere. Eine Ölplattform oder ein »Ozeanriese« ragen zig Meter über die Wasseroberfläche und müssen von uns eingenommen werden. Wir haben dabei unsere eigenen Tricks, die Höhe zu überwinden. Wir schießen einen Enterhaken hoch, nutzen die Ankerkette oder unsere Teleskopstangen und haben noch weitere Mittel, die ich aber hier nicht verraten möchte. Deswegen muss jedes Mitglied der Tauchgruppe auch ein guter Kletterer sein.*

Ebenso wichtig wie geeignetes Kletter- und Tauchgerät ist ein kühler Kopf, um vorhersehbare und unvorhersehbare Probleme unter Wasser zu lösen. Ein GSG-9-Ausbilder berichtet:

Um an weiter entfernt liegende Zielobjekte zu gelangen, wird von uns auch das Austauchen aus U-Boot-Torpedorohren geübt. Vor einigen Jahren erlebte ich dabei eine dramatische Situation. Das Rohr wurde geschlossen und befüllt. Alles funktionierte einwandfrei. Nach einigen Minuten erhielt ich das Signal zum Austauchen. Am Ende der langen Röhre sah ich das blau-grün schimmernde Meerwasser. Fische zogen vorbei.

Taucher der norwegischen *Delta* haben die Eisdecke eines Gewässers durchstoßen und bringen ihre Waffen zum Einsatz.

Taucher der RAID ohne »Kampfauftrag« auf der Suche nach Rauschgift oder Waffen am Grunde eines Gewässers.

Tauchermesser, S&W-Revolver, Glock-Pistole und Teile einer Tauchausrüstung der belgischen ESI.

Direkt an der Ausstiegsluke des Torpedorohres hielt ich einen Moment an, um die restliche Luft aus meinem Trockentauchanzug zu lassen. Ich war sozusagen halb draußen, als sich plötzlich die Luke wieder schloss. Absprachefehler! Wenn ich nicht schnell reagiert und nach oben weggetaucht wäre, hätte mich das tonnenschwere Gewicht der Luke zerquetscht.

Neben der Muskelkraft gibt es noch andere Arten der Fortbewegung in Form verschiedener Unterwasserfahrzeuge, so genannter *Scooter*. Mit diesen batterie- oder pressluftbetriebenen Hilfsmitteln, die Schrauben oder Ansaugsysteme antreiben, können größere Strecken bewältigt werden, was im polizeilichen Einsatz allerdings selten vorkommen.

Die Waffen, denen besonders Salzwasser zusetzt, werden beispielsweise mit einer speziellen Oberflächenbeschichtung versehen, um sie gegen Rost zu schützen. Waffen aus rostträgem Stahl *(Stainless steel)* sind eine weitere Option. Die Taucher der belgischen ESI nutzen beispielsweise S&W-Revolver aus rostträgem Stahl; auch wegen der im Vergleich zur Selbstladepistole einfacheren und deshalb weniger störanfälligen Technik. Besonders hochwertige und empfindliche Waffen (z.B. Präzisionsgewehre mit Zieloptik) können auch in Plastikfolie eingeschweißt oder in wasserdichten Behältern zum Einsatzort gebracht werden. Dies ist bei Standardwaffen nicht nötig, nach dem Auftauchen lässt man

Rechts: Einsatztaucher der belgischen ESI beim langsamen Auftauchen.

Mit Hilfe eines Enterhakens besteigen Einsatzkräfte der tschechischen URNA ein Boot. Zuvor haben sie sich eines Teils der Tauchausrüstung entledigt.

das Wasser abtropfen oder es wird – beim »dynamischen Auftauchen« – weggeschleudert.

Wesentlich problematischer ist das Schießen *unter* Wasser. Es gibt spezielle Waffen, die für den Unterwassereinsatz konzipiert wurden, wie die fünfschüssige Rohrbündelpistole H&K P 11 im Kaliber 7,62 mm x 36. Ihre Hartkerngeschosse durchschlagen auf fünf Meter Entfernung Pressluftflaschen und Atemgeräte.

Außerdem kann auch mit herkömmlichen Waffen geschossen werden. Bei Selbstladern ist eine geringfügige Änderung des Verschlusses nötig, um Zuführungsschwierigkeiten zu vermeiden (Unterwasserdruck).

Der Effekt der Lichtbrechung beim Übergang von der Luft ins Wasser oder umgekehrt wirkt sich sehr erschwerend auf das Zielen aus. Da auch an der Tauchermaske eine Grenzfläche ist, an der das Licht von Wasser in Luft übertritt, liegt hier ebenfalls eine Brechung vor. Sie bewirkt, dass das Auge Gegenstände in 3/4 der tatsächlichen Entfernung und 4/3 so groß wie in Wirklichkeit wahrnimmt. Diese physikalischen Gegebenheiten verursachen etliche Zielschwierigkeiten. Vor allem beim Schießen von »unter Wasser« auf Ziele »an der Luft«. Die »optische Verzerrung« wird noch stärker wahrgenommen, was einen gezielten Schuss unmöglich macht. Aber diese Geschichten haben ohnehin mehr mit James Bond als mit der Einsatzpraxis zu tun.

POLIZEI

Verschiedene Ausrüstungsteile

Spezialeinheiten hatten von Beginn an eine verbesserte Ausrüstung gegenüber »normalen« Einheiten. Dies liegt insbesondere an den vielfältigen Einsätzen/Bedrohungslagen. Waren vor Jahren noch die Einsatzmittel ein kleiner Teilbereich der Einheit, so haben heutige Einheiten schon eigene Erprobungstrupps, die sich schwerpunktmäßig mit neuen Einsatzmitteln befassen. Diese arbeiten teilweise sehr eng mit den einzelnen Herstellern zusammen, um Erfahrungen auszutauschen und ein Optimum zu erreichen. Denn die Ausrüstung trägt zum großen Teil zum Gelingen eines Einsatzes bei, auch wenn immer noch der einzelne Mensch entscheidend ist.

F.K., Polizeibeamter und Technischer Direktor der *European Cop Training Academy.*

Einsatzbekleidung

Zu den wichtigsten Ausrüstungsgegenständen gehört die *Einsatzbekleidung*. Falls nicht ein ziviler Einsatz in »bürgerlicher Kleidung« oder eine Spontan-Lage anstehen, treten Sondereinheiten meist in Einsatzbekleidung auf, der so genannten *Persönlichen Schutzausstattung (PSA)*. Dabei haben sich zwei Systeme bewährt: Einmal ein Kombi (Overall), der aus einem Stück besteht und dadurch nicht verrutschen kann, und ein zweiteiliger Anzug (Jacke und Hose), der je nach Einsatzlage kombiniert wird. Die Meinungen gehen in diesem Bereich weit auseinander; europaweit sind meist Overalls im Einsatz.

Die Entwicklung der Einsatzbekleidung ist längst noch nicht abgeschlossen. Einer der deutschen Spezialisten auf diesem Gebiet ist Polizeihauptkommissar S.. Als Leiter einer Sonderdienststelle hat er die in seiner Einheit getragene PSA wesentlich beeinflusst und ihre Entwicklung vorangetrieben. Hier schildert er einige wichtige Erkenntnisse:

Eines vorab: Ich kann das Thema hier nur anreißen und möchte aus bestimmten Gründen nicht in die Tiefe gehen.

Wenn der Arbeitsschutz am Arbeitsplatz selbst nicht durch geeignete Schutzmaßnahmen gewährleistet werden kann, kommt der PSA eine herausragende Bedeutung zu. Regelmäßig kann bei polizeilichen Einsätzen nur ungenügend Einfluss auf den Arbeitsplatz genommen werden; Sicherheit und Gesundheitsschutz muss neben umsichtigem, professionellem Vorgehen auch von der PSA weitgehend sichergestellt

Ein SEK-Beamter mit seiner Mannausstattung.

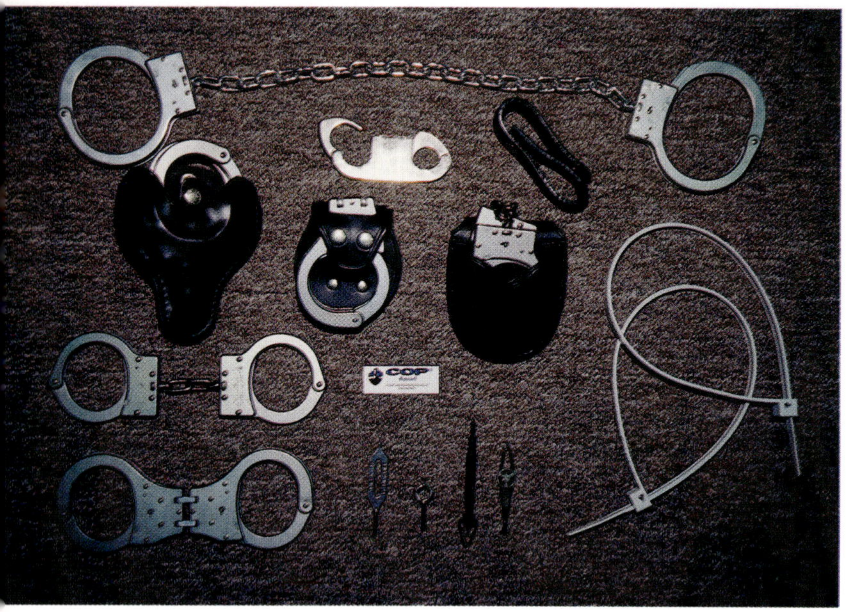

Verschiedene Fesseln. Oben eine Fußfessel, darunter in Deutschland nicht zugelassene Daumenschellen *(Thumb-cuff)*. Des Weiteren sind drei Möglichkeiten der Halterung sowie zwei Handfesselmodelle mit und ohne Kette zu sehen. Rechts im Bild zwei flexible Kabelbinder, wie sie bei Massenfestnahmen Anwendung finden.

sein. Dabei erschließt sich auch dem Laien, dass zum Beispiel Einsätze bei Geiselnahmen, im Personenschutz oder bei unfriedlichen demonstrativen Aktionen, angepasste PSA erfordern. Ballistischer Schutz, Nässe- und Kälteschutz, Stich- und Schlagschutz, Schutz vor Brandsätzen und Sicherheit beim Stürmen von Räumen, in denen Störer als Drohungsszenario durch Ausbringen von Brandsätzen oder Gas leicht entzündliche Gas-/Luftgemische hergestellt haben, sind als Gesamtpaket mit gutem Tragekomfort kaum zu haben. Die Ausrüstung muss spezifisch auf den Einsatz ausgerichtet sein, um die Aufgabe zielgerichtet erfüllen zu können. Möglicherweise müssen dazu auch bestimmte Gefahren in Kauf genommen werden.

Neben Materialwahl und Gestaltung muss der Schutzwirkung Priorität eingeräumt werden. Die Gewichtung erfolgt bedürfnisorientiert. Oft besteht ein schwierig zu lösendes Spannungsfeld zwischen Schutz, Aufgabenerfüllung und Tragekomfort. Akzeptanz der Einsatzbekleidung/ Schutzausrüstung kann nur über die Einbindung der Einsatzbeamten in die Entwicklung erreicht werden!

Vor dem Hintergrund, dass Störer in der Vergangenheit gegen sich selbst und andere Benzin eingesetzt haben, Selbstverbrennungen zu registrieren waren und auch in geschlossenen Räumen Benzin als Druckmittel eingesetzt wurde, ist die permanent schwer entflammbare Einsatzbekleidung/-ausrüstung entwickelt worden. Priorität hatte der Brandschutz, aber auf eine universelle Verwendbarkeit wurde Wert gelegt. Zahlreiche Laborversuche, aber auch praxisorientierte Versuche zur Ermittlung geeigneter Materialien und des Materialaufbaus wurden durchgeführt. Es kristallisierte sich für unsere Bedürfnisse ein Aramid-Gemisch (Meta-/Para-Aramid) heraus, das Grundlage für die Fertigung von Einsatzanzug, Unteranzug und Unterwäsche wurde. Die Vorteile liegen in der hohen Temperaturbeständigkeit, die von der Faser selbst ohne zusätzliche chemische Ausrüstung gehalten wird, sowie darin, dass die Faser nicht brennt und nicht schmilzt.

Als Nässesperre wurde im Unteranzug eine beidseitig mit Aramidgestrick beschichtete, wasserdampfdurchlässige Folie aus Polytetraflourethylen gewählt. Sie soll verhindern, dass Brandbeschleuniger in tiefe Gewebeschichten vordringen und

Ein Einsatzanzug wird am *Thermo-Man* bei ca. 1000° C für 8 Sekunden belastet.

der Temperaturdurchgang bei durchnässter Kleidung dramatisch erhöht wird. Sie bietet darüber hinaus einen guten Witterungsschutz.

In einem Notfalltest an einer Prüfpuppe, wie er in der Norm für Feuerwehrbekleidung auch vorgesehen ist (Beflammung für 8 sec bei ca. 1000°C), hat das Einsatzanzugsystem mit einer relativ geringen Verbrennungsrate diesen Test bestanden. Ohne Unteranzug sind die Verbrennungen (Schwerpunkt Beine) höher.

Das Einsatzanzugsystem, das noch mit systemgerechtem Zubehör ergänzt wird, kann keine Verletzungsfreiheit garantieren; lebensgefährliche Verletzungen der Beamten im Einsatz werden jedoch mit hoher Wahrscheinlichkeit verhindert. Wichtig ist, dass der Schutz nicht durch den Einsatz ungeeigneter Materialien konterkariert wird. Leicht schmelzende Funktionsunterwäsche oder ein leicht brennbarer Regenschutz sind geeignet, im Ereignisfall trotz guter PSA schwere Körperschäden hervorzurufen.

Abschließend möchte ich darauf hinweisen, dass die PSA nicht zum Nulltarif zu haben ist; sie bringt Einschränkungen mit sich. Körperliche Fitness, kompetente Steuerung der Einsatzbelastung und eine auf die Einsatzbedingungen abgestellte Versorgung mit Verpflegung und Getränken (Belastungen bei Hitze!) helfen die Belastungen zu kompensieren.

Ballistische Schutzwesten

Ballistischen Schutzwesten wird bei Spezialeinheiten oberste Priorität eingeräumt. Sie verfügen meist über Westen aller vier Schutzklassen, um auf jede Bedrohungslage reagieren zu können. Sämtliche Westen, die der Markt derzeit anbietet, sind aber keineswegs »kugelsicher«. Sie werden vielmehr als »schusshemmend« klassifiziert, da sie – je nach Klasse – nur Geschosse mit einer bestimmten Mündungsgeschwindigkeit aufhalten können. So dürfen sich Träger von Westen der deutschen Schutzklasse I vor 9-mm-Geschossen (WMR/WK) mit einer Mündungsgeschwindigkeit von bis zu 420 m/Sekunde sicher fühlen. Die Eindringtiefe beträgt maximal 40 mm, selbst bei aufgesetzten Schüssen.

Im zivilen Einsatz werden zumeist Unterziehwesten der Klasse I getragen, während bei Zugriffen meist auf Westen der Klassen 2 bis 4 (.357 Mag MsF bzw. .308 Winchester VMS/HK) oder auf universelle Westen, die mit ballistischen Platten aufrüstbar sind, zurückgegriffen wird. Die universellen Westen lassen sich außerdem je nach Einsatzzweck mit einem Kragen, Oberarm- oder Genitalschutz und ansetzbaren Taschen (für Funkgerät, Munition, Blendgranaten, etc.) versehen.

In den letzten Jahren wurden die Schutzwesten in Sachen Flexibilität, Haltbarkeit, Schnitt und Tragekomfort erheblich verbessert. Materialien wie *Zylon-Shield* oder *Gold-Flex* haben wahre »Quantensprünge« ermöglicht. Einem Manko konnten sie bisher jedoch noch nicht abhelfen: Je höher die Schutzklasse, desto schwerer die Weste. Anders gesagt: Je höher die Schutzklasse, desto eingeschränkter die Beweglichkeit und desto schneller tritt Ermüdung ein. Geschosstreffer auf Schutzwesten sind überdies alles andere als angenehm, sie können sogar Knochenbrüche und innere Verletzungen bewirken. Spezialgeschosse (»Copkiller-Munition«) können sie ohnehin nicht aufhalten.

Helme

Den Kopf schützt im Einsatz meist ein Helm, der speziell für die betreffende Lage (z.B. Demonstrationen, Fallschirmspringen, Klettern, Zugriffe) entwickelt wurde. Der universellste dürfte der *Ballistische Helm* sein, der aus Hochleistungs-Kunststoff und Metall besteht und über ein ballistisches Visier der Schutzklasse 1 verfügt.

F.K.: *Der Ballistische Helm kann je nach Einsatzzweck mit verschiedenen Überzügen versehen werden und so zur Tarnung beitragen. Sogar Zweige und Blätter können befestigt werden, was wichtig ist, um die Konturen verschwimmen zu lassen. Die neuen ballistischen Visiere halten sogar Mehrfachtreffer aus und können mit einer speziellen Innenfolie versehen werden, die nicht mehr beschlägt. Außerdem sind meistens Hör-Sprechgarnituren eingebaut, die eine interne Kommunikation sicherstellen. Speziell trainierte Polizisten können den Helm sogar als Waffe einsetzen.*

Holster

Schutzwesten – vor allem Muster mit Unterleibsschutz – erschweren bzw. verhindern das Tragen des Kurzwaffenholsters am Koppel. Insofern hat sich bei Spezialeinheiten die Anbringung des Holsters am Oberschenkel durchgesetzt. Diese Methode erlaubt einen schnellen und unkomplizierten Zugriff auf die Waffe.

Ein anderes Thema ist die Sicherheit. Tragische Todesfälle von Polizeibeamten, die von Straftätern mit der eigenen Dienstwaffe erschossen wurden, bewirkten die Einführung besonderer Sicherheitsholster, die einen Fremdzugriff auf die Waffe verhindern. Ein einfaches »Herausreißen« der Waffe ist hier nicht möglich. Nur mittels eines Hebels oder eines »vertraulichen« Griffes lässt sich die Waffe von ihrem Besitzer ziehen.

Einer der führenden Hersteller auf diesem Gebiet ist die US-Firma Safariland, die ein Holster mit *Self-Locking-System (SLS)* – also ein Holster mit Eigensicherung – entwickelte. Es besteht aus unverwüstlichem Laminat, ist innen mit Wildleder ausgelegt, verfügt über einen stabilen Holsterkörper und lässt sich modular einsetzen (vier verschiedene Trageweisen). Beim Ziehen drückt der Daumen den Holsterverschluss einfach herunter und die Waffe, die in einem optimalen Ziehwinkel im Holster sitzt, liegt frei.

Im zivilen Einsatz oder wenn leichte Schutzwesten getragen werden, werden meist so genannte *Pancake*-Holster getragen (»Pfannenkuchen«-Holster). Sie bestehen aus doppelt vernähtem Leder, sind unten offen, lassen sich sehr hoch tragen, behindern nicht, erlauben ein rasches Ziehen der Waffe

Tragevorrichtung *Shurekomm* für den verdeckten Einsatz, wie sie beispielsweise Personenschützer nutzen.

und fallen selbst mit größeren Pistolen und Revolvern unter der Jacke kaum auf.

Wadenholster, Schulterholster und ähnliche »Exoten« treten im Alltag von Sondereinsatzkräften selten auf, da sie sich im Dauergebrauch nicht bewährt haben. Dennoch haben sie ihre Daseinsberechtigung bei besonderen Lagen (sitzende Tätigkeit, Gefahr der Enttarnung usw.).

Taschenlampen

Die Tage der unförmigen »Handweitleuchten« waren gezählt, als in den 80er-Jahren die bekannten MagLite-Taschenlampen ihren Siegeszug durch Behörden und Dienststellen antraten. Sie bestehen aus Duraluminium, sind sehr robust und lassen sich notfalls im Nahkampf auch als Schlagstock einsetzen. Mitte der 90er-Jahre erhielten sie Konkurrenz durch wesentlich kleinere Lampen, deren stärkere Leistung durch spezielle Birnen (Xenon-Birnen), bzw. Brenner und Reflektoren, die durch Lithium-Batterien (3 V) gespeist werden, bewirkt wird. Hierbei sind die Hersteller ASP, Streamlite und Sure-Fire führend. Ein weiterer Vorteil dieser Lampen ist der Abstand vom Glühwedel zum Glas/Reflektor. Um einen sauberen und schattenfreien Lichtkegel zu erhalten, ist dieser fest fokussiert. In Verbindung mit den Xenon-Birnen entsteht so ein blendend-heller, weißer Lichtstrahl.

Die geringen Maße erlauben die Montage an Waffen und ein Druckknopfschalter ermöglicht die »Einhandbedienung«. Hierbei wird die Lampe immer in der »schwachen« (nicht waffenführenden) Hand gehalten. Die »starke« Hand bleibt immer frei für den Einsatz von Waffen oder für die Anwendung körperlicher Gewalt.

F.K.: *So kann die Waffenführung unterstützt werden. Entweder wird die Lampe an den Griff gepresst oder in der Faust mit dem Handrücken gegen den Faustballen der oberen Hand, welche die Waffe hält, gedrückt. Somit ist der Lichtstrahl immer genau in Höhe der Zielrichtung und kann in taktisch ungünstigen Situationen schnell ein- und ausgeschaltet werden.*

Sehr leistungsstarke Lampen, Handscheinwerfer oder »Lichtkanonen« genannt, werden bevorzugt zum Absuchen größerer Bereiche eingesetzt. Teilweise müssen hier die Akkus in einer Art Umhängetasche mitgeführt werden, aber da die Lichtleistung bei bis zu 1.000.000 Kerzenstärken beträgt, ist das gerechtfertigt. Auch als Blendmittel gegen Straftäter wer-

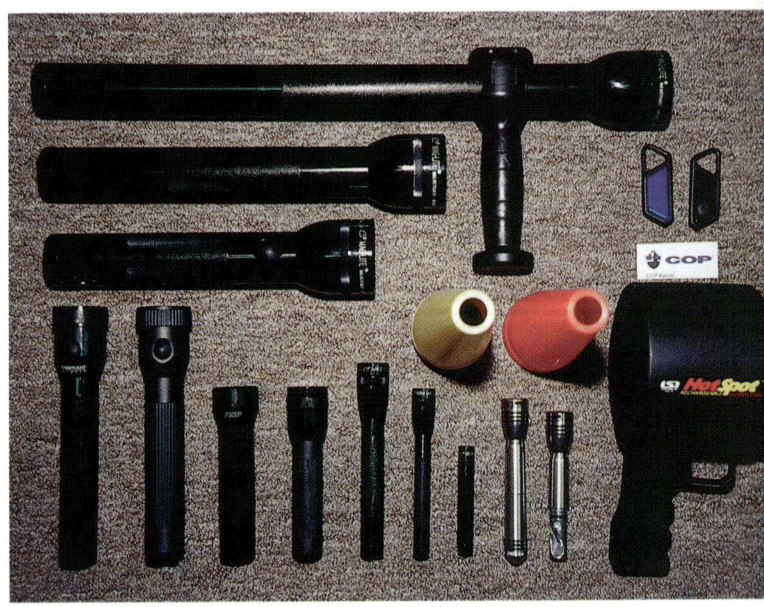

Verschiedene Taschenlampen. Oben die bewährten *MagLite*-Stablampen, eine davon mit Tonfa-Griff. Darunter kompakte 3-Volt-Taschenlampen mit Lithium-Batterien; unten rechts ein leistungsstarker Handscheinwerfer, darüber die zierlichen ASP Sapphire, die gerne am Reißverschluss getragen werden.

Funkgeräte der deutschen Polizei. Von links: Teleport 6 (Mönusgerät, ab 1966 gebaut, galt als eines der fortschrittlichsten Funkgeräte seiner Zeit), Fug 10 Bosch (10 Kanäle auf 2 m), Fug 10 (SEL), Fug 10a von AEG/Telefunken (100 Kanäle im 2 m-Bereich), Teleport 9 »Ex-geschützt« von AEG (es entstehen beim Betrieb keine Funken, so dass dieses Gerät beim Entschärfen von USBV eingesetzt werden kann), Fug11b von Motorola, Visar Motorola (Digitalfunkgerät).

Digitales Funkgerät von Motorola mit der dazugehörenden Hör-/Sprechgarnitur für den zivilen Einsatz plus Reinigungsgerät.

den sie teilweise genutzt, manchmal in der Strotoskop-Funktion.

Messer

Ein unentbehrliches Accessoire für jeden Beamten einer Sondereinheit ist das *Taktische Einsatzmesser*. Es tritt in zwei Spielarten – *feststehendes Messer* und *Klappmesser* – auf und ist als Rettungsmittel, Waffe und Werkzeug vielseitig einsetzbar.*

F.K.: *Das Messer hat in Deutschland ein eher schlechtes Image bei den Behörden, wofür es eigentlich keinen Grund gibt. In den USA hat beispielsweise jeder Polizist – egal welcher Einheit – ein Messer. Es ist eine gute »Back-up-Waffe«, wenn die Schusswaffe leergeschossen ist oder absolut lautlos vorgegangen werden muss. So ein Einsatz, als schlimmster anzunehmender Ernstfall (»Worst case Szenario«), ereignet sich glücklicherweise nur selten.*

Viele Polizisten wählen Klappmesser mit Einhandbedienung. Diese sind nicht so sperrig wie feststehende Messer und lassen sich leicht öffnen und schließen. Bei Klappmessern mit Sperrfeder- oder Rückenfeder-Verriegelung *(Liner lock oder Back lock)* ist ein ungewolltes Öffnen unmöglich. Selbstredend muss die Klinge aus hochwertigem Stahl bestehen (ATS 34, 440 C, usw.). Vorteilhaft sind ein partieller Wellenschliff und eine schwarze oder mattierte Klinge, deren Spitze beidseitig geschliffen ist.

Uhren

Die Firma Sinn in Frankfurt/Main stellt Spezialuhren für verschiedene Einsatzverwendungen her, darunter das Modell EZM (Einsatzzeitmesser), das Fallschirmspringer insbesondere wegen seiner zuverlässigen Stoppfunktion schätzen. Die Uhr funktioniert im Temperaturbereich von -20° bis +70°C; beachtenswert sind die verschraubte Krone und die geschützten Drücker der Uhr, die auf der dem Handgelenk abgewandten Seite angebracht sind.

Neben verschiedenen Taucheruhren hat die Firma ein besonderes Modell für maritime Spezialeinheiten entwickelt. Generell gehört die Uhr zu den wichtigsten Instrumenten des Tauchers. Sie muss sehr widerstandsfähig sein, eine Dichtigkeit bis 200 m Wassertiefe aufweisen sowie grosse, gut ablesbare Zeiger und einen Einstellring besitzen, der sich nur gegen den Uhrzeigersinn verdrehen lässt (damit die Tauchzeit exakt gemessen werden kann).

Einige Spitzenmodelle bestehen aus Reintitan und sind mit Argon-Gas gefüllt (Modell 203 Ti Ar) oder weisen ein perlgestrahltes Edelstahl-Gehäuse und eine Füllung aus reinem Silikonöl auf (Modell EZM 2), was ein sicheres Ablesen der Uhr aus jedem Blickwinkel ermöglicht – auch unter Wasser.

* Die ausführliche Arbeit von *Dietmar Pohl: Taktische Einsatzmesser. Entwicklung – Anwendungsbereiche – Modelle und Hersteller*, die Ende 2001 im Motorbuch Verlag erschien, erübrigt hier eine breite Darstellung, die außerdem den gegebenen Rahmen sprengen würde. Jedem, der sich für die Thematik interessiert, sei dieses Buch wärmstens empfohlen.

Einsatz von Hunden

Während im allgemeinen Polizeidienst neun verschiedene Hunderassen Verwendung finden (u.a. Riesenschauzer, Rottweiler, Dobermann, usw.), stehen bei Spezialeinheiten fast ausschließlich der belgische und der deutsche Schäferhund im Einsatz.

Den belgischen Schäferhund gibt es in vier Unterarten. Für den polizeilichen Einsatz wird nur der *Malinois* verwendet, obwohl auch schon vereinzelte belgische *Laekenois* »Dienst verrichteten«. Der *Malinois* war der erste belgische Schäferhund mit festgelegtem Typ, benannt wurde er nach der Stadt Malines (Mechelen).

Der deutsche Schäferhund und der *Malinois* werden etwa zehn bis 14 Jahre alt, erreichen eine Schulterhöhe von 55 – 66 cm, wiegen im Normalfall zwischen 27,5 und 40 kg. Sie sind gehorsam, gelehrig und zuverlässig. Der deutsche Schäferhund ist meist etwas schwerer, der belgische etwas hektischer, dafür aber nicht überzüchtet und nicht so krankheitsanfällig. Der Hundekenner B.F.: *Der deutsche Schäferhund hat hoch angesetzte Stehohren, die wachsam und aufgeweckt wirken. Das obere Kopfteil verschmälert sich allmählich von den Augen bis zum Nasenspiegel. Die dunkle Nase verbreitet sich zu einer abgeflachten Spitze, die Brust ist tief, der Bauch nur mäßig angezogen. Der Malinois, in der Umgangsprache meist nur »Malino« oder »Mali« genannt, hat flache Wangen und eine mittelgroße Nase mit großen Nüstern. Die Brust ist nicht breit, dafür aber tief und geräumig. Bei entspannter Haltung hängt die Rute schlaff herab und ist im letzten Drittel leicht aufgebogen.*

Polizeihunde werden in einer dreimonatigen Intensivbeschulung zu Schutzhunden der Klasse 1 bis 3 ausgebildet. In den Grundzügen werden auch Hunde für Spezialeinheiten so ausgebildet, nur gibt es keine festgelegte Dauer und einige Übungen kommen hinzu. So wird z.B. fast ausschließlich die Non-Verbale Befehlsform geübt: Statt »bei Fuß!« klopft der Führer nur auf den Oberschenkel, statt »sitz!« deutet er mit der flachen Hand auf den Boden usw. Dies hat unmittelbar mit der Einsatztaktik zu tun. Ein Hundeführer der belgischen ESI:

Beim eigentlichen Zugriff wird dem Hund der Täter regelrecht gezeigt. Der Hundeführer kniet sich neben den Hund und führt den Kopf des Tieres mit den Bewegungen des Täters oder richtet ihn genau auf diesen, sollte er sich nicht bewegen. Am weiteren Verhalten des Hundes kann der

Ein belgischer Schäferhund im Einsatz bei einer Festnahme.

Angehörige der Antiterror-Brigade Danzig beim Vorgehen in Keilformation. An der Spitze der Hundeführer mit einem deutschen Schäferhund.

Führer nun erkennen, ob der Hund die Zielperson fixiert. Auf das Kommando (Lösen der Leine oder des Griffes, der Befehl »Go!« oder »Attacke!«) schießt der Hund auf sein Ziel zu und lässt sich auch nicht von umherstehenden Personen ablenken. Wir üben das sehr oft. Hierzu stellen die Figuranten (»der Hetzer« / besonders ausgebildete Hundetrainer in Schutzanzügen) alle möglichen Lagen nach, z.B. im Auto oder nachts am brennenden Feuer.

Vorgehen gegen einen Straftäter in einer Wohnung. Verschiedene Spezialeinheiten greifen dabei gerne auf den »Malino« zurück.

Übungseinsatz. Der *Figurant* trägt den Beißschutz unter dem Ärmel, um dem Hund keinen falschen Beißreflex anzutrainieren.

Abseilübung beim SEK Baden-Württemberg. Nur durch intensives Training kann dies absolut lautlos erfolgen.

Ein konsequentes Üben mit dem Hund ist unerlässlich. Ein SEK-Hund muss fast täglich trainiert werden, um seine besonderen Fähigkeiten zu erhalten. Dem Tier wird auf eine verständliche Weise (Lob und Tadel) gezeigt, welche Verhaltensmuster von ihm verlangt werden. Brutale Methoden, z.B. das Aushängen oder brutale Abwürgen des Hundes, lehnen Fachleute ab. Auf der anderen Seite muss der Hundeführer jederzeit »Herr der Lage« sein. In der Rangordnungsphase kann es sogar vorkommen, dass der Hund gegen sein Herrchen offene Aggressionen zeigt. Hier muss der Hund unterworfen werden. Kenner drücken den Hund zu Boden und halten ihn kurz fest. Im Regelfall reicht das schon aus. Mit der Zeit findet sich ein Gespann zusammen, das viele Einsatzlagen meistern kann. Der Hundeführer einer Spezialeinheit:

Der Hund einer Sondereinheit akzeptiert nur einen einzigen Menschen als Herrchen. Es ist eigentlich ausgeschlossen, dass sich mehrere Hundeführer zusammen einen Hund »teilen«. In der Natur gibt es auch nur ein Alpha-Männchen, welches das Rudel anführt. Auf der anderen Seite muss ich auch für das Tier gerade stehen. Gerade wenn wir in Wohnungen eindringen oder in engen Räumlichkeiten operieren, muss ich wissen wie das Tier reagiert. Es darf auf keinen Fall vor Erregung bellen und damit einen möglichen Täter warnen. Noch schlimmer ist es, wenn er einen Kollegen beißt, im

1000 mal besser

Der Mensch macht sich Eigenschaften des Hundes zunutze, die den seinen weit überlegen sind. Während der Blickwinkel eines Hundes 200 Grad überschreiten kann, bringt es der Mensch gerade auf 100 Grad. Er hört um ein Vielfaches besser und 1000 mal differenzierter als ein Mensch und kann noch Töne um 90.000 Hertz wahrnehmen. Polizeihundetrainer B.:

Ohne den Hund sind viele Einsatzlagen nicht lösbar. Aufgrund seiner körperlichen Merkmale kann er dem Beamten sehr nützlich sein. Sein Blickwinkel ist viel größer, allerdings kann er nur schwarz/weiß sehen und hat keine räumliche Wahrnehmung auf Entfernung. Das kann ein Problem werden, z.B. bei der Verfolgung eines Straftäters in einem langen Gang mit mehreren Türen. Allerdings ist dafür auch der Hundeführer da, der Hilfestellung gibt. Unseren Erfahrungen nach sieht der Hund bis ca. 400 Meter und kann bis 150 Meter Entfernung eingesetzt werden. Im Bereich des Riechens ist er unschlagbar. Während ein Mensch etwa fünf bis sieben Millionen Riechzellen hat, verfügt der Hund im Durchschnitt über 225 Millionen. Ein speziell ausgebildeter Hund kann z.B. die Witterung nach Blut, das sorgfältig weggewischt wurde, noch nach Tagen aufnehmen. Der Boden muss allerdings eine gewisse Struktur aufweisen, wie z.B. Fliesen, Parkett, Teppichboden, worin sich der Duftstoff festsetzen kann. Auf sehr glatten Flächen, z.B. Glas ist das nicht immer möglich, aber die sind auch sehr selten.

Den hervorragenden Geruchssinn macht sich z.B. der Personenschutz zu Nutze. Personenschutzkommandos haben meist einen Sprengstoffspürhund, der allerdings selten eine zusätzliche Schutzhundeausbildung hat. Diese Hunde suchen z.B. Veranstaltungsorte nach Sprengfallen und USBV *(Unkonventionelle Spreng- und Brandvorrichtungen)* vor dem Eintreffen der Schutzperson ab. Falls ein Hund Sprengstoff gefunden hat, legt er sich hin und zeigt damit den Fund an. Dies ist ihm in der Ausbildung beigebracht worden. Auf keinen Fall darf er jetzt seinem Instinkt folgen und die »Beute« berühren. Ein LKA-Sprengmeister: *Sprengfallen und USBV können auch mit einem Vibrationsauslöser versehen sein. Damit will die Gegenseite ein Entschärfen verhindern oder wartet gezielt auf eine Bewegung (z.B. Sprengfalle hinter einer Tür oder unter einem Kfz). Zur Zündung reicht oftmals eine minimale Veränderung der Lage um wenige Grad aus.*

Beim Schnüffeln.

Ernstfall wäre das eine Katastrophe. Auf der einen Seite das gewarnte Gegenüber und auf der anderen Seite müsste ich den Hund vom Kollegen lösen, der sich verständlicherweise auch noch gegen den Biss wehren müsste. Das kam bei uns nie vor, leichte Blessuren in Übungslagen ausgenommen. Die kann auch der Hund kassieren. Wir trainieren mit ihm alle Möglichkeiten.

Normale Polizeihunde dürfen einen Täter, der weder angreift noch flüchtet, nicht beißen, sondern nur anbellen, in der Fachsprache »Stellen und Verbellen« genannt. Aufgrund der Einsatzschwelle unseres SEK gilt das für unseren Hund nicht. Wenn er auf einen Täter geschickt wird, in der Fachsprache »Vorwärts!«, im Krimi »Fass!«, beißt er immer. Mit festem Biss packt er den Täter und lässt nicht mehr los. Das Gegenüber erhält sonst die Möglichkeit, auf den Hund, meine Kameraden oder Geiseln einzuwirken. Das darf unter keinen Umständen passieren. Das Lösen ist oftmals nur durch kurzes Würgen mit dem Halsband möglich. Der Hund schnappt nach Luft und kann weggezogen werden. Eine weitere Möglichkeit ist das Einführen eines speziellen Holzstiels, der einen Würgereflex beim Hund auslöst und ebenfalls ausgenutzt wird. Danach muss der Hund unbedingt unter Kontrolle gehalten werden, da er stark gereizt ist. Manche Hunde sind so wild, dass sie in den erstbesten Gegenstand beißen, dem sie habhaft werden. Unter Fachleuten wird das Ersatzhandlung genannt.

Ein anderer Hundeführer, der bei einem anderen SEK Dienst tat, weiß davon zu berichten: *Unser A. war ein toller Kerl. Wir hatten ihn alle gerne. Aber er konnte auch anders. Niemand hätte es gewagt, ihn zu ärgern. Einmal warteten wir in einem Bus auf den Zugriffsbefehl. Der Hund merkte die Anspannung und war etwas nervös. Er trug einen Maulkorb, aber er verschaffte sich etwas Platz an der Seite, in dem er mit der Zunge das querstehende Lederstück verschob. Obwohl er nur zwei bis drei Zentimeter Platz hatte, biss er mich in den Oberschenkel, einfach so »aus Spaß«. Das war keine ernsthafte Verletzung, hat aber doch ganz schön weh getan.*

Mit seinem Tier geht der Hundeführer eine lebenslange Bindung ein. Nach rund einem Jahrzehnt ist der Hund zu alt, um noch Dienst zu verrichten. Nachdem er nun sein ganzes Leben »im Staatsdienst« war, lassen seine Reflexe und Kräfte nach und er zieht nun ein ruhiges, warmes »Plätzchen hinter dem Ofen« den fordernden Übungsparcours vor. Erstaunlicherweise gibt es in den meisten Ländern kein Gnadenbrot für ihn. Eine seltsame Logik besagt, dass die Tiere nun auszusondern sind. Allerdings wird auf Antrag der Hund dem Hundeführer überlassen. Erst jetzt zeigt sich, ob der Hundeführer wirklich ein inniges Verhältnis zu seinem vierbeinigen Kameraden entwickelt hat, der jahrelang jederzeit sein Leben für ihn gegeben hätte. Für die meisten ist es selbstverständlich, den Hund bis zuletzt sachgerecht und auf eigene Kosten zu pflegen.

Auch das ist möglich: Absprung mit dem Hund aus 3000 m Höhe; hier vorgeführt von der RAID.

Der Täter wird so schnell überwältigt, dass er die Situation nicht erfassen kann.

Unfälle

Unfälle lassen sich trotz hervorragender Ausbildung und strenger Sicherheitsrichtlinien nicht immer vermeiden. Kein Mitglied von Spezialeinheiten ist vor ihnen gefeit. Sie ereignen sich im Einsatz, zu 80% aber im Training, vor allem bei Abseil- und Kletterübungen. Über einen besonders gravierenden Schießunfall berichtet der ehemalige SEK-Ausbilder P.H.:

Es geschah am Donnerstag, dem 9. Juli 1998, um 11.30 Uhr.

Ich war Ausbildungsleiter bei einem SEK in NRW und bereitete eine Übung vor. Ich wollte mit unseren Präzisionsschützen eine Geiselnahme in Köln nachbereiten, die aus polizeitaktischer Seite »interessant« war. Ich baute die Frontscheibe eines Autobusses auf, hinter der dann die Pappfigur auf dem Rollwagen vorbeifahren sollte. Dies sollte die Zieldarstellung des Geiselnehmers sein, der nur noch durch einen gezielten Rettungsschuss von der Tötung der Geiseln abgehalten wird. Die Entfernung der Schützen vom Ziel betrug 100 Meter. Ich erklärte die Übung über Funk und sagte: »Wenn der Täter (die Pappfigur) sich in Höhe der Busscheibe befindet, dann Feuer frei.« Ich verschwand mit der Figur, nahm noch Änderungen vor und wollte sie dann von meiner sicheren Deckung aus, an der Busscheibe vorbei, in meine Richtung zu ziehen.

In diesem Moment kam ein Kollege verspätet auf den Schießplatz. Er hatte meine genauen Ausführungen der Sicherheitsbestimmungen nicht mitbekommen. Er nahm ein freies Gewehr (H&K PSG 1), zielte und hörte nur noch meinen letzten Satz, der mit »Feuer frei« endete. Er sah, wie sich die Pappfigur bewegte und als diese sich in Höhe der Busscheibe befand, drückte er ab und ahnte nicht, dass ich dahinter in gebückter Haltung noch hantierte und die Übung noch nicht freigegeben war. Unser jüngster Kollege sah rechtzeitig noch sein Vorhaben und versuchte durch Zurufen die Schussabgabe zu verhindern. Durch die Schalldämpfung der Hörsprechgarnitur und des Gehörschutzes bekam der Schütze dies aber nicht mit.

Ich wurde eine Handbreite über der Hüfte getroffen wurde. Das Projektil drang durch den Unterarm in die linke Niere und von dort in den dritten Lendenwirbel, die Geschosssplitter verteilten sich im ganzen Körper. Der Schuss riss mich in Sekundenbruchteilen zu Boden. Da ich mich nebenbei mit Polizeiausrüstung und Bewaffnung befasste, war mir sofort klar, dass ich »keine Chance« mehr hatte. Ich wurde von einem Schrägflächengeschoss getroffen, was leistungstechnisch sehr hochwertig ist. Dieses Geschoss kann formstabil starke Verbundglasscheiben durchdringen und deformiert dennoch stark in Weichzielen. Wir hatten es nach dem Gladbecker Geiseldrama in unsere Ausrüstung aufgenommen. Nun hatte es mich selber getroffen. Bei einem Kopftreffer wäre ich schon tot, bei einem Körpertreffer, den ich fühlte, gab ich mir noch eine oder zwei Minuten. Bewegen konnte ich mich nicht, aber eigenartiger Weise fühlte ich keinen Schmerz und angesichts des Todes erfüllte mich ein tiefer Friede. Ich war überzeugt, in wenigen Augenblicken würde ich bei Gott sein, dem ich mein Leben schon vor Jahren anvertraut hatte und zu dem ich oft, auch in Ruhephasen während gefährlichen Einsätzen, gebetet habe. In diesem Augenblick betete ich noch: »«Herr, nimm mich bitte in dein Reich auf! Amen.«

Dann hörte ich Schritte. Alle anwesenden Kameraden kamen angerannt. Sie versuchten zu helfen, konnten aber letztlich nicht viel machen. Ich merkte wie mein Bauch sich mit Blut füllte. Das Atmen wurde schwerer, ich glaubte innerlich zu verbluten. Dann kam der Rettungsarzt und gab mir eine Betäubungsspritze. Nun schwanden mir die Sinne. Ich sah nur noch ein weißes Licht, das mich allerdings nicht blendete, empfand Freude und einen tiefen Frieden.

Im Klinikum Aachen wurde ich klinisch tot eingeliefert. Viele Stunden später wachte ich auf der Intensivstation wieder auf und bekam vom Arzt die Nachricht, dass ich querschnittsgelähmt sei und nie wieder gehen könne.

Nach unbeschreiblichen Schmerzen und über 15 Monaten im Krankenhaus, Reha-Kliniken kam ich im Rollstuhl zur Abschiedsfeier, die meine Kollegen vom SEK für mich organisiert hatten. Wir hatten noch einmal Gelegenheit, Erinnerungen auszutauschen. Der Unglücksschütze war vor dem Unfall mein Freund und ist es auch heute noch. Er setzte sich lange mit der Sache auseinander und sie belastet ihn bis auf den heutigen Tag. Nach dem Schuss wurde er von meinen Kollegen gehindert, nach vorne zu kommen, da alle dachten, ich sei nicht mehr zu retten, und die Belastung damit für ihn zu groß wäre. Auch im Krankenhaus hat er mich erst zuletzt besuchen dürfen. Wir haben uns umarmt und ich habe ihm vergeben.

Heute wohne ich in einem behindertengerechten Haus. Mit meiner Frau und weiteren Mitarbeitern betreibe ich einen kleinen Versandhandel für Polizeiausrüstung. Das macht Spaß, gibt mir die Möglichkeit, meine Erfahrungen weiter zu geben und Kontakte zu pflegen. Außerdem wäre ich ohne das Geschäft auf Sozialhilfeniveau abgerutscht.

Immer noch quälen mich Nervenkrämpfe, die so stark sind, dass selbst härteste Schmerzmittel wie Morphium nur wenig Milderung bringen. Oft habe ich meine Tagesration an schmerzlindernden Medikamenten schon am Vormittag verbraucht. Gegen Abend bin ich oftmals so mürbe von den Schmerzen, dass ich häufig nicht einmal mehr beten und sprechen kann. Manchmal schreie ich zu Gott, dass er mich zu sich nehmen möge. Aber dann betet meine liebe Frau für mich. Mit Freude warte ich auf den Tag, an dem ich ohne

Schmerzen in der Ewigkeit aufwachen werde, wo es keine offenen Fragen mehr gibt und alle quälenden Gedanken und Schmerzen ein Ende gefunden haben werden.

Manche Trainingsunfälle – wie der geschilderte – sind so schwerwiegend, dass sie im Bruchteil einer Sekunde das ganze Leben eines Menschen verändern. Körperliche oder seelische Verletzungen zwingen zum Wechsel der Dienststelle oder führen sogar zur Dienstunfähigkeit. Im Todesfall bleiben oft Familien mit kleinen Kindern zurück. Neben der psychischen Belastung sehen sich die Angehörigen in vielen Fällen mit existenziellen Sorgen konfrontiert. Während sich Politiker mit schöner Regelmäßigkeit ihre Diäten selbst erhöhen und bei Rücktritten oft großzügige Abfindungen und Renten in Anspruch nehmen, ist die beamtenrechtliche Versorgung an enge gesetzliche Vorgaben gebunden, häufig können verständliche Forderungen nicht erfüllt werden. Daher wurde im Januar 2000 der als gemeinnützig anerkannte Verein *Soforthilfe nach gravierenden Unfällen e.V.* ins Leben gerufen. Sein Leitspruch lautet: *»Der Einsatz ist vorbei, aber wir stehen zu Dir!«*

Der Verein, der heute knapp 800 Mitglieder zählt, stellt finanzielle und rechtliche Hilfen zur Verfügung. Er ist auf private Unterstützung angewiesen.*

* Geld- und Sachspenden werden gerne entgegengenommen.
Soforthilfe nach gravierenden Unfällen e.V.
Stadtsparkasse Düsseldorf, Konto Nr.: 2000 1111, BLZ 300 501 10

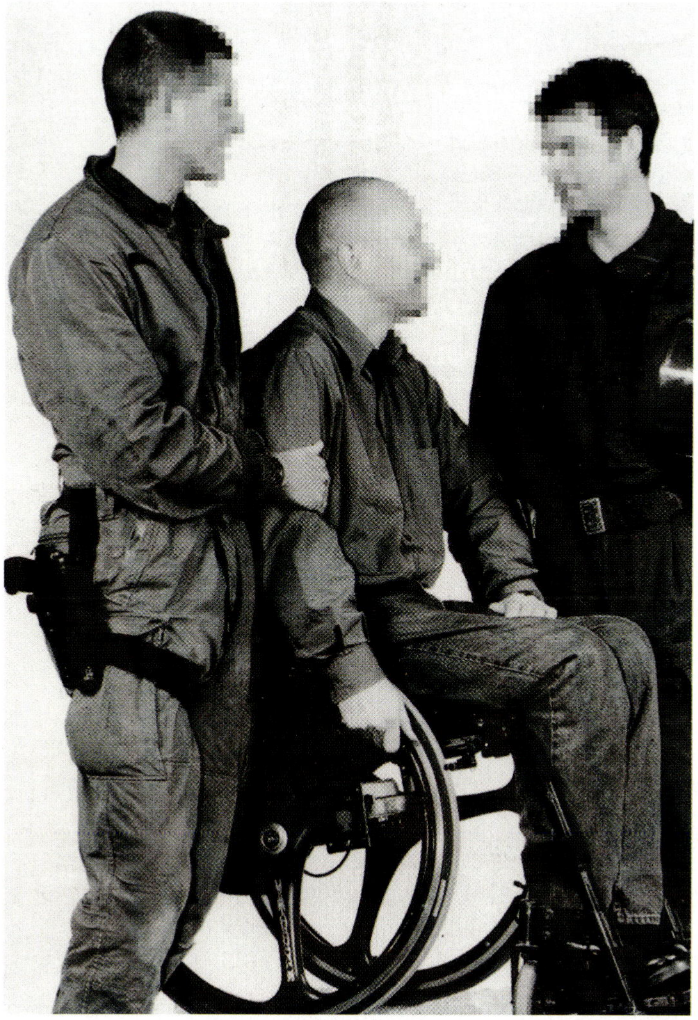

»Der Einsatz ist zu Ende, aber wir stehen zu Dir.«

»Normale Polizisten« in Extremlagen

Extremlagen sind nicht immer nur Sondereinheiten vorbehalten. Auch Polizeibeamte im Wach- und Streifendienst können in sehr gefährliche Situationen geraten. Sie werden zu Einsätzen gerufen, die eine nicht vorhersehbare Gefahr bergen, ohne dass Spezialkräfte unmittelbar zur Verfügung stehenr. 80 - 90% der gefährlicheren polizeilichen Lagen werden von Beamten im Wach- und Streifendienst vor Ort gelöst. Im Gegensatz zu Spezialeinheiten haben sie auch ein größeres Informationsdefizit, da sie zum Beispiel im Vorfeld nicht die Lage aufklären können. Aufgrund schlechterer Ausrüstung und seltenem Taktiktraining sind sie natürlich im Nachteil. Aber jahrelange Erfahrung, Mut und Besonnenheit sind nicht zu unterschätzen und haben Defizite schon so manches Mal ausgleichen können.

Der nachfolgend geschilderte Fall ist ein Beispiel dafür.

Ein Frankfurter Schutzmann, damals unter dem Spitznamen »Langer« bekannt und heute Polizeioberkommissar bei einer Sonderdienststelle, erinnert sich:

Mein Kollege H. und ich befuhren gerade unseren Streifenbezirk, als wir über Funk die Suchmeldung nach einem gestohlenen, schwarzen Golf GTI erhielten. Der Fahrer war schon seit Monaten auf der Flucht und hatte vor etwa 20 Minuten eine Tankstelle überfallen.

Kurz darauf sah ich das gesuchte Fahrzeug in der Vilbeler Landstrasse (Frankfurt/M.) und nahm mit eingeschaltetem Blaulicht die Verfolgung auf. Der Fahrer hatte zwischenzeitlich an der Kreuzung Vilbeler-/Barbarossastrasse einen Verkehrsunfall verursacht. Er flüchtete daraufhin zu Fuß, ich konnte aber sein Gesicht erkennen und mir sein Aussehen einprägen.

Ich stellte meinen Streifenwagen ab und suchte nach dem Täter. Auf einem Grundstück eines Einfamilienhauses stand er

Die Sekunde vor dem Ende. Der Täter bedroht die Geisel, der Polizist versucht ihn zu beruhigen. Von hinten nähert sich der Passant, der den Täter mit überwältigt.

urplötzlich vor mir. Der Abstand zwischen uns betrug nur ungefähr einen Meter. In der rechten Hand hielt er einen Revolver. Diesen hatte er einer weiblichen Person an die rechte Schläfe gedrückt. Zusätzlich schlang er ihr noch den linken Arm um den Hals.

Dem Täter war offensichtlich nicht entgangen, dass er von der Polizei verfolgt wurde, und hatte sich folglich die Frau als Geisel genommen.

Erregt schrie er mich an: »Verschwinde, sonst bringe ich sie um!«

In dieser Notsituation redete ich ruhig auf den Täter ein und versuchte ihm klar zu machen, dass er mit einer Geiselnahme seine Lage noch weiter verschlechtern würde. An seinem Verhalten schien dies aber nicht das Geringste zu ändern, im Gegenteil. Er verließ mit der Geisel das Grundstück und bewegte sich wieder auf der Strasse.

Erneut versuchte ich, den Täter von seinem Vorhaben abzubringen. Er wiederholte seine Drohung und bedrohte jetzt auch mich mit der Waffe. Dazu sagte er sinngemäss: »Ich blas Dir den Kopf weg, wenn Du nicht gleich verschwindest«.

Dann führte er die Waffe wieder an die Schläfe der Geisel, die er immer noch unverändert mit der linken Hand am Hals festhielt.

Als er mich mit der Waffe bedrohte, konnte ich für einen kurzen Augenblick in den Lauf der Waffe schauen. Ich war mir sicher, einen Stift im Lauf gesehen zu haben. Daher vermutete ich, dass es sich hierbei um eine Schreckschuss- /Reizgaswaffe handelte.

Jetzt mischte sich auch die Geisel in unser »Gespräch«, und gemeinsam versuchten wir, den Mann zur Aufgabe zu bewegen. Ich gab dem Täter unter anderem zu verstehen, dass es sich bei seiner Waffe um einen Schreckschussrevolver handeln könnte.

Währenddessen bewegten wir uns, immer im Abstand von anderthalb Meter, die Strasse hinab. Was in dieser Zeit um mich herum geschah, kann ich nicht mehr sagen, da ich mich voll auf den Täter konzentrierte. Ich sah lediglich in rund acht Meter Entfernung meinen Kollegen. Er sicherte mit seiner Dienstwaffe SIG-Sauer P 6.
Der ständige Wortwechsel mit dem Täter bewirkte inzwischen eine zunehmende Verhärtung aber auch Verunsicherung bei dem Mann, was sich unter anderem an der Stimme feststellen ließ. Zudem legte er mehrfach seine Waffe auf mich an.

Auf einmal drückte er ab und es gab einen lauten Knall. Da ich nicht verletzt wurde, gingen seine Forderungen weiter. Er wollte nun, dass ich einen Pkw anhalten und ihm diesen als Fluchtwagen überlassen sollte.

Plötzlich, für mich völlig unerwartet, sprang eine männliche Person den Täter von hinten an. Er konnte dabei den Waffenarm des Täters fassen und alle drei fielen zu Boden. Dies war die günstige Gelegenheit, auf die ich gewartet hatte. Zusammen mit dem Kollegen und dem Passanten konnte ich den Täter entwaffnen und festnehmen, die Geisel blieb unverletzt.

Das geraubte Geld konnten wir auffinden und sicherstellen.

So endete der wohl gefährlichste Einsatz des damals 39-jährigen. Sicherlich hatte er Glück. Dass ihm ein beherzter Mann zu Hilfe kam, war in diesem einzelnen Fall gut, aber dieses Verhalten stellt beileibe kein Patentrezept dar. Es hätte auch ganz anders ausgehen können.

Wie festgestellt wurde, handelte es sich bei der Waffe tatsächlich um eine Schreckschusswaffe (PTB-Zeichen, Modell Umarex »Python« mit PTB-Zeichen).

Aber auch mit Schreckschusswaffen lassen sich schwere Verletzungen verursachen, sogar mit tödlicher Wirkung; etwa bei aufgesetzten Schüssen. In Fachkreisen wird dies als »projektilloser Todesschuss« bezeichnet.

Vom Frankfurter Polizeivizepräsidenten erhielt der Beamte für seinen Einsatz eine Belobigung. Auszugweise heißt es darin:

Durch Ihr besonnenes und taktisch kluges Verhalten, gelang es mit Hilfe eines beherzten Bürgers, den Täter festzunehmen und zu entwaffnen.

Für Ihr vorbildliches und lobenswertes Verhalten, insbesondere auch für Ihre Zurückhaltung beim Gebrauch der Dienstwaffe, spreche ich Ihnen meinen besonderen Dank und meine Anerkennung aus.

Spezialeinheiten in Film, Presse und in der Öffentlichkeit

In zahlreichen deutschen Krimiserien und Kriminalfilmen tauchen Sondereinsatzkräfte der Polizei auf. Bis zu Beginn der 80er-Jahre übernahmen Statisten diese Rolle, wodurch sich viele Fehler einschlichen, die aufmerksamen Zuschauern nicht entgingen. So wurde beispielsweise ohne Akku gefunkt, die Waffe dreimal durchgeladen, falsche Ausrüstungsteile verwendet usw.

Mitte der 80er-Jahre begannen Regisseure oder Produzenten verschiedener Krimiserien, Berater der Polizei hinzuzuziehen, um die fachliche Genauigkeit sicherzustellen. Über diese Schiene kamen dann verschiedene Sondereinheiten vor die Kamera. Es handelt sich entweder um waschechte Sondereinsatzkräfte, die sich selber spielen, oder um Polizisten, die eng mit der Materie vertraut sind. Sie zeigen realitätsnahe »Action«, ohne zuviel an Taktik zu verraten.

In einigen Bundesländern gilt dies als Dienst und wird nicht extra vergütet. In anderen werden Beamte über das Sachgebiet Öffentlichkeitsarbeit angefordert, drehen in ihrer Freizeit und werden dafür gut bezahlt.

Die meisten Sondereinheiten spielten in der Erfolgsserie »Tatort« mit. In über 500 Folgen mit etwa 70 Kommissaren und über 30 Jahren Bildschirmpräsenz gab es genügend Gelegenheiten zu spektakulären Festnahmen.

Statt, wie bisher, nur kurz im Hintergrund zu erscheinen, waren sie nun minutenlang im Bild. So z.B. im Thriller »Die Katze« (1987) mit Götz George, in der Serie »Großstadtrevier« (1992) und im deutschen Erfolgsfilm »Bandits« mit Katja Riemann.

Spielfilme griffen diesen Trend auf. Der Streifen »Die Sieger« (1995) handelte sogar ausschließlich über ein SEK in Nordrhein Westfalen. Dieses setzte sich aus echten Beamten und den bekannten Schauspielern K. Flint, H. Hoenig, H. Jaenicke und H. Knaup zusammen. Schon das Eingangszenario, in dem der Zugriffstrupp per *Watchman* ein Fußballspiel verfolgte und dann ein geschlossenes Tor ausnutzte, um beim Eindringen den Überraschungsmoment zu erhöhen, wurde erstklassig in Szene gesetzt.

25 Jahre EWTO: Angehörige einer deutschen Spezialeinheit demonstrieren einen Zugriff.

Regieanweisung Festnahme: Fesselung des Täters durch einen Profi.

Heute gibt es kaum noch einen großen Krimi, der auf einen Aufmacher mit »den Männern unter der Maske« (Original-Zitat eines bekannten deutschen Regisseurs) verzichtet.

Manchmal sind die Ideen im Ansatz so gut, dass sie in abgeänderter Form sogar von den Spezialeinsatzkräften übernommen werden. Der in Fachkreisen bekannte »McGyver« von der französischen GIGN holt sich seine Anregungen nicht nur auf dem Weltmarkt, sondern auch im Kino.

Aber auch die negativen Seiten dürfen nicht unerwähnt bleiben.

Einige Regisseure stehen mit der Wirklichkeit auf Kriegsfuß und produzierten manchen *Fauxpas.* Hauptsächlich im Bereich der Musikvideos ist einiges abgedreht worden, was unter Kennern Schmunzeln hervorruft. So z.B. in einem Musikvideo von *Tic Tac Toe,* in dem besagte Gören ein komplettes SEK »vermöbeln«. Aber dies war, verglichen mit der RTL-Serie »Abschnitt 40« noch harmlos, bei der vielen Angehörigen der Polizei – und nicht nur dort – das Lachen verging. Denn dort mimte der Ex-RAF

Regieanweisung Zugriff: Ein Polizist schlägt mit dem Tonfa die Seitenscheibe eines Pkw ein.

Eine Festnahmeeinheit mit Desiree Nosbusch und Klaus Löwitsch bei den Dreharbeiten zum Film »Feindliche Übernahme«.

Zwei Präzisionsschützen mit Schauspielerin Hannelore Elsner, die den Titel »Ehrenkommissarin« erhielt.

Das *Team* um Klaus Theo Gärtner, alias Detektiv Matula.

Männer des SEK Mecklenburg-Vorpommern mit den Hauptdarstellern der Fernsehserie »Ein Bayer auf Rügen«.

Terrorist C.W. einen Polizeikommissar. Im wirklichen Leben schoss er drei Polizisten heimtückisch nieder, wurde wegen mehrfachen Mordes gesucht – und nun sorgt er für Recht und Ordnung.

»Gott sei Dank nur im Film«, kommentierte ein hessischer Polizeiausbilder.

Vorführungen

»Hast Du das gesehen, echt Wahnsinn!« so der Kommentar eines Zuschauers anlässlich der öffentlichen Vorführung einer Sondereinheit. Minuten vorher hatten sich, in dunkle Overalls gekleidete, maskierte Männer abgeseilt und einen Zugriff nachgestellt. Dann folgte die Darstellung verschiedener

Männer des SEK Sachsen beim Abseilen vom Völkerschlachtdenkmal in Leipzig während einer sehr beachteten Vorführung.

Die SEG Voralberg bei einer Vorführung anlässlich der Dornbirner Handelsmesse. Das Haus wurde an seinem ursprünglichen Standort abgebrochen und in der Ausstellungshalle originalgetreu wieder aufgebaut. So konnten sogar verschiedene Seiltechniken demonstriert werden, was beim Publikum großen Anklang fand. Die Vorführungen an verschiedenen Messetagen fanden insgesamt zehn Mal statt.

»Dein Freund und Helfer…«: Ein Fallschirmspringer der GSG 9 gibt anlässlich des BGS-Jubiläums in Eschwege Kindern Autogramme.

Öffentliche Vorführung der »Festnahme eines Täters« aus einem Pkw.

Eine ungarische Spezialeinheit demonstriert bei einer öffentlichen Veranstaltung, wie sich ein Hundeführers mit seinem vierbeinigen Kameraden abseilt. Die Zuschauer zeigen reges Interesse.

Festnahmen im Sitzen und am Tisch. Als noch die Festnahme eines Straftäters nachgestellt wurde, der sich schlafend im Bett befand, waren die Zuschauer nicht mehr zu halten. Erst explodierte unter seiner Matratze eine Blendgranate (natürlich nur in Form einer pyrotechnischen Simulationsladung), die Decke wurde weggerissen und mittels Armhebel erfolgte der Abtransport.

Beamte der BFE Frankfurt führen ihr Können mit dem Doppelstock vor.

Das ist Teil einer der wohl besten Vorführungen, die je in Deutschland stattgefunden haben. Bei solchen Vorführungen erfolgt die Darstellung der Einsatzfähigkeit und der Ausrüstung, zusätzlich wird auch immer Bürgernähe demonstriert. Außerdem soll gezeigt werden, wozu die Polizei im Einsatz fähig ist. Eigentlich führt jede Sondereinheit, bis auf die Observationsgruppen, solche Auftritte durch. Polizeifeste, Tage der offenen Tür, Sportveranstaltungen bieten dazu Gelegenheiten. Das Publikum, speziell die technikinteressierten Jungen, sind immer hellauf begeistert. Verständlicherweise ist es auch ein bisschen Selbstdarstellung im positiven Sinne und eine gute Möglichkeit der Nachwuchswerbung für die Polizei.

Polizei und Presse

Die Zusammenarbeit von Polizei und Presse ist immer ein schwieriges Unterfangen. Auf der einen Seite stehen die Interessen der Polizei, Spezialeinheiten verdeckt einzusetzen, da durch Veröffentlichungen von Taktik und technischen Möglichkeiten spätere, weitere Einsatzerfolge möglicherweise nicht mehr zu wiederholen sind.

So geschehen am 1. Juni 2000 bei einer Geiselnahme in Luxemburg (siehe dazu Seite 150). Der Täter wollte ein Interview geben, Einsatzkräfte nutzten die günstige Gelegenheit und schossen ihn angriffsunfähig. Alle europäischen Zeitungen, allen voran ein bekanntes deutsches Boulevardblatt, überschlugen sich vor Sensationsgier. »Dem Wahnsinnigen zeriss es das Gesicht« oder »Kopfschuss aus der Fernsehkamera«, waren nur einige der Schlagzeilen. Die Artikel gingen genüsslich auf die Methoden der Polizei ein und führten alle bekannt gewordenen Einzelheiten auf.

Dies war leider kein Einzelfall. Schon bei den ersten großen polizeilichen Lagen gab es massive Probleme mit der Presse. In der großen Dokumentation der bayerischen Polizei des pensionierten Beamten J.F. steht u.a. über die Geiselnahme am 4. August 1971 in der Prinzregentenstrasse 70:

– Selbst wenn die Polizei auf die Verfolgung verzichtet hätte – was nicht geplant war, vielmehr standen acht schnelle zivile Verfolgungswagen bereit -, hätte sich mit Sicherheit eine Vielzahl von Pressereportern die »Story des Jahrhunderts« nicht entgehen lassen und in eigenen Fahrzeugen die Verfolgung aufgenommen.
  Der Polizei ist bekannt geworden, dass eine einzige auflagenstarke Illustrierte nicht weniger als 30 Reporter auf die möglichen Fluchtwege verteilt hatte, um das Täterfahrzeug in jedem Falle verfolgen zu können.Von 320 eingesetzten Polizeibeamten mussten nicht weniger als 250 dazu eingesetzt werden, die Menge (mit der Vielzahl von Reportern) zurückzuhalten.

Akute Lagen können sich durch einschlägige Berichterstattung verschärfen, da die meisten Täter Radio und Fernsehen nutzen. Bei der Geiselnahme bei den Olympischen Spielen 1972 wurde eine Zugriffsmöglichkeit nur deshalb vertan, weil Radioreporter ständig Standortmitteilungen über den

Geiseldrama Gladbeck. Presse- und Medienvertreter belagerten die Fahrzeuge der Gangster wie Fliegen einen Kuhfladen. SEK-Einsatzkräften wurde es unmöglich gemacht, sich den beiden Gewalttätern zu nähern, ohne dabei erkannt zu werden.

Zugriffstrupp durchgaben. Eine Fernsehanstalt ging sogar so weit und übertrug *live* die Annäherungsphase auf dem Dach.

Der Höhepunkt war aber zweifelsohne das Gladbecker Geiseldrama. Weder davor noch danach hat sich Ähnliches abgespielt. Ein Polizist aus Köln schildert seine ganz »speziellen« Erfahrungen mit der Schreibenden Zunft vor Ort:

Das war der Wahnsinn damals. Die haben in der Innenstadt von Köln das Täterfahrzeug total eingekreist und sich gegenseitig mit Angeboten für die Geiselgangster überschlagen. Einer der »Pressefritzen« kam auf einen Kollegen in zivil zu und fragte ihn, ob er bei der Polizei sei. Der hat wohl eine Pistole etc. gesehen. Als er vorsichtig nickte, um ihm zu verstehen zu geben, dass es so wäre und er zum Täterfahrzeug wollte, hat der Reporter laut geschrieen: »Polizei – verschwindet, hier geht es um Menschenleben, lass uns das mal machen!«. Ich denke, der hat wohl für seine Kollegen abgeschirmt. Ein anderer Reporter sagte zu einem der Geiselnehmer: »Kannst Du noch mal die Knarre an ihren (gemeint war eine völlig verängstigte, weibliche Geisel) Kopf halten, ich habe das eben nicht fotografieren können«. Oder: »Können Sie das noch mal wiederholen?«, womit er eine Drohung für Leib und Leben der Geisel meinte, was der Verbrecher tatsächlich auch machte. Das ging dauernd so. Als die Lage wieder mobil wurde, haben die uns nicht durchfahren lassen, haben sich als Polizisten ausgegeben, haben Gelder für Interviews nach der Festnahme geboten. Einer ist sogar bei meinen Kollegen ins Fahrzeug gesprungen und glaubte allen Ernstes darin, mitfahren zu dürfen.

Unten: Die Szene aus einem anderen Blickwinkel.

Ein anderer dunkler Punkt ist die falsche Berichterstattung. Nach Bad Kleinen setzte eine regelrechte Medienhysterie ein. Hauptthese war, dass ein GSG-9-Beamter den wehrlos auf dem Boden liegenden Grams durch einen Kopfschuss hingerichtet hätte.

Diese These wurde hauptsächlich durch zwei Lügen untermauert. Die erste verbreitete die ARD-Sendung *Monitor* am 1. Juli 1993. Eine Zeugin, die berüchtigte »Kioskfrau«, gab für ein Handgeld an, die Erschießung von Grams mit eigenen Augen beobachtet zu haben. Später sagte sie unter Eid aus, lediglich Schüsse gehört und dann das Vorgehen der GSG 9 gesehen zu haben. Der angebliche Kopfschuss auf Grams wurde ihr vom Journalisten S. in den Mund gelegt.

Die zweite, noch weitreichendere Fehlmeldung fabrizierte der *Spiegel.* Dieser präsentierte am 5. Juli 1993 einen angeblichen Geheimbeamten, der an der Aktion beteiligt gewesen sei. Dieser hätte auch die »Hinrichtung« gesehen. Später, als durch mehrere Gutachten eindeutig erwiesen worden war, dass es sich um Selbstmord handelte, brach auch diese »Windnummer« zusammen. Ein Journalist äußerte dazu gegenüber den Verfassern:

Der Autor dieses Artikel H.L. hat das nur erfunden. Immer wieder kam er mit solchen Märchen, den kann keiner für voll nehmen. Sein Spruch war immer: »Ich sprach zuerst mit den Toten«.

Der Abschlussbericht der Bundesregierung vermerkte eindeutig:

Angesichts der Schwere des Vorwurfs und der frühen Zweifel an der Zuverlässigkeit und dem Beweiswert der »Zeugenaussage« stellt sich die Frage nach der unverzichtbaren Verantwortung eines Presseorgans gegenüber der Öffentlichkeit und den Betroffenen. Leider hat es bis heute weder ein Wort des Bedauerns noch der Entschuldigung gegenüber den zu Unrecht belasteten GSG 9-Beamten gegeben.

Ein weiteres beschämendes Kapitel der Sensationsberichterstattung schreiben die »Sex and Crime«-Magazine. Die Texte grenzen teilweise an Schwachsinn, da u.a. auch UFO-Komplotte in Verbindung mit der Polizei gebracht werden. Die Fotos werden teilweise mittels alter Uniform- und Ausrüstungsteile nachgestellt.

Die Verfasser wissen aus persönlichen Gesprächen mit Kriminellen, dass viele der professionell vorgehenden Tätergruppen gezielt die Berichterstattung der Medien und das Internet nutzen, um sich erstaunlich weitreichende Kenntnisse über die Sicherheitsorgane zu verschaffen. Einige lernen Polizeitaktiken aus frei erhältlichen »Lehrbüchern und Videos« auswendig. Sie nutzen die lückenhafte Gesetzeslage in Ländern wie Israel, den Staaten des ehemaligen Ostblocks oder in einigen Bundesstaaten der USA, um sich in mehrwöchigen Trainingscamps »weiterbilden« zu lassen.

Natürlich haben Medien und Presse ein gesetzlich verbrieftes Recht, die Öffentlichkeit mit Informationen zu versorgen. Artikel 5 des Grundgesetzes verbürgt die Pressefreiheit, eingeschlossen die Unabhängigkeit und Freiheit der Information, der Meinungsäußerung und der Kritik. Verleger, Herausgeber und Berichterstatter aller Couleur müssen sich ihrer Verantwortung gegenüber der Öffentlichkeit und ihrer Verpflichtung für das Ansehen der Presse im Allgemeinen bewusst sein.

Einige Reporter arbeiten eng mit der Polizei zusammen und tauschen Informationen aus, was beiden Seiten die Arbeit erleichtert. Andere stellen Geräte zur Verfügung, die nicht im Fundus der Polizei sind oder helfen auch sonst auf »dem kleinen Dienstweg«.

Gemäss den vom *Deutschen Presserat* herausgegebenen *Publizistischen Grundsätzen* (Pressekodex) müssen sie ihre publizistische Aufgabe nach bestem Wissen und Gewissen, unbeeinflusst von persönlichen Interessen und sachfremden Beweggründen wahrnehmen. Bei ihrer täglichen Arbeit sollten sie den Pressekodex beachten. Folgende Auszüge sind für die polizeiliche Praxis besonders wichtig:

Ziffer 4: Bei der Beschaffung von Nachrichten, Informationsmaterial und Bildern dürfen keine unlauteren Methoden angewandt werden.

Bei Unglücksfällen und Katastrophen beachtet die Presse, dass Rettungsmaßnahmen für Opfer und Gefährdete Vorrang vor dem Informationsanspruch der Öffentlichkeit haben.

Ziffer 11: Die Presse verzichtet auf eine unangemessen sensationelle Darstellung von Gewalt und Brutalität. Unangemessen sensationell ist eine Darstellung, wenn in der Berichterstattung der Mensch zum Objekt, zu einem bloßen Mittel, herabgewürdigt wird. Dies ist insbesondere dann der Fall, wenn über einen sterbenden, körperlich oder seelisch leidenden Menschen in einer über das öffentliche Interesse und das Informationsinteresse der Leser hinausgehenden Art und Weise berichtet wird. Bei der Berichterstattung über Gewalttaten, auch angedrohte, wägt die Presse das Informationsinteresse der Öffentlichkeit gegen die Interessen der Opfer und Betroffenen sorgsam ab. Sie berichtet über diese Vorgänge unabhängig und authentisch, lässt sich aber dabei nicht zum Werkzeug von Verbrechern machen. Sie unternimmt keine eigenmächtigen Vermittlungsversuche zwischen Verbrechern und Polizei. Interviews mit Tätern während des Tatgeschehens darf es nicht geben.

Nachrichtensperren akzeptiert die Presse grundsätzlich nicht. Ein abgestimmtes Verhalten zwischen Medien und Polizei gibt es nur dann, wenn Leben und Gesundheit von Opfern und anderen Beteiligten durch das Handeln von Journalisten geschützt oder gerettet werden können. Dem Ersuchen von Strafverfolgungsbehörden, die Berichterstattung im Interesse der Aufklärung von Verbrechen in einem bestimmten Zeitraum, ganz oder teilweise zu unterlassen, folgt die Presse, wenn das jeweilige Ersuchen überzeugend begründet ist.

Zusätzlich zu diesem Pressekodex gibt es noch zwischen Presse/Rundfunk und Polizei vereinbarte Verhaltensgrundsätze zur Vermeidung von Behinderungen bei der Durchführung polizeilicher Aufgaben und der freien Ausübung der Berichterstattung. Diese Grundsätze wurden von der Innen-

Festnahme flüchtiger Krimineller in Holland. Die Presse war so schnell wie die Polizei vor Ort. Man beachte den Fotografen links neben dem weißen Ford Transit. Aus der Sicht des Täters (oder der Polizisten) konnte das ein Mann mit einer Waffe sein.

Unten: Angehöriger einer österreichischen SEG wird im Zuge der Dreharbeiten zu einer Dokumentationssendung von ORF-Mitarbeitern interviewt.

ministerkonferenz am 26.11.1993 beschlossen und sind von *ARD, ZDF, Deutschem Presserat,* dem *Verband Privater Rundfunk und Telekommunikation* sowie den journalistischen Berufsverbänden anerkannt.

Die nachstehend aufgeführten Grundsätze sollen Medien und Polizei helfen, sich bei entsprechenden Gelegenheiten stets so zu verhalten, dass die ungehinderte Erfüllung der jeweiligen Aufgaben nach Möglichkeit sichergestellt ist:

1.) Regelmäßige Kontakte zwischen Medien und Polizei sind die beste Voraussetzung zur Vermeidung unnötiger Konfliktsituationen. Hierbei sollte jede Seite bemüht sein, Verständnis für die Arbeit der anderen zu wecken und aufzubringen.
2.) Gerade bei spektakulären Anlässen bedarf es eines sachlichen, vertrauensvollen, offenen und verlässlichen Umgangs miteinander.
3.) Für Medien und Polizei ist es vorteilhaft, dass die Polizei über Presse- und Informationsstellen (eventuell auch vor Ort) den direkten Kontakt zu den Medien herstellt und aufrechterhält. Unmittelbare Gespräche sind erfahrungsgemäss geeignet, Missverständnissen vorzubeugen.
4.) Auch in schwierigen Situationen hat die Polizei die Medien frühzeitig, umfassend und verständlich zu informieren, sofern nicht rechtliche Belange entgegenstehen. In strafrechtlichen Ermittlungsverfahren hat die Polizei die Leitungs- und Weisungsbefugnis der Staatsanwaltschaft zu berücksichtigen.

Diese Pressevertreter halten sich in den vorderen Reihen der Polizei auf und gefährden dabei sich und andere.

5.) Insbesondere bei Unglücksfällen, Katastrophen und Fällen von Schwerstkriminalität beachten die Medien, dass die Rechtsgüter Leben und Gesundheit von Menschen Vorrang vor dem Informationsanspruch der Öffentlichkeit haben. In Fällen von Schwerstkriminalität sollen Einzelheiten über polizeiliche Maßnahmen (z.B. Fahndungs- und Zugriffsmaßnahmen) nicht ohne Absprache mit der zuständigen Polizeiführung – die sich gegebenenfalls mit der Staatsanwaltschaft abzustimmen hat – veröffentlicht werden.

6.) Journalisten schildern Tatabläufe und Hintergründe, dürfen sich aber nicht zum Werkzeug von Straftätern machen lassen. Sie sollen Straftätern während des Tathergangs keine Möglichkeiten zur Selbstdarstellung geben. Die Erfüllung der polizeilichen Aufgabe darf in solchen Fällen durch die Art der Berichterstattung nicht behindert werden.

7.) Die Polizei soll für die einsatzbezogene Pressearbeit möglichst ereignisnah eine besondere, deutlich kenntliche, mobile Pressestelle einrichten. Die Pressearbeit erfolgt gegebenenfalls in Abstimmung mit der Staatsanwaltschaft. Bei vorhersehbaren Einsätzen soll die Polizei die Medien frühzeitig unterrichten.

8.) Der bundeseinheitliche Presseausweis erleichtert der Polizei die Nachprüfung, wer als Berichterstatter tätig ist. Auf den Beschluss der Innenministerkonferenz vom 14. Mai 1993 wird Bezug genommen.

9.) Das Fotografieren und Filmen polizeilicher Einsätze unterliegt grundsätzlich keinen rechtlichen Schranken. Auch Filmen oder Fotografieren mehrerer oder einzelner Polizeibeamter ist bei aufsehenerregenden Einsätzen im allgemeinen zulässig. Die Medien wahren die berechtigten Interessen der Abgebildeten und beachten insbesondere die Vorschriften des Kunsturhebergesetzes bei Veröffentlichung des Film- und Fotomaterials.

10.) Die Polizei unterstützt bei ihren Einsätzen, auch bei Geiselnahmen und Demonstrationen, die Medien bei ihrer Informationsgewinnung. Andererseits sollen Medienvertreter polizeiliche Einsätze nicht behindern. Auch für sie gelten die polizeilichen Verfügungen, wie z.B. Absperrmaßnahmen und Räumaufforderungen, es sei denn, dass Ausnahmen zugelassen werden.

11.) Für die Beweissicherung hat die Polizei das Recht auf das von ihr erstellte Bild-, Ton-, und Filmmaterial zurückgreifen. Entsprechendes Material der Medien darf nur sichergestellt und beschlagnahmt werden, soweit die derzeitige Rechtslage unter Berücksichtigung der Verhältnismäßigkeit dies zulässt.

Bei Einhaltung dieser Grundsätze sind die Grundlagen für beiderseitigen Erfolg geschaffen. Wünschenswert wäre, dass sich einige Reporter auf polizeiliche Themengebiete spezialisieren und die nötige Fachkompetenz erwerben. So wären die meisten Berichte auch aus fachlicher Sicht akzeptabel.

Wie dieses Buch entstand ...

... und was die Verfasser sonst noch erlebten

Beim SWAT (hier scherzhaft für »*sit, wait and talk*«, also sozusagen beim Abwarten und Teetrinken) entstand die Idee eines Buches über europäische Sondereinheiten.

Das Gelächter, vor allem der »lieben« Kollegen H.N. und K.F., war groß! Später haben sie aber Einiges wieder gut gemacht, insbesondere durch die an Heilig Abend Punkt 20.00 Uhr entworfene geniale Idee, die Politiker G., Sch. und W. anzuschreiben.

Zuvor nahmen wir jedoch einen Bogen Papier, spannten ihn in unsre klapprige Schreibmaschine und schrieben an den renommiertesten Verlag im Themenbereich Zeitgeschichte in Deutschland. Einige Tage später kam die positive Antwort mit der Bitte um ein Probekapitel und einige Testfotos. Diese wurden geliefert und ein persönliches Gespräch mit Programmleiter Martin Benz auf der Frankfurter Buchmesse folgte.

Nach Einigung über den genauen Themeninhalt, den Umfang etc. konnte es losgehen. Eine zweijährige Aufgabe wurde in Angriff genommen. Reisen mit Schiff, Flugzeug und Auto quer durch Europa folgten. Als erster Schritt erfolgte die Kontaktaufnahme. Glücklicherweise kannten wir einen Teil der Einheiten schon vom Training oder von unseren Lehrgängen her, was uns viel Zeit ersparte. Trotzdem wurde immer der offizielle Dienstweg eingehalten.

Die Verfasser bei einem ihrer Gespräche mit Staatssekretär a.D. Hans-Jürgen Wischnewski in der Vorbereitungsphase für dieses Buch.

Bei einigen wenigen Einheiten wurde es schwierig. Aber mit viel Geduld und der Hilfe von Printmedien (nicht umsonst gibt es in jedem Geheimdienst eine Abteilung für Presseauswertung), Verbänden und dem Internet gelang es, mit jeder großen Einheit Verbindung aufzunehmen. Alle bedeutenden Einheiten konnten für das Projekt begeistert werden. Wir vermittelten schnell, dass wir die gefährliche Arbeit der Polizei objektiv darzustellen, aber keinerlei »Geheimnisse« zu verraten gedachten.

Eine sehr freundliche Aufnahme war die Regel. Besonders gerne erinnern wir uns an den Besuch in der Schweiz. Der Beamte L.B. nahm sich für uns volle zwei Tage Zeit, holte uns von der Grenze ab, begleitete uns zu den Einheiten, »übersetzte« und quartierte uns sogar privat bei sich zuhause ein. Bis spät in die Nacht wurde über Gladbeck und die verschiedenen Zugriffsmöglichkeiten gesprochen und es entstand eine neue Freundschaft. Eine von vielen, die wir bei der Erstellung des Buches geschlossen haben.

Selbstverständlich gab es auch Vorbehalte, wie etwa in E. Der dortige Leiter war der Meinung, wir wollten ihn wochenlang belagern. Dies hatte er von einem Mitarbeiter zugetragen bekommen. In einem kurzen Gespräch konnte er überzeugt werden, dass es auch wesentlich kürzer geht.

Fehlinformationen, die durch irgendwelche Leute gestreut wurden, waren öfters problematisch, wenn ein direktes Gespräch aufgrund von Verständigungsschwierigkeiten nicht möglich war, und andere Personen zur Hilfe genommen werden mussten.

Ein Dolmetscher, der nicht vom Fach ist, kann selten Fachbegriffe übersetzen. Oder, noch schlimmer, er will seine persönliche »Note« mit ins Gespräch bringen. Am professionellsten verhielt sich unser Freund und Kollege R. B.. Er wusste genau, um welche Sachinhalte es ging, was uns eine Menge Zeit ersparte.

So wurden wir in A. gefragt, wie uns das hiesige Wetter gefalle. »Gut!« war die knappe und ehrliche Antwort. Der Dolmetscher übersetzte dies fünf Minuten lang. Die nächste Frage, wie auch unsere Antwort, war ebenfalls sehr kurz. Die Übersetzung nahm zehn Minuten in Anspruch. Anhand von Fachbegriffen merkten wir sehr schnell, dass der Übersetzer seine eigenen Interessen durchsetzen wollte. Der stellvertre-

Der Fotograf H.A., der die Festnahme der Gladbecker Täter dokumentierte und viele Ereignisse erzählte, die leider nicht im Buch veröffentlicht werden konnten.

tende Leiter der Einheit versuchte, das Gespräch höflich zu beenden. Mit Fachkenntnis, Erklärungen auf Englisch und einem zweiten Übersetzer konnten wir dies dann noch verhindern. Es entwickelte sich danach ein langes Fachgespräch und die Einladung zu weiteren Besuchen, die sich leider nicht mehr verwirklichen ließen.

Bei der zweiten Anti-Terror-Einheit in diesem besagten Land wurde der Fehler dann vermieden und es entwickelte sich sogar eine Bekanntschaft, die bei weiteren Urlauben intensiviert wurde.

Ein weiteres Problem war die Zeit. Als wir bei einem Polizeioberkommissar zu einem Gespräch verabredet waren, ahnten wir nicht, wie umfangreich dies war. Seine freundliche Art und sein großes Fachwissen war beeindruckend.

Über seinen Kommentar: »Junge, 50 Jahre Polizeigeschichte und Du hast nur fünf Minuten Zeit!« lachten wir noch Wochen später.

Bei vielen Einheiten wären wir gerne länger geblieben, nur war dies aus Zeitgründen leider nicht möglich. Nur der Besuch in K. war reine Zeitverschwendung. Nach einer erschwerten Anreise, einer ungemütlichen Nacht im 200-Dollar-Hotelzimmer (beim Einlassen eines Bades war bereits bei der halbvollen Wanne der Boden nicht mehr zu sehen, so schmutzig war das Wasser) und dann noch sieben Stunden des Wartens auf den Gesprächstermin in der Botschaft war die Stimmung auf den Nullpunkt gesunken. Dann noch eine lange Fahrt und ein kurzes Gespräch beim sehr unfreundlichen Chef, der vor Jahren noch Abteilungsleiter beim KGB war. Auf Initiative des BKA-Verbindungsbeamten wurde er dann zugänglicher, vor allem als es um Gegenleistungen und die Nennung seines Namens ging (was beides nicht erfolgte). Ein Fototermin war noch eingeplant, der leider auch »ins Wasser fiel«. Der Rückflug verzögerte sich zu allem Überfluss auch noch, so dass wir zwölf Stunden in der einzigen geheizten Kneipe am Ort, eine Art Mafia-Treff, überbrücken mussten, bevor es mit einem Seelenverkäufer heimwärts ging.

Da waren die Reisen mit dem Auto schon besser. Wartezeiten entstanden nicht und die komplette Ausrüstung konnte bequem transportiert werden. Diese musste allerdings auch mit allen Tricks gesichert werden. So wurde z.B. bei Reisen in ärmere Länder das Kofferraumschloss ausgehängt und der Wagen über die Rücksitzbank beladen. So war die Ausrüstung vor Langfingern relativ sicher.

Dies hinderte aber unseren treuen Fiat Tipo (1,9 TD) nicht, einige Schwachstellen aufzuzeigen. Bei der Reise nach P. gab bei Minusgraden und Schnee zuerst die Heizung den Geist auf, so dass es selbst mit dicker Jacke noch a… kalt war. Später folgte ein Scheinwerfer, der Sicherheitsgurt, Scheibenwischer etc. Am Ende erinnerten wir uns an den Spruch von S. M. in einem seiner Kinoerfolge: *»Herr Wachtmeister, es tut mir leid, aber das einzige was mit Sicherheit noch funktioniert, ist das Autoradio.«*

Am traurigsten während der Arbeit am Buch war der Tod unseres Ansprechpartners bei der GSG 9. Wenige Tage vor einem weiteren Gesprächstermin wurde er bei einem Verkehrs-

Vor den Toren der GSG-9-Unterkunft mit dem ersten Kommandeur der Einheit, General Ulrich K. Wegener.

Joachim Friedrich mit dem Kommandeur der SOBR, Witalij Nikolajewitsch Serdjukow (Mitte), und Dolmetscher R.B. vor dem Denkmal für die in Ausübung ihrer Pflicht getöteten Kollegen in Moskau.

unfall tödlich verletzt. Die Tatsache, dass er unschuldig war, ist für seine Familie und seine Kameraden nur ein schwacher Trost. Seine Ideen sind zum Teil in das Kapitel über die GSG 9 eingeflossen, eine Mitarbeit an der Fotoarbeit konnte leider nicht mehr erfolgen.

Sehr lehrreich waren für uns die Gespräche mit den »Helden von Gestern«. Unbefangen und ohne Rücksicht auf *political correctness«* konnten sie uns ihre Erfahrungen mitteilen, die wir teilweise in dieses Werk einarbeiteten.

Abschließend lässt sich sagen, dass sich der enorme Aufwand für uns gelohnt hat. Bessere Möglichkeiten, neue Waffen zu schießen, andere Taktiken auszuprobieren und Fachgespräche zu führen, gibt es wohl nicht. Bei unserer Reise nach Moskau begleiteten wir einen Kollegen, der dort im Rahmen einer Mord- und Entführungssache tätig war. Dieser Kollege war der russischen Sprache in Wort und Schrift mächtig. Nachdem wir mit ihm das Gelände der SOBR aufgesucht hatten, wurden wir vom Kommandeur der Einheit, Witalij Nikolajewitsch Serdjukow, sowie seinem Stellvertreter freundlich begrüßt. Man zeigte uns zunächst die Anlage und die erstaunlich gute und moderne Ausrüstung. Bereits zu Beginn unseres Treffens kündigte man ganz nebenbei an, dass wir nachher zum Essen eingeladen seien. Dies war zwar außergewöhnlich, da uns dies ansonsten nur selten angeboten worden war, aber wir dachten an eines der üblichen Kantinenessen.

Nachdem wir unsere Informationen erhalten und viele Bilder gefertigt hatten, begleitete uns Witalij Serdjukow zur Kantine. Hier wurden wir ins Offizierskasino geführt, wo das Buffet aufgetischt war. Unser Erstaunen wurde sofort bemerkt, denn Witalij Nikolajewitsch Serdjukow, der in seiner Art ein angenehmer und lockerer Mann war, fragte uns, während er an seiner Zigarette zog, mit einem verschmitzten Lächeln: *»Wie, ist das nicht gut genug, soll ich noch etwas bestellen?«* Uns verschlug es vor Erstauen die Sprache. Er lachte nur weiter und sagte ständig: *»Iss, Achim iss!«* Aufgetischt waren neben Lachs und echtem Kaviar Gemüse, Fleisch, Wurst und vieles andere. Doch dies waren erst die Vorspeisen, wie wir feststellten, als wir schon satt waren. Unser russisch sprechender Kollege muss wohl von meinem Appetit erzählt haben, denn mein Teller war noch nicht mal leer, da rief Witalij nach der Serviererin, schlug mir freundschaftlich aber kräftig auf die Schulter und sagte in seinem gebrochenen Deutsch: *»Achim iss, gleich kommt noch mehr!«* Es blieb uns gar nichts anderes übrig, als uns die Bäuche vollzuschlagen. Nach dem Essen und Trinken der frisch gepressten Fruchtsäfte setzten wir unseren Rundgang fort, man zeigte uns die Ausbildungssäle der SOBR. Nicht nur die neuen Räume mit ihrer neuen und guten Bestuhlung fielen auf, sondern auch die Lehrtafeln und -mittel. Wir erhielten Einblick in die Waffenkammer und die Lehrmittelsammlung über Minen und Sprengstoffe.

Nach dem Besuch in der Kaserne wurden wir im Beisein von Witalij Serdjukow durch Moskau gefahren. Er führte uns an die bekanntesten Orte der Stadt und zeigte uns ihre beeindruckendsten Sehenswürdigkeiten. Der Rote Platz durfte natürlich nicht fehlen. Er ist für sämtliche Fahrzeuge gesperrt, Polizeifahrzeuge eingeschlossen, nicht jedoch für Witalij Nikolajewitsch Serdjukow. Er ließ uns in einer zivilen 7er BMW-Limousine mit Blaulicht über den berühmten Platz kutschieren. Anschließend besuchten wir das Hauptkriminalamt der GUS und danach den ranghöchsten Polizeigeneral Russlands, der ein persönlicher Bekannter von Witalij Nikolajewitsch Serdjukow ist. Natürlich musste zwischendurch hin und wieder nach alter russischer Sitte ein Wodka hinter die Binde gekippt werden, das konnten wir schon aus Gründen der Gastfreundschaft nicht abschlagen. Kurzum: Der Besuch bei der SOBR gehört zu unseren schönsten Erlebnissen bei der Recherche für dieses Buch. Nicht nur wegen des köstlichen Essens, sondern der großzügigen russischen Gastfreundschaft in jeder Beziehung.

Dank

An dieser Stelle möchten wir uns bei allen aufgeführten Sondereinheiten für ihre Unterstützung bedanken. Ein besonderer Dank geht an jene Personen, Dienststellen, Firmen und Institutionen, die uns bei den Recherchen halfen, fremdsprachige Texte übersetzten, für Fotografien zur Verfügung standen oder wichtige Verbindungen herstellten.

Nicht alle Helfer durften, konnten oder wollten genannt werden, so dass diese Aufzählung unvollständig bleiben musste. Ohne ihre Unterstützung wäre die Erstellung dieses Buches nicht möglich gewesen.

Die Auflistung erfolgt in alphabetischer Reihenfolge.

Achten, Heinrich
Adel, Ringo
Amann, Markus
Arndt, Holger
Bandel, Mike
Beczak, Robert
Beer, Markus
B., Lukas
Benz, Martin
Chojnacki, Ralf
Cop Shop Kassel
Daum, Rolf
Deck, Andreas
Demstriou, Demetris
Deutscher Presserat
DiF F. (Andy, Fritz, Gerd, Heinrich, Michael, u.a.)
Dillbahner, Marc
Dixius, Martina und Claus
Dorfmeister, Annegret
Evdyriadis, Leonidas
Führungsgruppe GEO
Galliot, Peter
Geiss, Robin
Genscher, Hans-Dietrich
Gerber, Michel
Göbel, Jürgen
Häring, Michael
Harry
Heckler & Koch
Heller, Klaus
Hermann, Chris
Hoffmann, Mike
Hoffmann, Peter
Hübner, Klaus
Hufnagl, Wolfdieter
Innenministerien der Länder
IPA
Kalisch, Horst
Karosas, Linas
Dr. Kernspecht, Keith
Kerner, Philipp
Keule
Kiriakos, Antoniadis
Köhl, Uwe
Kramer, Frank
Kretz, Daniel
Küstner, Oliver
Latosa, René
Laubert, Michael
Letkiewicz, Arkadiusz
Leung Ting
LP
Lübke, Heiko
Mama & Papa
Mann, Lothar
Manschus, Lutz
Marxer, Stefan
Mehl, Werner
Mevillon, Georges
Modes, Detmar
Müller, Henry
Müller, Rainer
Muschalla, Jörg
Newman, Bill
Oma & Opa
Pohl, Oliver
Pfeifer, Kai
Pötsch, Christian
Pokojewski, Bernd
Posch, Franz
Pressestellen der Polizei
Puste
Quintin, Serge
Rathgeber, Franz J.
Reschke, Horst
Reuland, François
Ringelstein, Udo
Scherz, Christoph
Schilasky, Martin
Schlapp, Harald
Schmidt, Lothar
Schnurr, Ralf
Schröder, Wilhelm
Schwarmes, Yves
Seitz, Heinrich
SIG Arms International
Sig Arms Sauer
Soos, Laszlo
Steyr Mannlicher
S., L. P.
Tauchel, Ulrich
Timo
Troisième, Bernard
van Riet, Frank
Vereycken, Ivo
Vogel, Hans-Rudolf
von Rosenberg, Sylvester
Wegener, Ulrich
Weber, Dirk
Wintersteiger, Rainer
Wischnewski, Hans-Jürgen
Wittmann, Jürgen
WT-Schulen Maintal & Mühlheim/M.
Zaragoza Gonzalez, Antonio
Zeppelin, Marco
Ziegler, Jean Luc

Ausrüstung und Einsatz

Kerstin Froese/Reinhard Scholzen
GSG 9
Die GSG 9 ist eine der besten Anti-Terror-Einheiten der Welt. Rund 300 Einsätze gehen bis heute auf das Konto dieses 1972 gegründeten BGS-Verbands. Ihr Meisterstück lieferte die Truppe im Oktober 1977 in Mogadischu, als sie die Passagiere der »Landshut« aus der Hand von Flugzeugentführern befreite.

176 Seiten, 129 Bilder, davon 122 in Farbe
Bestell-Nr. 01793 **€ 32,–**

Manfred R. Rosenberger
Waffen und Einsatzmittel der Polizei
Bislang fehlte ein Nachschlagewerk zum komplexen Thema polizeiliche Einsatzmittel – dieses Buch schafft Abhilfe. Die Abhandlung beleuchtet Schusswaffen und Zubehör, Schusswirkungen, Schutzausrüstungen sowie andere Einsatzmittel. Besonderen Wert legt der Verfasser auf die Einsatzmunition für Kurz- und Langwaffen und deren Zielverhalten.

300 Seiten, 300 Bilder, davon 30 in Farbe
Bestell-Nr. 02246 **€ 34,90**

Reinhard Scholzen
SEK
Ein Bericht über die Spezialisten der deutschen Polizei: das SEK. Reinhard Scholzen durfte als erster Buchautor die Mauer der Isolation durchbrechen und berichtet in dieser Dokumentation über Grundausbildung, Training und Ausrüstung der Elitepolizisten. Und was sie für Ihre Einsätze noch auf Lager haben müssen.

176 Seiten, 181 Farbbilder
Bestell-Nr. 02016 **€ 26,–**

Frank Schwede
Deutsche Polizeifahrzeuge 1945 bis heute
Für dieses Buch besuchte Frank Schwede über 200 Polizeidienststellen in Deutschland, sammelte historische Aufnahmen und fotografierte zahllose Autos, Motorräder, Hubschrauber und Wasserfahrzeuge. In dieser Sammlung stellt er die wichtigsten Fahrzeuge der deutschen Länderpolizeien nach dem Krieg vor.

320 Seiten, 445 Bilder, davon 246 in Farbe
Bestell-Nr. 02080 **€ 42,–**

Motor buch Verlag

IHR VERLAG FÜR ZEITGESCHICHTE
Postfach 10 37 43 · 70032 Stuttgart
Telefon (07 11) 2 10 80 65 · Telefax (07 11) 2 10 80 70

Stand Juni 2002 – Änderungen in Preis und Lieferfähigkeit vorbehalten

OLICJA